权威·前沿·原创

皮书系列为
"十二五""十三五"国家重点图书出版规划项目

BLUE BOOK

智 库 成 果 出 版 与 传 播 平 台

北京科普蓝皮书
BLUE BOOK OF BEIJING SCIENCE POPULARIZATION

北京科普发展报告（2020~2021）

ANNUAL REPORT ON BEIJING SCIENCE POPULARIZATION
DEVELOPMENT (2020-2021)

北京市科技传播中心 / 研 创
主 编 / 滕红琴 高 畅 李 群
副主编 / 郝 琴 邓爱华 王 伟 刘 涛

社会科学文献出版社
SOCIAL SCIENCES ACADEMIC PRESS (CHINA)

图书在版编目（CIP）数据

北京科普发展报告.2020－2021/滕红琴，高畅，李
群主编.－－北京：社会科学文献出版社，2021.10
（北京科普蓝皮书）
ISBN 978－7－5201－8989－7

Ⅰ.①北…　Ⅱ.①滕…②高…③李…　Ⅲ.①科学普
及－研究报告－北京－2020－2021　Ⅳ.①N4

中国版本图书馆 CIP 数据核字（2021）第 184257 号

北京科普蓝皮书
北京科普发展报告（2020~2021）

主　　编 / 滕红琴　高　畅　李　群
副 主 编 / 郝　琴　邓爱华　王　伟　刘　涛

出 版 人 / 王利民
组稿编辑 / 周　丽
责任编辑 / 连凌云
责任印制 / 王京美

出　　版 / 社会科学文献出版社·城市和绿色发展分社（010）59367143
　　　　　　地址：北京市北三环中路甲 29 号院华龙大厦　邮编：100029
　　　　　　网址：www.ssap.com.cn
发　　行 / 市场营销中心（010）59367081　59367083
印　　装 / 天津千鹤文化传播有限公司

规　　格 / 开本：787mm×1092mm　1/16
　　　　　　印 张：20　字 数：300 千字
版　　次 / 2021 年 10 月第 1 版　2021 年 10 月第 1 次印刷
书　　号 / ISBN 978－7－5201－8989－7
定　　价 / 168.00 元

北京科普蓝皮书编委会

主要编撰者简介

滕红琴 文学学士，编辑，北京市科技传播中心主任。主要研究方向为科技政策与创新战略、科技传播与科学普及、科技志愿服务等。主持或参与北京市科技计划项目 20 余项，作为主要负责人参与首都科技盛典、首都科技志愿服务、北京科技周等多场大型科技、科普活动。作为主要著作人出版书籍 10 余部，参与北京市科普基地管理办法、北京市"十四五"科普发展规划编写等。

高 畅 法学博士，应用经济学博士后。北京市科技传播中心副主任、研究员，主要研究方向为科技政策与创新战略、科技传播与普及等。主持或参与国家社科基金、国家科技支撑计划等各类科研项目 50 余项，在 EI/ISTP、中文核心期刊及其他学术期刊发表论文 33 篇，作为主要著作人出版书籍 21 部，获得各类奖项 5 项。

李 群 应用经济学博士后，中国社会科学院数量经济与技术经济研究所研究室主任、研究员（二级）、博士研究生导师、博士后合作导师。主要研究方向为经济预测与评价、人力资源与经济发展、科普评价。科技部、中组部、全国妇联等部门咨询专家，中国博士后科学基金评审专家，国家社科基金重大项目评审专家，北京市自然科学基金、科普专项基金评审专家。主持国家社科基金、国家软科学项目、中国社会科学院重大国情调研项目等课题 6 项，主持省部级课题 31 项。

摘　要

习近平总书记指出："科技创新、科学普及是实现创新发展的两翼，要把科学普及放在与科技创新同等重要的位置。"为实现《北京加强全国科技创新中心建设重点任务2020年工作方案》中提出"初步成为具有全球影响力的科技创新中心"的目标，需要科学普及和科技创新共同发挥作用。

北京作为全国科普资源最为丰富的地区，具备服务国家战略，助力建设创新型国家和科普事业发展的能力，并能够发挥全球科技创新中心示范引领全国科普建设的作用。为此，北京市科技传播中心联合中国社会科学院发布第四部《北京科普蓝皮书：北京科普发展报告（2020～2021）》。本书紧紧围绕建成具有全球影响力的科技创新中心这一核心目标，聚焦科普供给侧结构性改革、科技支撑打赢新冠肺炎疫情防控阻击战、科普高质量发展等重点内容，多角度、多层次、多渠道展开研究，助力提升北京科普能力建设。

本书分为总报告、科普成效篇、高质量发展篇、科普品牌篇和科普专题篇5部分。总报告基于北京和全国科普统计数据，测算得出2018年全国总体科普发展指数为46.33，较2017年增长了2.04%；2018年北京科普发展指数为5.11，较2017年提高了6.22%，是10年以来最高水平；朝阳区、东城区、海淀区、西城区四区为北京科普发展强区，城市核心功能区科普发展指数贡献率从13%上升至29%；最后，对"十四五"期间北京科普发展需求、面临的挑战与机遇进行阐述并提出下一阶段推动科普高质量发展的建议。科普成效篇，对"十三五"期间北京科普取得的主要成效及工作亮点、北京科普供给侧与需求侧均衡发展、科普事业信息化建设进展、增设科学传

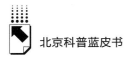

播专业职称等重要科普成绩进行总结。高质量发展篇，对推进北京地区科研成果科普化和科学开展科普进社区绩效进行了理论探讨和研究分析，并进一步深入研究了京津冀科普高效协同发展机制、北京科普国际合作交流机制和"十四五"北京科普事业高质量发展的主要方向。科普品牌篇，集中总结了北京国际科技创新中心建设的高水平新成果、北京地区博物馆品牌建设的经验和做法、北京高端科普品牌培育方式和典型案例以及基于新媒体传播网络的科普传播策略。科普专题篇，对公共卫生视角的食品安全科普、战"疫"应急科普的策略、传播健康知识与提升北京公众健康素养，以及"云上科普"对未来北京科普模式的影响进行专题研究。

本书以丰富的数据和专题分析为北京更好地开展科普工作提供数据和理论支撑，并通过案例解析为科普工作的先进经验提供传播平台，力求为科普领域专家学者和政府部门提供有益参考。

关键词： 科学普及　科技创新中心　北京

目 录 ◣▶▨▨▨

Ⅰ 总报告

Ⅱ 科普成效篇

Ⅲ 高质量发展篇

Ⅳ 科普品牌篇

Ⅴ　科普专题篇

皮书数据库阅读**使用指南**

总 报 告

General Report

B.1

北京科普事业发展报告
（2020~2021）

李 群 滕红琴 高 畅 郝 琴 孙文静 刘 涛*

摘 要：回顾总结"十三五"以来北京科普工作的科普体系、资源整合、整体发展情况等。"十三五"时期北京科普资源组织协调能力进一步增强，科普资源全面增长，科普国际交流达到全新高度。基于北京和全国科普统计数据，计算北京科普发展指数，自2008年以来，北京科普指数持续提升，在2018年达

* 李群，应用经济学博士后，中国社会科学院数量经济与技术经济研究所研究室主任、研究员（二级）、博士研究生导师、博士后合作导师，主要研究方向为经济预测与评价、人力资源与经济发展、科普评价；滕红琴，文学学士，编辑，北京市科技传播中心主任，主要研究方向为科技政策与创新战略、科技传播与科学普及、科技志愿服务等；高畅，法学博士，应用经济学博士后，北京市科技传播中心副主任、研究员，主要研究方向为科技政策与创新战略、科技传播与普及等；郝琴，北京市科技传播中心副研究员，主要研究方向为科技传播与普及；孙文静，北京科学学研究中心助理研究员，主要研究方向为科技政策、科技创新；刘涛，博士，河北科技大学信息管理系讲师，主要研究方向为经济预测与评价、科技产业政策。

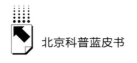

到了历史最高水平，为5.11。朝阳区、东城区、海淀区、西城区四区为推动北京科普发展的主要区域，城市核心功能区科普发展指数贡献率从13%上升至29%。最后根据新时代科普事业发展高质量的目标，对"十四五"期间科普发展需要应对的挑战与机遇进行阐述，并从充分调动科技资源联动、重视科普人才队伍建设和加强社区科普设施建设等方面提出建议。

关键词：　北京　科普事业　高质量发展　"十四五"

2020年是全面建成小康社会、实现第一个百年奋斗目标之年，是实现迈进创新型国家行列的决胜之年，是"十三五"规划收官之年。突如其来的新冠肺炎疫情给我国经济社会发展和人民生活带来巨大影响，北京市科普工作坚持把科技创新与科学普及放在同等重要的位置，加强统筹协调、认真研究谋划、精心组织实施，切实发挥科技战"疫"支撑作用，广泛开展防疫科普宣传。全市科普资源开发力度增强，科普成果质量水平提高，科普传播影响不断扩大，科普惠民成效充分彰显，为新发展阶段北京开启国际科技创新中心建设打下了坚实的社会基础。

本报告分为四部分：第一部分对"十三五"以来北京科普工作中科普平台建设、资源整合、整体发展情况等进行回顾总结；第二部分结合近年来北京和全国科普统计数据，计算北京科普发展指数并进行分析；第三部分对"十四五"期间科普发展需要应对的挑战与机遇进行阐述；第四部分为北京下一阶段科普工作的高质量发展提供建议。

一　"十三五"北京科普事业成就回顾

（一）科普平台初步成型

北京市科普工作坚持以习近平新时代中国特色社会主义思想为指导，不断加强科学普及能力建设，提高公民科学素质，积极发挥科学普及作为创新与发展的"两翼"之一的作用，为推动北京建设成为具有全球影响力的科技创新中心和世界一流的和谐宜居之地，培育创新文化创造良好环境。北京继续坚持科普工作联席会议制度，联席成员单位充分利用自身优势资源，通过规划指导、政策支持、平台建设和资金支持，有效推动社会各界参与科普工作。联席会议紧密结合部门和区的工作职能，聚集一批行业内的科学人才，创建一批知名的科普品牌，组织开展科普活动，营造良好的知识社会氛围，崇尚科学，鼓励创新，协调促进北京科学普及事业的不断创新与发展。北京从事科普产品研发、科普展览、技术传播的科普机构数量不断增加，科普基础设施水平不断提高，服务规模不断扩大，服务质量不断提高。北京科普基地联盟、北京科普资源联盟等科普组织通过科普活动、科普培训、科普宣传和科普资源的对接为社会提供科普服务。通过科普资源整合，构建科普平台，助力全球科技创新中心建设。

（二）科普资源组织协调能力进一步增强

进一步发挥北京作为首都的各项科普资源优势，通过建立科普资源联动机制，实现中央与地方的科普资源共享，推动科普相关在京单位积极参与北京市科普事业的驱动，发挥科协、社科联等力量开展科普工作的积极性，引导清华、北大等一流高校和中科院等在京高校院所和企事业单位同北京科普活动与科普人才队伍建设有机结合，实现优质科普资源与北京特色科普相结合，通过联合科学教育馆协会、科普资源联盟等方式，实现共创共建共同提升网络资源共享。

在"十三五"时期，对重大科普事件、突发事件、社会热点等常态化科普跟踪报道机制初步建立。以"两微一端"为主要渠道的科普新媒体创作和互联网科普传播体系已经形成，传统平面媒介、电视、广播等和互联网媒体融合发展持续深入，覆盖北京各区、全年龄、各层次的立体化科普传播体系和重点人群专业化科普机制已经形成。"十三五"时期在科普知识传播和科技成果推广上，北京科普资源进一步向科学思想与科学精神延伸，优秀

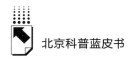
科学家向公众传播科学思想的活动、节目的参与人数、收视率得到提高。通过科普志愿者行动、科普项目征集、科普信息平台交互等方式，公众参与科普互动的深度和广度得到提高。

"十三五"时期，北京在提高自身科普能力的同时，积极提高北京科普的区域辐射带动能力。京津冀、北上广等区域性科普联盟得以建立，"京津冀科普之旅活动"以"科技探索创新引领"等为主题，推动北京高端科普资源与各地特色科普资源融合，实现优势互补与科普产业化良性发展，带动了其他区域的科普人才队伍与科普资源建设。

（三）科普资源全面增长

2018 年度北京地区科普统计数据显示，北京科普经费筹集额继续位居全国前列，科普人员数量增减平稳，科技场馆建设稳步发展，科普传播形式多样，以科技活动周为代表的群众性科普活动产生了广泛社会影响。首都科普事业继续保持平稳、健康的良好发展态势。

1. 北京地区科普人员数量保持平稳

自 2014 年至 2018 年，北京地区科普人员基本维持在 5.1 万人左右，其中，科普专职人员维持在 8000 人左右，科普兼职人员 4 万人左右。中央在京单位科普人员维持在 1.3 万人左右，市属单位科普人员维持在 1 万人左右，区属单位科普人员维持在 2.7 万人左右（见表1）。

表 1　北京科普人员历年增减对比表

单位：人

	2014 年		2015 年		2016 年		2017 年		2018 年	
	专职	兼职	专职	兼职	专职	兼职	专职	兼职	专职	兼职
中央在京	2157	5884	2352	7475	3175	11435	2911	11281	3103	18622
市属	1487	6123	1554	11324	1381	9395	1208	7656	1428	10195
区属	3418	22670	3418	22140	4735	24839	3958	24021	3959	24012
小计	7062	34677	7324	40939	9291	45669	8077	42958	8490	52829
合计	41739		48263		54960		51035		61319	

资料来源：依据科学技术部发布的《中国科普统计（2019 年版）》和《北京科普统计（2019 年版）》中的相关数据，以北京科普发展指数计算方法计算得出，下同。

2018 年，北京地区拥有科普人员 61319 人，约占全国科普人员总数 178.49 万人的 3%，北京地区每万人拥有科普人员 28.46 人，是全国的 2.23 倍。其中，科普专职人员 8490 人，占 13.85%，北京地区每万人拥有科普专职人员 3.94 人；科普兼职人员 52829 人，占 86.15%，北京地区每万人拥有科普兼职人员 24.52 人。

8490 名科普专职人员中，具有中级职称以上或大学本科及以上学历人员 6255 人，占科普专职人员的 73.67%；在科普专职人员中有女性科普人员 4745 人，占科普专职人员总数的 55.89%。另外，在科普专职人员中有农村科普人员 337 人、科普管理人员 2004 人、科普创作人员 1535 人和科普讲解人员 1874 人，分别占科普专职人员的 3.97%、23.6%、18.08% 和 22.07%。

52829 名科普兼职人员中，具有中级职称以上或大学本科及以上学历人员 35672 人，占科普兼职人员的 67.52%；科普兼职人员年度实际投入工作量为 51755 个月，平均每名科普兼职人员年从事科普工作 0.98 个月；在科普兼职人员中有女性科普兼职人员 28190 人，占科普兼职人员总数的 53.36%；另外，在科普兼职人员中有农村科普人员 6451 人、科普讲解员 9786 人，分别占科普兼职人员的 12.21%、18.52%。

北京地区拥有注册科普志愿者 27300 人，占全国注册科普志愿者总数 213.69 万人的 1.28%。

2. 科普场馆数量继续稳步增长

2014 年以来北京地区科普场馆数量不断增加，2018 年北京地区共拥有科普场馆 121 个，在这些场馆中有科技馆 28 个、科学技术博物馆 81 个和青少年科技馆（站）12 个（见表 2）。

表 2　2014～2018 年北京地区各类科普场馆对比

单位：个

	2014 年	2015 年	2016 年	2017 年	2018 年
科技馆	31	31	30	29	28
科学技术博物馆	70	71	74	82	81
青少年科技馆（站）	11	14	17	12	12
合计	112	116	121	123	121

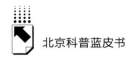

截至 2018 年底，北京地区共有建筑面积在 500 平方米以上的科技馆 28 个，比 2017 年减少了 1 个；有建筑面积在 500 平方米以上的科学技术博物馆 81 个，比 2017 年减少了 1 个；青少年科技馆（站）12 个，与 2017 年相比没有变化。

北京地区 2018 年科技馆、科学技术博物馆建筑面积 136.05 万平方米、展厅面积 56.87 万平方米，分别比 2017 年增加了 7.26 万平方米、4.3 万平方米；每万人拥有科普场馆建筑面积 631.58 平方米、每万人拥有科普场馆展厅面积 264.01 平方米，青少年科技馆（站）建筑面积 5.30 万平方米、展厅面积 0.94 万平方米。

科技馆、科学技术博物馆 2018 年有 2672.18 万人次参观；科普场馆基建支出共计 1.99 亿元，比 2017 年的 2.17 亿元减少了 0.18 亿元。青少年科技馆（站）参观人次为 9.18 万人次。

北京地区 2018 年共有科普画廊 2615 个，比 2017 年减少了 799 个。城市社区科普（技）活动专用室 1246 个，比 2017 年减少了 336 个。农村科普（技）活动场地 1682 个，比 2017 年减少了 188 个。科普宣传专用车 106 辆，比 2017 年增加了 22 辆。

3. 科普经费投入继续位居全国前列

据统计，2018 年北京地区全社会科普经费筹集额为 26.18 亿元，比 2017 年减少约 0.78 亿元，仍居全国各省区市前列。其中，政府拨款 18.94 亿元，占全部科普经费筹集额的 72.34%，比 2017 年减少约 0.5 亿元；政府拨款的科普专项经费 11.70 亿元，比 2017 年增加约 0.37 亿元。人均科普专项经费 54.31 元，较 2017 年增加约 2.11 元（见表 3）。

北京地区 2018 年市、区两级单位科普经费筹集额为 14.72 亿元，占全国科普经费筹集额 161.14 亿元的 9.13%。

北京地区 2018 年科普经费使用额共约 24.82 亿元，比 2017 年增加约 1.42 亿元，占全国科普经费使用额 159.29 亿元的 15.58%。北京地区科普经费使用额中，行政支出 4.04 亿元、科普活动支出 15.16 亿元、科普场馆基建支出 1.99 亿元、其他支出 3.63 亿元。从科普经费的使用情况可以看

表3 2013～2018年北京地区科普经费筹集额构成的变化

单位：万元

	2013 年				2014 年			
	拨款	捐赠	自筹	其他	拨款	捐赠	自筹	其他
中央在京	69189.77	2291.68	29241.76	2211.27	149798.52	9601.50	27863.94	1706.28
市属	45407.26	2.00	15081.86	1462.34	45605.57	0.00	12942.65	4576.63
区属	39612.83	318.50	6914.86	1004.10	33789.59	117.00	8968.64	1805.92
小计	154209.85	2612.18	51238.47	4677.71	154209.85	9718.50	49775.23	8088.83
合计	212731.22				217381.08			
	2015 年				2016 年			
	拨款	捐赠	自筹	其他	拨款	捐赠	自筹	其他
中央在京	81805.75	1073.00	14233.83	8657.80	98103.81	916.6	23373.47	7033.76
市属	10393.59	110.00	4204.36	429.00	38028.66	2400	17908.69	2422.62
区属	70829.97	114.00	15439.84	5346.96	44275.34	736.39	13524.42	2546.4
小计	163029.30	1297.00	33878.03	14433.76	180407.82	4052.99	54806.58	12002.78
合计	212638.09				251270.16			
	2017 年				2018			
	拨款	捐赠	自筹	其他	拨款	捐赠	自筹	其他
中央在京	92120	970	43318	4727	85412.52	1298.23	19018.27	8846.86
市属	53431	0	13484	1518	56864.29	0	11978.4	16970.61
区属	48828	18	9561	1622	47099.52	13	12656.95	1627.73
小计	194379.00	988.00	66363.00	7867.00	189376.33	1311.23	43653.62	27445.20
合计	269597.00				261786.38			

出，2018 年北京地区科普经费使用额中的大部分用于举办各种科普活动，占支出总额的 61.08%。

4. 大众传媒科普宣传力度稳步加大

2018 年北京地区出版科普图书 4400 种，比 2017 年增加 159 种，占全国出版科普图书种数 11120 种的 39.57%。2018 年出版总册数 5136.52 万册，占全国年出版科普图书总量 8606.6 万册的 59.68%。出版科普期刊 211 种，年出版总册数 1036.15 万册；出版科普（技）音像制品 144 种，光盘发行总量 79.25 万张；电台、电视台播出科普（技）节目时间 14964 小时；共发放科普读物和资料 5074.84 万份（见表 4、表 5）。

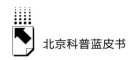

表4 2015～2018年北京地区科普图书、科普期刊变化情况

单位：种，万册

	2015年				2016年				2017年				2018年			
	科普图书		科普期刊		科普图书		科普期刊		科普图书		科普期刊		科普图书		科普期刊	
	种数	册数	种数	册数	种数	册数	种数	册数	种数	册数	种数	册数	种数	册数	种数	册数
中央在京	3314	6388	86	1535	2585	2130	85	3358	3355	4094	66	575	3778	4497	108	655
北京市	1281	946	37	390	987	740	45	345	886	537	51	238	622	639	103	381
合计	4595	7334	123	1925	3572	2870	130	3703	4241	4632	117	812	4400	5136	211	1036

表5 2015～2018年北京地区科普传媒变化情况

	2015年				2016年			
	科技类报纸年发行总份数（份）	电视台播出科普（技）节目时间（小时）	电台播出科普（技）节目时间（小时）	科普网站个数（个）	科技类报纸年发行总份数（份）	电视台播出科普（技）节目时间（小时）	电台播出科普（技）节目时间（小时）	科普网站个数（个）
中央在京	28103504	5685	11573	128	72966000	7219	7684	217
市属	89298891	10659	3337	107	1777603	2393	354	53
区属	3146380	2496	1337	108	3478162	3717	1459	89
合计	120548775	18840	16247	343	78221765	13329	9497	359
	2017年				2018年			
	科技类报纸年发行总份数（份）	电视台播出科普（技）节目时间（小时）	电台播出科普（技）节目时间（小时）	科普网站个数（个）	科技类报纸年发行总份数（份）	电视台播出科普（技）节目时间（小时）	电台播出科普（技）节目时间（小时）	科普网站个数（个）
中央在京	16095864	2294	4881	109	14964116	5075	718	136
市属	10042600	2415	5486	51	15000	2101	2397	41
区属	1083611	4432	2061	110	2105191	2660	2013	109
合计	27222075	9141	12428	270	17084307	9836	5128	236

5.科普活动开展规模继续位居全国前列

2018年，北京科普活动持续开展，其中举办实用技术培训1万余次，70万人参加。举办科普竞赛2000余次，参加人次近千万，举办科普（技）讲座6.4万次、服务公众近7000万人次，举办科普（技）专题展览近5000次、服务公众近7000万人次。

2018 年科技周期间，举办科普专题活动 3468 次，吸引 6223.01 万人次参与。大学、科研机构向社会开放 810 个，有 87.54 万人次参观；举办 1000 人以上的重大科普活动 1056 次。

6. 创新创业与科技广泛结合

2018 年，北京地区开展创新创业培训 2482 次，共有 27.8 万人次参加；举办科技类项目投资路演和宣传推介活动 2663 次，22.18 万人参加；举办科技类创新创业赛事 331 次，14.78 万人参加。

（四）科普国际交流达到全新高度

党和国家高度重视科学研究和科学普及，依靠各种有效的科学普及渠道向公众及时、准确、权威、科学地进行应对疫情科普，这是我国的重要经验。拥有基本科学素质的 14 亿中国人是战胜疫情的关键。

2018 年 9 月举行的世界公众科学素质促进大会以"科学素质与人类命运共同体"为主题进行了对话和交流，并讨论了相互协商和共同建设改进科普活动，实现全球共享科学素质建设成果，以提高世界公众的科学素质，并共同为人类创造更美好的未来。习近平主席和联合国秘书长古特雷斯给会议发来贺信，会议取得了圆满成功。

在北京举行的 2020 年世界公众科学素质促进大会上，科技部领导在讲话中指出，共同促进世界公众科学素质的提高，为抗击疫情和促进经济复苏作出不懈的努力，为建设人类共同的未来作出贡献，实现联合国可持续发展目标，建设更美好的世界。来自世界各地的 23 个国际组织、国家和地区的科技组织代表以及相关领域及疫情防控的顶尖专家参加了会议，讨论了提高公共科学质量和科学抗击新冠肺炎病毒的方法。有关科学技术组织的代表、专家和学者就"科学预防和控制冠状肺炎新流行病""科学普及和社会治理服务""确保全球公共卫生安全"等主题进行了在线讨论。在会上，科技部领导指出共同促进世界公众科学素质的提高是抗击疫情和促进经济复苏的重要手段。世界各国应携手为人类共同的未来作出贡献，为实现联合国可持续发展目标，建设更美好的世界提高公众科学素质水平。

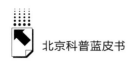

二 2020年北京科普工作突出成就

2020年是全面建成小康社会、实现第一个百年奋斗目标之年，是实现迈进创新型国家行列的决胜之年，是"十三五"规划收官之年。突如其来的新冠肺炎疫情给我国经济社会发展和人民生活带来巨大影响，北京市科普工作联席会议在市委、市政府的坚强领导下，在科技部等中央单位的大力指导下，深刻理解习近平总书记关于科技创新与科学普及同等重要的论述，加强统筹协调、认真研究谋划、精心组织实施，切实发挥应急科普的社会管理作用。全市科普资源开发力度增强，科普成果质量水平提高，科普传播影响不断扩大，科普惠民成效充分彰显，为新发展阶段北京开启国际科技创新中心建设打下了坚实的社会基础。

（一）科技创新综合实力显著增强，公民科学素质接近科技强国水平

北京科技创新综合实力显著增强，连续3年居全球科研城市首位，重大原创成果不断涌现，为科普工作创新发展带来新的动力和活力。

1. 政府引导构建社会化大科普格局

市科普工作联席会议的组织协调和整合功能加速推进，进一步强化部门联席、市区联动、媒体合作、专家协同的工作格局。各部门、各区在思想观念上更加重视科普工作，在组织方式上加强人员保障，在体制机制上提高统筹谋划能力，在传播手段上充分利用"互联网＋"平台和现代传播技术，在经费投入上加大政府科普经费引导作用，紧密结合本部门、本区的工作职能，凝聚了一批行业领域的科普人才，广泛开展群众性、社会性、经常性的科普活动，积极推进科普资源优化配置和开放共享，有效引导和带动全社会参与科普，为北京加强"四个中心"功能建设、提高'四个服务"水平，营造了尊重知识、崇尚科学、鼓励创新的良好环境和社会氛围。

2. 创新主体参与科普积极性持续提升

科研院所、高等院校、企事业单位等创新主体在普及科学知识、推广科技成果、服务科普需求等方面发挥了重要作用。"三城一区"打造科普新地标，怀柔科学城内首个集科学教育、科普示范和科普实践于一体的"Maxwell 创新科普实验园"开园，设立主展区、科学小电影观影区和动手实践，100 余件科普展品、50 多个与前沿科学研究接轨的科创课程、26 部科普小电影，对于高端科技资源科普化，打造科技实践活动平台，提高社会公众和中小学生的科学素养，具有先导和示范意义。中国科学院举办了主题为"云游中科院　畅想新生活"的第十六届公众科学日，依托"中国科普博览"网站、"科学大院"科普公众号及其新媒体矩阵，联动腾讯、抖音等互联网平台，以线上形式开展丰富多样的科普活动。15 位院士带来近 200 堂科学公开课，上线 170 多部优秀科普微视频，79 个院所建立了135 个直播间，在线开放天文台站、植物园、博物馆、野外台站、重点实验室和重大科技基础设施，公众通过"云端"近距离接触"科学重器"，直播炫酷的科学实验和科学观测。北科院发挥科研一线的科学普及效能，依托其重点实验室和自主研发成果，开展线下体验和线上直播活动，提供科学课程培训、系列讲座，让公众领略先进科学技术，拉近了公众与科研一线的距离。

3. 世界级重大原创科技成果不断涌现

面向世界科技前沿，面向经济主战场，面向国家重大需求，面向人民生命健康，不断强化基础研究和关键核心技术攻关，马约拉纳任意子、新型基因编辑技术、天机芯、量子直接通信样机等一批世界级重大原创成果竞相涌现，全球最大自动驾驶平台、深度学习智能芯片、国内首款通用 CPU、国际原创抗癌治疗系列药物、新冠肺炎灭活疫苗、国内第一代石墨烯生物芯片等重大成果捷报频传，为科技成果科普化提供了高水平的实物产品和源头供给。

4. 公民科学素质进入高质量发展阶段

2020 年中国公民科学素质抽样调查结果显示，北京市公民具备科学素质的比例为 24.07%，是全国平均水平的 2.3 倍。北京市公民具备科学素质的比例从"十二五"末的 17.56%，增长到 2020 年的 24.07%，提高了 6.51 个百分点，增幅居全国首位，位居创新型国家的较高水平，接近科技强国水平。北京市在整体公民科学素质水平快速提升的同时，相关分类人群的科学素质水平发展较好。北京市城镇居民和农村居民具备科学素质的比例分别达到了 25.72% 和 12.07%，均明显高于全国总体水平。

5. 科普人才队伍结构优化质量提升

北京市多层次科普人才结构日趋优化，已建立一支由顶级专家引领、领域专家指导、科普专职人员参与、科普志愿者组成的专兼职结合的高素质科普人才队伍。围绕首都科普人才发展需要，促进专业化科普人才培养，2020 年北京市科学传播高中初级评价全面实施，共 364 人获评职称。组织推荐科普讲解员参加 2020 年全国科普讲解大赛，北京选手取得 1 个一等奖、1 个二等奖、1 个三等奖的好成绩，对科普工作者素质水平的提升起到了激励作用。2020 年北京地区科普人员总数为 6.64 万人，较上一年增加 0.51 万人。每万人拥有科普人员 30.83 人。其中，科普专职人员 0.85 万人，占科普人员总数的 12.82%；科普兼职人员 5.79 万人，占科普人员总数的 87.18%。专职科普创作人员 1844 人，占科普专职人员的 21.65%；专职科普讲解人员 1743 人，占专职科普人员的 20.46%。科普志愿服务总队分队数量达到 101 支。注册科普志愿者 2.96 万人。

6. 社会科普经费筹集渠道不断拓宽

北京市财政局大力支持科普工作，为科技成果转化平台建设、科普设施建设、基层科普行动实施、各类科普交流活动开展以及学会组织建设等提供了必要的经费保障，引导带动全社会加大科普投入，科普经费筹集多元化渠道不断拓宽。2020 年北京地区全社会科普经费筹集额为 27.70 亿元，比上一年增长了 1.52 亿元。其中，政府拨款 19.83 亿元，占全部科普经费筹集额的 71.58%，比上一年增加了 0.89 亿元；政府拨款的科普专项经费 12.62 亿元，比上一年增加了 0.92 亿元。人均科普专项经费 58.59 元，较上一年增加了 4.28 元。

（二）基层科普建设持续推进，科普惠民服务成效显著

1. 科技扶贫效果充分彰显

北京市科委以科技助力贫困地区走科技帮扶、产业脱贫的发展道路。搭建"1+6"京蒙现代农牧业技术转移体系，探索出"先进技术入蒙、绿色产品进京"的京蒙科技扶贫模式。在河北赤城建设京赤科技扶贫示范园，实施"6+1"科技扶贫工程，将北京的技术套餐送到河北的田间地头。北京市民宗委将科技含量高、辐射带动能力强的项目列入少数民族经济发展专项资金扶持重点，重点加强了对注重科技的民族村和产业的资金投入，加大了对农业新品种引进和新技术推广的支持力度，促进了少数民族乡村特色优势产业发展。北京市农业农村局充分发挥各单位的平台、技术和人才优势，强化科普服务平台建设，组织线上线下培训，开展新技术新产品推广，举办特色科普活动，将农业农村科技与推广成果应用于农民科普教育和农业科学传播。北京市残联坚持科技助残，强化科技扶贫，开展残疾人教育工作，建立残疾学生助学服务档案 2100 份；规范家庭经济困难学生认定惠及 1362 名残疾学生；组织各区为残疾人提供包括 55 个培训项目免费培训服务并发放生活费补贴，惠及 8000 余人次。开展送科技下乡系列活动，组织专家入基地、推广新技术新品种、培养乡土专家或技术能手，提升了残疾人农户科技致富能力。

2. 科普服务惠及百姓民生

科普服务渗透到公众生产和生活方方面面。北京市委社会工委、市民政局宣传推广社会建设和民政方面的先进经验和先进典型，发挥民政工作在创新社会治理、服务民生保障等方面的作用；市生态环境局利用科普品牌活动、传播平台矩阵等，通过线上和线下普及生态环境保护知识、解读生态环境保护政策、报道生态环境保护工作，提高公众环境意识和参与能力；北京市城市管理委以疫情防控、环境整治、城市运行等为重点，围绕垃圾分类、城市精细化管理、充电桩建设、燃气安全、道路清扫保洁等开展科普宣传，在服务市民百姓方面充分发挥了科学普及作用。北京市体育局大力普及推广

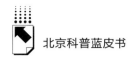
居家科学健身，在北京电视台、"体育北京"、"北京健身汇"及各区、各协会社团官方微博、微信等持续推出系列居家健身小视频、图文资料等1500余条。举办了"第十二届北京市体育大会系列线上活动""'北京纪录'线上体能王挑战赛"等线上体育赛事活动。推进网上冬奥常识、冰雪知识普及和冰雪技能培训，以体验、比赛和互动相结合的形式全方位普及和推广冰雪运动。

3. 科普丰富市民文化生活

北京市文化和旅游局联合市科委、天津市文化和旅游局和河北省文化和旅游厅开展了"京津冀科普旅游宣传活动"，活动以"知识科普行，共筑科技梦"为主题，以"旅游＋科普"的方式，开展了环保科普旅游、军事科普旅游，以及国有企业老字号体验活动等。首都图书馆举办北京市青少年科普短剧比赛，不同主题由学生自编、自导、自演，每年都有百余支代表队参赛。北京科学中心遴选优秀科普剧展演32场，2020年在中小学生中开展"小小科幻家"少年科幻征文活动，充分发掘少年儿童创新创意的思维潜能，促进其科学思想方法、科学思维表达的锻炼和养成。首都科学讲堂以线上直播＋录播的形式举办52期讲座，邀请59位专家，线上观众人数累计超过2324万，27期讲座的106个视频上传"学习强国"北京学习平台。2020年北京市公民科学素质大赛举办，线上注册参与人数超过67.5万人，总浏览量1031.7万人次，传播量近2044万人次，决赛节目线上平台总播放量达到201.9万余次。

（三）科普活动品牌影响持续扩大，公众参与科学热情高涨

1. 大型品牌科普活动引领作用突出

2020年北京科技周首次采用"云上"形式举办，以北京全国科技创新中心建设取得的重大成就为主要展示内容，以"科创号云上列车"为参观牵引，设置"科技主题专线"和"三城一区专线"两条参观专线，展示了200余个科技成果展项。"科技主题专线"涵盖"科技战疫、创新发展、脱贫攻坚、美好生活"四大展区，展示了疫情防控科技成果、高精尖产业领

域成果、民生科技成果以及科技扶贫成果等内容；"三城一区专线"展现中关村科学城、怀柔科学城、未来科学城、北京经济技术开发区"三城一区"主平台建设的新进展、新科技成果。科技周云上展厅将虚拟空间与现实场景结合，为参观者带来科技视觉盛宴，直接参观人数达100万人次，让更多公众了解科技成果，感受科学魅力，弘扬科学精神。

第十届北京科学嘉年华作为2020年全国科普日北京主场活动的重要组成部分，在首都地区全面开展，包括北京科学嘉年华主场活动、首都科普联合行动、北京云端科学嘉年华、首都科普扫码打卡等四大活动板块，组织开展了主场活动、首都科普科技企业开放日、北京云端科学嘉年华、第八届北京国际科技电影展、京津冀科普资源推介会等百余项重点活动，汇集各类展品展项600余件（项），嘉年华活动网络点击量达6100余万人次。

2. 行业品牌科普活动百花齐放

北京市委组织部将科普工作纳入干部教育培训整体设计中，综合运用主题班学习、专题培训、境外培训和在线学习等多种方式，加强对领导干部科学思想、科学精神的培养。北京市委宣传部加大科普出版力度，将各类新媒体技术引入传统科普出版领域，打造了一批广受好评的科普读物。组织开展"科学家进校园""走读健康·京版集团健康专家宣讲团"等科普活动，得到社会各界的欢迎与肯定。北京市发展改革委设立双创周"云上展厅"，首次采用全线上展览展示，让科创中心创新引领、新基建新应用赋能、精准助力"战疫"、双创带动就业升级四大板块100余个重点创新创业项目触屏可及。北京市教委以线上方式开展北京市青少年科技创新大赛、第三届北京青少年创客国际交流展示活动、北京学生金鹏科技论坛的终评答辩和北京市中小学生科技创客活动，探索了疫情防控常态化下科普活动的新模式。北京市经济和信息化局等单位举办"2020北京数据开放创新应用大赛——科技战疫·大数据公益挑战赛"，成为展示特殊时期科技战疫、公益战疫智慧力量的公益大赛。北京市公安局各单位充分发挥职能优势，大力推广应用公安科技创新成果，各警种深入社区、街道、学校，设立主题宣传日和宣传站，广泛宣传、讲解应急避险、交通安全、技术防范诈骗等科普知识。

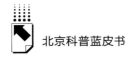

北京市人力资源和社会保障局将"科技创新"专题纳入课程体系，将科学普及纳入高级研修班专业选题范围，培养高层次科普专业技术人员、管理人员，推动其科技素养不断增强。北京市规划和自然资源委结合"4·22世界地球日"、"5·12防灾减灾日"、"6·25全国土地日"等主题策划开展了一系列互动体验活动等，把规划自然资源领域的科普知识广泛普及到校园、企业、乡村和社区。北京市生态环境局每年面向不同群体定期举办北京生态文化周、北京环保儿童艺术节、首都高校环境文化季等活动，其中很多活动多年来形成了一定品牌影响力。北京市商务局牵头举办"北京市第十届商业服务业技能大赛活动"，为商业服务业企业员工提供切磋技艺、交流技术、展示技能的平台，从而提升企业服务能力，促进首都服务品质的提高。北京市文物局发挥博物馆、文物保护单位资源优势，深入挖掘藏品背后的科学信息和历史故事，依托"5·18国际博物馆日"、"文化和自然遗产日"、"长城文化节"、"2020北京大运河文化节"等开展丰富多彩的文博特色科学普及宣传教育活动。北京市园林绿化局强化"绿色科技 多彩生活"科普品牌，开展"森林与人"、"走进绿色"等特色系列活动，利用北京园林绿化科普基地、首都生态文明宣传教育基地、首都园艺驿站"两地一站"及"云游科普"线上方式等宣传园林绿化新成果新技术新理念。北京市知识产权局利用世界知识产权日、中国专利周等重要时间节点，大力开展知识产权科普宣传，打造北京知识产权科普品牌，启动知识产权普法题库建设，使知识产权文化深入人心。北京市公园管理中心拓展"互联网＋科普"模式，举办以"云赏园林科普 共享智慧公园"为主题的中心首届线上科普游园会，首次尝试将园林、生态、文化等方面绿色科技和成果项目进行数字化展现。开发新媒体科普导赏系统，进行线上"科普地图"游线设计，生动准确地为游客提供一站式智慧游览服务。

北京市气象局以"云"为平台开展了"云直播"气象课程、"云作品"激发气象兴趣、"云答题"提高气象知识受众等丰富多彩的线上科普活动，举办气象科普讲解大赛、中小学生气象知识竞赛，丰富了气象科普作品和传播手段，增强了首都公民气象科学素质。北京市地震局等五部门联合印发

《加强新时代北京市防震减灾科普工作的实施意见》，全市已建成防震减灾科普示范学校 199 所，科普教育基地 39 个。开展防灾减灾日等科普活动。推出"互联网＋"科普传播平台和"云上科普"系列产品，营造了防震减灾宣传教育社会共治良好氛围。北京市总工会开展职工技能大赛、创新项目助推和"北京大工匠"评选等一系列品牌活动，有效提升了广大职工的技能水平和科学素质，助力创新活动和成果推广。北京团市委依托北京社区青年汇向社会招募青少年，开展以冰上健身运动为主的"冰雪成长营地"项目，在提升青少年健康水平的同时，普及冰雪科学知识，营造冬奥文化氛围。北京市社科联首次线上举办"2020·北京社会科学普及周"，推动哲学社会科学与新时代文明实践紧密结合。创新推出"北京社科"精品讲堂录播课，打造短、新、精的社科知识节目，在移动社交媒体和短视频平台广泛传播。北京市科协首次在全国科普日活动期间开展"首都科普联合行动"，面向专业场馆以及科研院所、高等院校、科技企业所属场馆征集开展科普系列活动 200 场，组织实施新时代文明实践基层科普行动，联合市委宣传部、市教委、市科委、市农业农村局、市卫生健康委、市经信委等单位组织动员社会各界力量深入开展基层科普活动，现场累计参与人数超过 60 万人次。

3. 各区特色科普活动精彩纷呈

东城区充分发挥区科普联席会议的作用，各成员单位结合自身职能，开展科普之夏、科普日、科教进社区、科技下乡等科普活动，举办科普讲座（报告）2000 余场、科技竞赛 35 场，参加人数 60 万人次，区域科普阵地建设、科普队伍建设、新媒体科普传播等取得新成效。西城区进一步健全完善区科普工作联席会议制度，40 家成员单位配备了专兼职科普干部，全区 263 个社区配备了专、兼职科普工作者，开展了丰富多彩的科普宣传活动，科普宣传与各类传播媒体有效结合，扩大科普宣传覆盖面，促进了科普公共服务能力和公众科学素质提升。朝阳区围绕科技前沿科普化展示、冬奥知识普及、百姓及青少年科学素质提升等内容，策划实施一批优质科普项目。举办朝阳科技周活动，开展"科普进社区进农村"系列活动，举办科普培训班 5 期、科技创新必修课 6 期，推动区域科普能力建设和公民科学素质提升。海

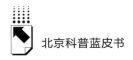

淀区聚焦首都城市战略定位，聚焦中关村科学城建设，整合社会资源，充分利用海淀科技人才资源众多优势，开展创新大讲堂200余场，举办科技周海淀主场活动、全国科普日海淀主场活动、院士进校园、青少年机器人线上竞赛等各类科普活动，拍摄《印迹》院士精神微纪录片并以新的传播媒介和呈现方式宣扬科学家精神，大力弘扬新时代中关村精神，推动科技科普智库建设，区域科普服务能力和公民科学素质建设不断提升，2020年海淀区公民具备科学素质的比例达到31%，在全国地市级区域位居首位。丰台区围绕推广科普项目、拓展科普宣传、丰富品牌活动、创新传播手段等方面开展科普工作，有关单位、街道组织开展了内容丰富、形式多样的科普活动，加强网络平台运用，鼓励原创作品开发，引导科技产业融合。石景山区将科技创新与科普工作紧密结合，鼓励区内的高校院所、科技创新机构等将科技成果应用、关键技术突破、新技术新产业转化为科普资源，开展科普专家校园行、企业行、社区行等科普宣传服务，围绕重大科技事件开展了一系列精品科普活动。

门头沟区开展全民科学素质大赛网上答题推广活动和科普微信平台科普知识竞答活动，深入农村、社区、学校、企业等基层开展科普种植体验、科普DIY手绘体验、人体健康检测、科普知识抢答等形式的活动。房山区以项目支持带动科普基地提升、科普体验厅建设、科技点亮生活进社区系列活动等组织实施，在科技周期间区内有关部门、单位、场馆等采用线上线下相结合的形式广泛开展科普活动。通州区聚焦副中心建设需求，围绕科普重点人群开展创客实验室和科普惠民设施建设，制作有关抗疫、运河湿地、非遗等科普视频，组织开展线上线下结合的科技周、科普日和节能环保、应急救助等主题宣讲活动，重点人群科学素养明显提升。顺义区在全区大力宣传"普及创新是引领发展第一动力"的观念，提升区域科普基础设施建设水平，组织开展"科技周""科普日"等科普品牌活动，开展"科技下乡""科普进社区"等科普服务活动。大兴区举办科技周、科普日等活动，完善网络数字科普馆建设，利用社区科普大学开设疫情防控、应急科普、食品安全、科学辟谣、公共卫生、垃圾分类、营养健康、智慧社区等方面网络课程

8 次、线下课程 16 次，受益人群 7000 余人次。

昌平区组建了由企业、高校、中小学、医疗机构志愿者和科普大 V 组成的科普队伍，聚焦科技传播，充分运用新媒体，线上线下广泛宣传未来科学城创新发展。办好北京科技周昌平分会场活动，2020 年网上直播节目及宣传视频点击量超 400 万次。加大回天地区科普能力建设，促进城乡融合发展。举办青少年科创大赛等各类科普活动 300 余场，全面提升居民科学素质。平谷区推动科普设施建设不断完善，建成平谷区青少年科技馆、科普 E 站等一批科普阵地，建立完善科普视窗和画廊、科普网站等科普传播平台，开展科普进社区、科普进农村、科普赶大集等特色活动。怀柔区围绕"五态"建设要求，聚焦怀柔综合性国家科学中心建设，加快构建以科学城为统领的"1+3"融合发展新格局，针对重点人群开展精准科普活动，实施北京市新时代文明实践基层科普行动，怀柔区科学城大装置科普展厅投入使用，推动科普宣传、全民科学素质提升、科技人才调查和论坛、决策咨询沙龙等工作。密云区加大科普投入力度，强化科普阵地建设，建成蜜蜂生态科普馆，强化"科普＋产业"深度整合。区各有关单位和各镇街，结合部门特点和区域产业发展需求，广泛策划组织开展各类科普活动，普及新冠肺炎疫情科学防控知识，宣传前沿科技成果。延庆区组织区科普联席会议成员单位、15 个乡镇、3 个街道开展"科普之春""科普之夏"等品牌科普活动，实施科技精准帮扶、科技志愿服务、"百村"农民科学素质提升、科技套餐工程、社区科普大学培训、创意创新创业大赛等各类科普活动和科普服务。

（四）科普资源开发力度增强，科普产品质量水平提升

1. 科普图书质量稳步提升

科普图书原创水平提高，精品图书不断涌现。2020 年全市出版科普图书 4445 种，年出版总册数 8045.24 万册；出版科普期刊 198 种，年出版总册数 828.32 万册；发放科普读物和资料 3116.20 万份。北京地区累计入围全国优秀科普作品 254 部，占全国的 56%。北京科学技术出版社深耕原创科普内容，出版了抗击新冠病毒公益绘本——《妈妈要去打"怪兽"》，将

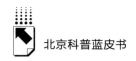

科学知识、责任使命和大爱担当融汇到充满温情的亲子对话中，出版后得到社会广泛好评；北京出版社出版的《播火录》获 2020 年第十五届文津图书奖、第十届吴大猷科学普及著作奖银签奖，入选中国科协"典赞·2020 科普中国"优秀科普图书。

2. 科普微视频创作日益繁荣

2020 年北京出版科普（技）音像制品 153 种，光盘发行总量 47.55 万张，以微视频、短视频为代表的科普影视创作持续繁荣，成为新媒体趋势和短阅读潮流的创新尝试。市科委与北京时间联合策划制作播出《北京科普之旅》"竖屏短视频"系列共 20 期，聚焦智能制造、新一代信息技术、纳米科技等高精尖领域以及医药健康、食品安全等民生领域，走进高校院所、科普场馆等，将科学知识、创新精神、科技惠民理念传递给广大观众；市科委会同专业机构共同策划推出《解密病毒：反击》，帮助公众科学理解和防治病毒，入选 2020 年全国优秀科学防疫科普微视频作品；北京地区推荐的《让娃尖叫的"3D 全息投影"》《人类史上第一张黑洞照片发布，快来一睹"真容"吧》《识破天机》入选 2019 年全国优秀科普微视频作品，累计入围作品占全国的近 50%；北京麋鹿生态实验中心出品的《鹿王争霸》科教片，荣获第九届梁希科普奖作品类三等奖。

（五）注重现代科技传播手段运用，科普信息化建设加速推进

1. 新媒体科普影响力日趋扩大

北京作为科技创新中心的另一个标志，是北京拥有良好的科技成果传播推广平台，以"两微一端"为代表的新媒体和数字化平台等对科学普及带来重要影响，让科技资源快速、精准送达科普受众。"科普北京"微信公众号聚焦高精尖科技领域，以科普化视角和解读方式，为社会公众提供权威、科学、准确的科普资讯。"首都科普"微信公众号提炼、重塑、反映各科学教育场馆资源包含的科学思想、科学方法、科学精神。由北京大学讲席教授饶毅、清华大学教授鲁白以及普林斯顿大学教授谢宇共同创立的移动新媒体平台"知识分子"，深入报道了一系列重大科学主题，已经成为科学界的重

要传播平台。各成员单位、各区还深度布局全媒体矩阵，打通微信、抖音、快手、今日头条、百度百家等各类新媒体平台，在媒体融合道路上不断拓展科普传播的边界。

2. 传统媒体强化科技传播力量

电视广播媒体发出科技传播强音。市广电局协调指导广电媒体广泛开展科普宣传，全年电视台播出科普（技）节目时间 13848 小时；电台播出科普（技）节目时间 8377 小时，内容包括载人航天、嫦娥奔月、火星探索、航空航天、医疗卫生等内容，以及智能机器人、5G、新能源等先进技术知识，反映交通、汽车、高铁、民航等方面的科技进步，提升百姓对科技的兴趣，激发全社会创新创业活力。北京广播电视台创新短视频制作，拍摄制作《博物馆说》5 集 4K 系列高品质短视频，陆续在"学习强国"学习平台、中央广播电视总台科教频道上线、播出。广播媒体积极开展科学普及。北京交通广播创新传播形式，推出融媒体品牌栏目《1039 尬问》，用幽默情景短剧的形式普及交通、应急等方面知识。2021 科学跨年之夜，11 名科学家在北京电视台接力演讲，线上平台总播放量达到 608 万次，微博相关话题互动总量达到 3086.2 万人次，科学家演讲金句及视频在网络上持续传播。北京科技报社为更好地呈现和传播科普内容，通过启动融媒体建设与纸质报刊形成内容互补、渠道互推的良性生态机制，以《北京科技报》纸质科技媒体为生产基础，"科学加"App 移动客户端和科普中央厨房为资源平台，各项宣传成果及融媒体产品为输出终端。

（六）区域科普资源共建共享，科普开放交流合作向纵深推进

1. 北京科普品牌发挥示范辐射作用

京津冀科学教育馆联盟联合长三角科普场馆联盟、粤港澳大湾区科技馆联盟，围绕"疫情防控与科技场馆开放"主题，在线开展科学教育馆馆长高峰对话会，吸引 2 万余人次在线观看，100 万余人次关注。北京自然博物馆与大连自然博物馆、浙江自然博物院、宁夏博物馆、常州博物馆等外省场馆开展合作，将优质科普资源输出。邯郸北科科普中心建成较为完整的科普

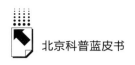

产业链，其中自然史科普展览展出了北京自然博物馆重要标本，2020 年接待游客约 2.7 万人次，参观学习教育覆盖邯郸市小学生并辐射周边地区。

2. 国际科普交流促进"一带一路"建设

北京科普工作积极融入全球创新网络，科普国际影响力持续提升。2020 "一带一路"科普交流研讨会邀请了新加坡、泰国、南非、德国、西班牙、以色列等 9 个国家以及北京、上海、广东、广西、云南、重庆等多个省区市从事科技传播的专家学者等共 30 余名代表参会，研讨会采取线下主场加视频连线多国、多地的方式，国内外专家围绕"后疫情时代的科普"主题，就疫情期间如何开展科普工作以及未来"一带一路"科普合作如何提升等议题进行了交流与研讨，同时对后疫情时代开展科普工作面临的挑战、机遇等展开了精彩研讨，为后疫情时代科普国际交流提供了宝贵的参考。"一带一路"国际科普交流周邀请共建"一带一路"国家的科普场馆、科研机构、科学中心的展项参展，设立 10 个展区，通过"一带一路"科普展、"云上科普"表演秀与科普视频等系列体验活动，为现场及线上观众带来为期 7 天的精彩活动。

三　北京科普综合评价及科普发展指数测算

科普发展指数需要全面系统地反映当前科普工作所产生的各项科普产出以及科普服务社会的基础设施建设水平，是对北京及全国科普工作成效的综合性反映，北京科普发展指数是对现状和发展趋势的综合反映，本报告依据 2008～2018 年科普工作及经济社会发展的统计数据，综合使用综合评价中的计算方法，用以分析北京地区及全国各省区市的科普发展情况。

（一）科普发展指数研究现状

目前多家机构对科普工作从不同角度展开了指数测算及分析，在全国各省区市科普发展指数测算中，影响力较大的为上海科普教育促进中心研发的《全国各省（市）科学传播发展指数报告》和中国科普研究所开展的《国家科普能力发展报告（2019）》系列。这些科普指数研究，推动了中国科普工作的纵向发展和横向比较工作。根据历年测算结果，北京均为全国科普能力最高地区。

北京市下属 16 个区，其人口、经济、区位的差异明显，科普发展的主要驱动因素、发展方式和科普重点任务不尽相同。如何通过构建符合北京建设全球科技创新中心发展任务的科普评价指标体系，厘清公民科学素质、科技传播与科技要素流动三者关系，进而有效提高科普事业发展水平，促进科普服务公民科学素质的提升，找准北京各区科普发展的突出优势和短板，有十分重要的政府决策参考价值。

（二）北京科普发展综合评价

建立北京科普发展综合评价指标体系，需要在建设全球科技创新中心的背景下，重新理解北京科普的定义。国内专家给出的定义多为从公众理解科学角度进行的传播工作。张慧人（2001）将科普总结为科学思想、科学精神、科学知识与科学方法四个层次通过各类载体，向公众进行传播的活动。朱效民（2003）提出科普是保障科学与社会发展共同进步的基础工程，是一项促进公众理解科学的社会性教育活动，具有公益性特点。王刚等（2017）进一步细化科普传播的内涵，认为科普需要通过普通公众易于理解、容易接受，能够尽可能参与的方式，让公众理解自然及社会科学知识，让科学技术成果的应用得到推广，同样科普目的包括了弘扬科学精神、传播科学思想、推广科学方法三个层次。通过对专家学者对科普概念界定的归纳，可以认为科普包括知识传递、精神弘扬、思想传播三个主要任务，科普高度依赖其传播渠道与传播方式，同时科普是一项公益性事业，其主要动力来自政府为主、社会各项资源共同参与的人、财、物。

进一步结合北京科普发展的具体任务，综合考虑《北京市"十三五"时期科学技术普及发展规划》和"十四五"发展方向，以及下一阶段《全民科学素质行动计划纲要实施方案》的发展要求，我们认为北京科普发展仍然依赖于科普基础设施建设、渠道建设、人才队伍建设等传统供给以及财

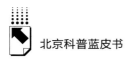

政资金持续投入科普活动组织等方面，其目标是推动北京科普事业持续进步，为北京科技要素流动与高端科普供给提供支持。

1. 指标体系

根据建设全球科技创新中心的主要任务和科普高质量发展的任务，为准确衡量北京各区科普事业的发展水平和发展趋势，综合评价指标体系通过科普受重视程度等 6 个一级指标和 23 个二级指标来综合评判北京科普发展水平（见表6）。

表6　科普发展指标体系

一级指标	二级指标
A₁ 科普受重视程度	B₁ 科普人员占地区人口数比重
	B₂ 科普经费投入在财政科学技术支出中的比重
	B₃ 科普场馆基建占全社会固定资产比重
A₂ 科普人员	B₄ 科普专职人员数量
	B₅ 科普兼职人员数量
	B₆ 科学家和工程师参与科普人数
	B₇ 科普创作人员数量
A₃ 科普经费	B₈ 科普专项经费
	B₉ 年度科普经费筹集额
	B₁₀ 年度科普经费使用额
A₄ 科普设施	B₁₁ 科普场馆数量
	B₁₂ 科普公共场所数量
	B₁₃ 科普场馆展厅面积
A₅ 科普传媒	B₁₄ 科普图书发行数量
	B₁₅ 科普期刊发行数量
	B₁₆ 科普（技）音像制品发行数量
	B₁₇ 科普（技）节目播出时间
	B₁₈ 科普网站数量
A₆ 科普活动	B₁₉ 举办科普国际交流活动次数
	B₂₀ 科技活动周举办科普专题活动
	B₂₁ 三类科普竞赛举办次数
	B₂₂ 举办实用技术培训
	B₂₃ 重大科普活动次数

2. 数据来源及处理

计算科普发展指数，使用国家机关发布的最新统计年鉴中体现科普工作产生的社会经济效应的统计数据，主要来自 2008 ~ 2019 年《中国科普统计年鉴》《北京科普统计年鉴》《北京地区统计年鉴》等。

首先对 23 个指标确定权重，指标体系使用主观客观相结合的方法进行权重设定。本报告邀请多名数量经济学、科普、产业发展等方面学者，在完成对北京科普高质量发展情况背景介绍后，发放专家打分表，以"大视野、大科普、国际化"的高度，以建设国家科技传播中心为核心，以提升公民科学素质、加强科普能力建设为目标，以打造首都科普资源平台和提升"首都科普"品牌为重点，分别对一级指标、二级指标分层进行排序式赋权。在回收打分表后进行信度分析并测算第一轮打分结果，通过背靠背两轮打分后，打分表通过一致性检验。在客观赋权后，综合评价组结合当前北京科普高质量发展的突出问题和热点议题，经过多轮修正，权重分配见表 7。

表 7　北京科普发展指标权重

一级指标	二级指标	权重
A_1科普受重视程度 (0.153)	B_1科普人员占地区人口数比重	0.051
	B_2科普经费投入在财政科学技术支出中的比重	0.064
	B_3科普场馆基建占全社会固定资产比重	0.038
A_2科普人员 (0.174)	B_4科普专职人员数量	0.052
	B_5科普兼职人员数量	0.023
	B_6科学家和工程师参与科普人数	0.056
	B_7科普创作人员数量	0.043
A_3科普经费 (0.203)	B_8科普专项经费	0.066
	B_9年度科普经费筹集额	0.058
	B_{10}年度科普经费使用额	0.079
A_4科普设施 (0.139)	B_{11}科普场馆数量	0.049
	B_{12}科普公共场所数量	0.041
	B_{13}科普场馆展厅面积	0.049

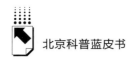

续表

一级指标	二级指标	权重
A₅科普传媒 （0.116）	B_{14}科普图书发行数量	0.018
	B_{15}科普期刊发行数量	0.018
	B_{16}科普（技）音像制品发行数量	0.019
	B_{17}科普（技）节目播出时间	0.036
	B_{18}科普网站数量	0.025
A₆科普活动 （0.215）	B_{19}举办科普国际交流活动次数	0.086
	B_{20}科技活动周举办科普专题活动	0.064
	B_{21}三类科普竞赛举办次数	0.021
	B_{22}举办实用技术培训	0.023
	B_{23}重大科普活动次数	0.021

（三）指数测算方法

为综合体现科普发展的规模与质量，提高北京科普发展指数的政策参考价值，指数测算方法必须具备以下特点：

（1）综合性

北京科普发展综合评价能够反映各个地区在一个时期内科普多维度的进步情况。

（2）连续性

北京科普发展指数能够根据新增数据不断延续，在获取新增数据后，无需对过往数据进行调整。

（3）稳定性

综合考虑指标体系中绝对值指标、逆向指标、比率性指标的关系，避免出现东部省份指标过大，面积较小地区科普事业发展体现不足的情况，并确保在出现异常数据、缺失数据的情况下，指标测算结果保持稳定。

发展指数测算的三个步骤为：

（1）原始数据处理：对原始数据中逆序指标正向化，并填充缺失数据，经过整理后数据形式如下面所示二级指标数据矩阵 B，纵向为空间轴，横向为时间轴：

$$B = \begin{bmatrix} b_{2008,北京} & b_{2009,北京} & & b_{2018,北京} \\ b_{2008,天津} & b_{2009,天津} & \cdots & b_{2018,天津} \\ \cdots & \cdots & \cdots & \cdots \\ b_{2008,新疆} & b_{2009,新疆} & & b_{2018,新疆} \end{bmatrix}$$

$$A_1 = \begin{bmatrix} B_1 & B_2 & B_3 \end{bmatrix}$$
$$\cdots$$
$$A_6 = \begin{bmatrix} B_{19} & \cdots & B_{23} \end{bmatrix}$$
$$I = \begin{bmatrix} A_1 & \cdots & A_6 \end{bmatrix}$$

（2）分指标发展指数测算：根据统计年鉴的资料可得性和北京科普发展形势，认为 2008 年是合理的基期年，对整理后数据 $B_1 \sim B_{23}$ 除以基期年均值，如下式：

$$V_{reference} = \begin{pmatrix} b_{2008,北京} & b_{2008,天津} & \cdots & b_{2008,新疆} \end{pmatrix}$$

$$r = \frac{\sum V}{31}$$

$$B^* = \frac{B}{r}$$

经上式处理后，获得各地区 2008～2018 年二级指标发展指数，以 2018 年北京科普人员发展指数计算为例：

$$2018\ 年科普人员发展指数_{北京科普人数} = \frac{2018\ 科普专职人员数量^{北京}}{2008\ 年全国各省区市科普人数}$$

（3）指数综合：根据前述所得指标权重向量 W，进行 n 次幂指数变换并进行归一化处理，获得调整后权重向量 $W(n)^*$，公式如下：

$$W = \begin{pmatrix} \omega_1 & \omega_2 & \cdots & \omega_{23} \end{pmatrix}$$

其中：$\sum_{i=1}^{23} \omega = 1$，$W$ 的 n 次幂调整为：

$$W(n)^* = \frac{\begin{pmatrix} \omega_1^n & \omega_2^n & \cdots & \omega_{23}^n \end{pmatrix}}{\sum_{i=1}^{23} \omega_i^n}$$

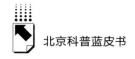

通过对权重向量进行幂指数转化，随着 n 的提高，优势权重变量在指数中突出，通过试验对比，$W(2)^*$ 的北京科普发展指数测算结果稳定合理，符合预期，故使用 $W(2)^*$ 作为指标综合权重。对一级指标对应的二级指标发展指数矩阵进行加权求和，以点积形式表现如下：

$$A_1^* = \begin{bmatrix} B_1^* & B_2^* & B_3^* \end{bmatrix} \cdot \begin{bmatrix} \omega_1^n \\ \omega_2^n \\ \omega_3^n \end{bmatrix}$$

$$\cdots$$

$$A_6^* = \begin{bmatrix} B_{19}^* & \cdots & B_{23}^* \end{bmatrix} \cdot \begin{bmatrix} \omega_{19}^n \\ \cdots \\ \omega_{23}^n \end{bmatrix}$$

总体发展指数：

$$I^* = \sum A^*$$

（四）北京科普发展指数

通过设立 2008 年为标杆年，分别计算全国范围和北京市 16 个区的科普发展指数，并按照统一方法进行指数综合，获得两个结果：根据全国省际科普数据计算得出的中国省际科普发展指数和使用北京各区数据计算获得的北京分区科普发展数据，测算数据显示，北京科普发展指数再创新高，2018 年北京科普发展指数为 5.1112，较 2017 年的 4.8117 提高了 6.22%，是 10 年以来最高值（见图 1）。

进一步观察北京各区发展指数，在分区科普发展指数中，前 4 强为朝阳区、东城区、海淀区、西城区，分别为 9.2502、6.6261、6.4536 和 3.8096。除传统四强区外，丰台区、大兴区、延庆区均超过 1.0，其中丰台区科普发展指数为 2.9159，大兴区科普发展指数为 1.1726，延庆区科普发展指数为 1.1495（见图 2）。

通过观察北京生态涵养发展区、城市发展新区、城市功能拓展区、核心功能区在 2017 年和 2018 年的比例变化，可以发现城市核心功能区科普发展

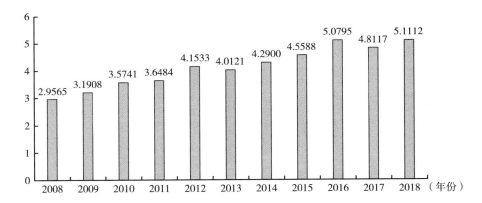

图1 北京科普总体发展指数

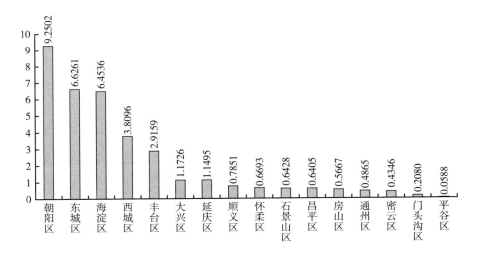

图2 北京各区发展指数

贡献度从13%上升至29%，城市功能拓展区科普发展贡献度从66%下降至54%。城市发展新区、生态涵养发展区科普发展贡献度变化较小（见图3）。

北京科普人才发展指数从2017年的4.5944上升至2018年的5.1904，上升幅度为12.97%（见图4）。从2009年至2018年，北京科普经费发展指数持续上升，2018年北京科普经费发展指数达到了6.9946，为历史最高（见图5）。

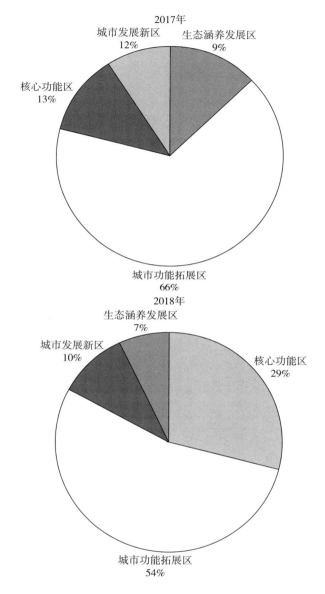

图3 北京城市功能区科普发展贡献度（2017～2018年）

北京科普传媒发展指数在2017年、2018年两年实现了快速突破性增长，得益于东城区、朝阳区在2017年、2018年集中播出电台、电视台的科普节

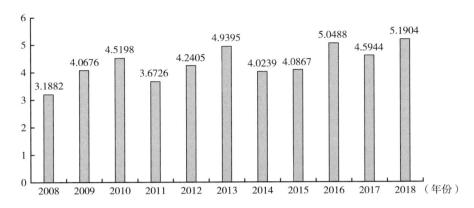

图4　北京科普人才发展指数

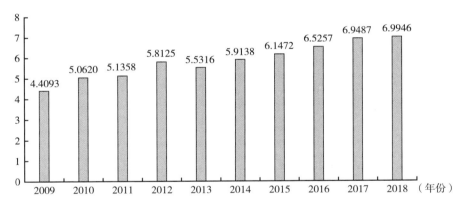

图5　北京科普经费发展指数

目，北京科普传媒发展指数从 2016 年的 1.2157 上升至 2017 年的 21.7084，在 2018 年有所回落，为 14.9516；2018 年北京科普活动发展指数为 10.2277，较 2017 年的 9.0384，增长了 13.2%；2018 年北京科普场馆发展指数为 4.0941，较 2017 年的 3.5037，增长了 16.9%，增长速度为高速增长（见图 6、图 7、图 8）。

通过观察 2008 年到 2018 年北京各个城区的科普发展指数，发现城市功能拓展区为北京科普发展指数的主要贡献者，在 2018 年科普发展指数贡献量为 19.26，城市核心功能区的科普发展指数贡献量为 10.44，城市发展新区和生态涵养发展区的科普发展指数贡献量分别为 3.66 和 2.52（见图 9）。

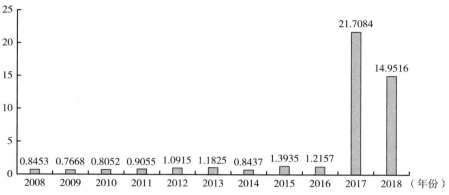

图 6　北京科普传媒发展指数

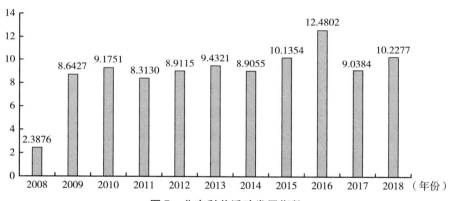

图 7　北京科普活动发展指数

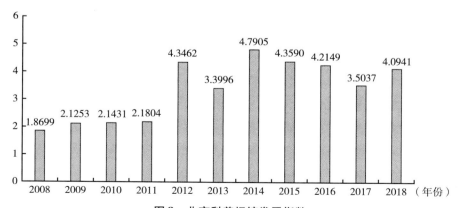

图 8　北京科普场馆发展指数

图9　北京城市功能区科普发展指数

2018 年全国总体科普发展指数低速增长，为 46.3327，较 2017 年的 45.4068 增长了 2.04%（见图 10）。

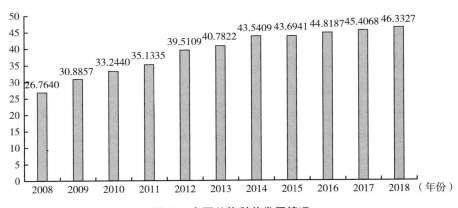

图10　全国总体科普发展情况

2018 年全国科普发展指数超过 2.0 的省份为北京、上海、江苏、浙江、广东、四川和湖北。其中北京超过了 5.0，为 5.1112；上海和江苏均超过了 3.0，上海为 3.7895，江苏为 3.1280。2008~2018 年，全国科普人才发展指数持续增长，2018 年全国科普人才发展指数为 7.5601，较 2017 年的 6.9961 增长了 8%。全国科普受重视程度指数在 2017 年有所回落，为 0.7032，在 2018 年恢复至 0.7524（见图 11、图 12、图 13）。

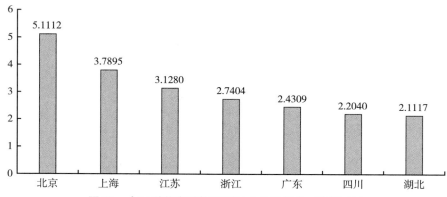

图11 全国科普发展指数超过2.0的省份（2018年）

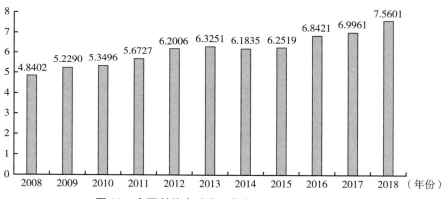

图12 全国科普人才发展指数（2008～2018年）

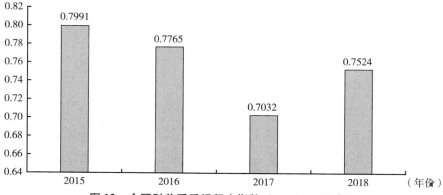

图13 全国科普受重视程度指数（2015～2018年）

2018年中国传媒发展指数中，北京占全国的19%，上海贡献了全国9%的科普传媒发展指数，2018年中国科普场馆发展指数高速增长，从2017年的6.8731上升至2018年的7.4685（见图14、图15）。

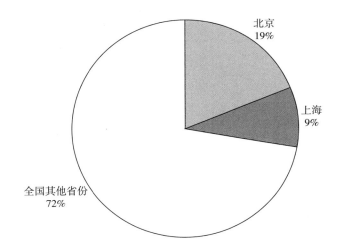

图14 北京、上海科普传媒在全国占比（2018年）

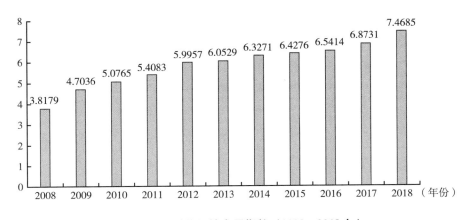

图15 中国科普场馆发展指数（2008~2018年）

科普发展程度同经济发展水平高度相关。观察热点区域科普发展情况，2018年珠三角地区整体科普发展指数为13.00，长三角地区科普发展指数为9.66，京津冀地区科普发展指数为7.26，京津冀地区仍然是北京主导的科

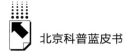

普发展方式，京津冀科普协同尚未显现（见图16）。

进一步观察东、中、西部科普发展情况，东部地区科普发展指数为24.20，西部地区科普发展指数为12.60，中部地区科普发展指数为9.54，其中东部地区较2017年增长了3.4%，中部地区较2017年增长了1.8%，西部地区较2017年降低了0.2%。东、中、西部科普发展指数差距继续拉大（见图17）。

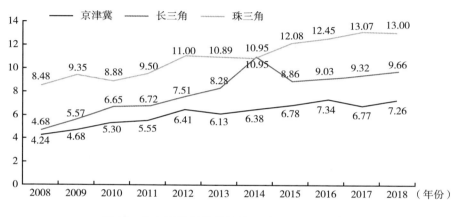

图16　热点区域科普发展情况（2008～2018年）

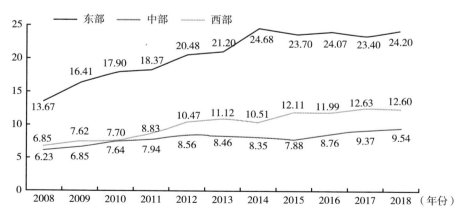

图17　东、中、西部科普发展情况（2008～2018年）

四 "十四五"期间北京科普事业高质量发展面临的新问题、新机遇和新挑战

（一）需要进一步研究公民科学素养的基准和评估方法

在科学素养成为国民素质的重要组成部分，并决定一个国家的综合国力和国际竞争力的时代背景下，对公民科学素养的调查也已成为一项国民基本任务，应当受到进一步的重视。科学素养已成为世界各国检验公民素养建设状况和制定相关政策的基础，同时，对公民科学素养的评估也成为评估科普工作有效性和产出的基础。目前，我国进行公民科学素养评估主要采用美国学者乔恩·米勒（Jon D. Miller）于1980年提出的调查体系和科学技术部基于米勒调查体系设计的公民科学素养标准评估系统。这两套评估方法是在每年对该区域进行广泛的抽样调查之后，对抽样区域的总体公民素养进行科学评估的工具。

公民科学素养的通过率是反映一个地区科学普及的有效性和产出的重要指标，并且在长期科学普及效果评估和相关科学的决策中具有重要的参考作用。就目前情况而言，关于公民科学素养的小规模样本调查很少。在科普活动中，重点人群的社区科普和特殊科普工作的评价方法仍以定性评价为基础。部分学者通过大数据等技术实现了对科普效应的局部后反馈研究，但缺乏总体布局。更为突出的问题是，无论是国外普遍使用的米勒系统，还是我国自主设计的公民科学素养标准评估系统，面临新的发展形势时，都需要进一步地改进。

技术创新已成为主要经济体之间竞争的核心。特别是在当前"百年未有之大变局"的时代，需要什么样的科学素养，什么样的公民具有科学素养，以及如何提高公民的科学素养，都需要进行全面的梳理。北京是我国公民科学素养总体水平最高的地区，预示着其他地区公民科学素养的发展趋势。在北京进一步开展公民科学素养的理论研究和一系列延续性跟踪的专项

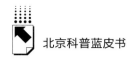

跟进调查，是北京科学普及工作的重要组成部分。

为此需要建立监测评估机制，确保重点任务实效。依据《中国公民科学素质基准》，定期开展北京公民科学素养测评工作，完善科普评价指标和科普统计。组织开展科普政策法规、基础设施、人才队伍、科普活动、科普产出效率等方面的监测评估，逐步做到自评估和第三方评估相结合。建立国外主要城市科普工作动态数据库，追踪国外科普工作最新动态。

（二）以发展科幻产业为契机，推动科普科幻联动发展

在 21 世纪全新技术革命时代，中国在许多科学技术领域都取得了突破，经济实力不断增强。群众充满了对未来技术生活方式的渴望，对科普、科幻小说等文化产品的需求不断增加，近年来，科幻作品如雨后春笋般涌现。2019 年，中国科幻产业总产值达 658.71 亿元，同比增长 44.3%，与 2018 年相比，科幻电影的票房翻了一番；科幻小说数字阅读市场增长了 40% 以上。科幻科普文化产业已逐渐成为技术创新和社会文明进步中不可或缺的力量，对于增强民族文化的软实力，传播民族科技文明和核心价值观具有重要意义。

科普影视是科普文化产品最重要的载体，电影业的发展，相对于电视节目和短片形式的科普文化产品，更具辐射和引领作用。科幻电影和电视与科普创作方式重叠，但两者并不完全相同。科普影视传播者主要包括节目制作团队以及相关的智力支持人员，中国科幻电影发展遇到的最大瓶颈之一是科普影视传播者不能同时具备科学素养和影视艺术专业素养。

在科普产业的发展中，中国科普产品的创作存在各种问题。例如，中国的科普影视创作者大多是普通的电视节目制作人。他们没有接受过特殊的科学教育，对科学传播的规律也缺乏深刻的理解。缺乏专业的科学素养导致大量人员在创作过程中无法全面、准确地传达科学知识和科学观念，甚至存在误导观众的现象。

此外，电影工业发展水平限制了科学传播的能力。中国科普影视创作者还存在很多可以在图像表达方面加强和改进的领域，例如声音和图片语言的

拍摄和制作，叙事技术，结构方法，编辑方法等。在这些方面，我国的科普创作仍然存在投资不足，作品的精细度无法与进口作品媲美的问题。同时，在团队建设方面，还没有实现资源的最佳组合和最大利用。

（三）积极探索社区科学普及工作的评价方法

社区科学普及是匹配科普供求关系，促进科普供给侧结构性改革的重要手段。自 2011 年以来，社区居民已被纳入国家科学素质行动计划重点人群，社区科普已成为科学普及的主要努力方向。从宏观政策、工作目标和指导方针，到"社区科学普及计划"等项目和活动，以及对具体实践中科学普及工作模式的探索，表明我国城市社区科学普及已真正落地，在这一阶段取得了创新性的发展。

其次，《中国科学技术协会关于加强城市社区科学普及工作的意见》的实施，有效改善了城市社区科学普及的工作条件和服务能力。其中，社区科学普及服务站是社区科学普及活动的重要场所，社区科学普及学校是社区科学普及教育的活动平台，社区科学普及网络是社区科学普及必不可少的方式。

科学介绍社区科学普及的表现，并深入研究社区科学普及的工作经验，有助于提高科普的供给水平，更好地满足科普不足人群的需求，进一步促进科普资源的向下开发，以促进科普供给侧改革的深入发展。

构建科普社区网络平台，推动社区科学普及工作与数字化、网络化、智能化等信息技术的深度融合，促进科普信息化建设，将是今后科普工作的重要课题。移动互联网等信息传播技术的普及为科学普及的发展提供了一种更快、更有效和更经济的方法。

（四）弘扬科学精神的同时，增强科普的文化服务能力

科普作品必须以社会主义文学艺术的繁荣发展为目标，坚持"四个必须"。文艺是党和人民的重要事业，文学和艺术创作必须提倡社会主义道德风尚，具备社会责任感，抵制庸俗和媚俗。文学艺术是一个造就灵魂的工

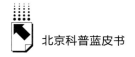
程，负有传播文化和文化育人的责任。科普文化作品是具有特殊主题和特色的文化作品，具有促进全社会参与科学讨论，热爱科学，学习科学和使用科学气氛形成的功能。科普产品对提高公民的整体科学素质，建立一支高素质的创新型劳动者队伍，增强民族文化软实力，传播民族科技文明和核心价值观具有重要意义。

五　新时代北京科普事业高质量发展的对策与建议

2021 年是建党 100 周年，是向第二个百年奋斗目标进军的开启之年，是"十四五"规划的开局之年。北京科普事业发展以习近平新时代中国特色社会主义思想为指导，深入学习贯彻落实党的十九大和十九届二中、三中、四中、五中全会精神，紧扣国际科技创新中心建设重点任务和坚持高质量发展要求，推进科普治理体系和治理能力现代化，创新科普工作模式，提升科普供给质量，提高公众科学文化素质，更好地满足人民日益增长的美好生活需要，为北京加强"四个中心"功能建设，提高"四个服务"水平，推动首都高质量发展营造崇尚创新的文化环境、奠定坚实持久的社会基础。

（一）紧扣重大战略和目标任务，推动科普工作高质量发展

认真总结"十三五"时期科普工作的成效和经验，深入分析"十四五"科普发展面临的形势和任务，发布实施《北京市"十四五"时期科学技术普及发展规划》和《北京市全民科学素质行动规划纲要（2021～2035年）》。进一步优化科普发展环境，完善科普相关政策措施、法规体系，适时启动《北京市科学技术普及条例》修订。注重政府引导与市场机制相结合，探索采取项目资助、后补贴、政府购买服务等多种经费支持方式，发挥市区两级科普专项经费的引导和放大作用，吸引带动更多的社会力量支持和参与科普，构建社会化大科普新格局，推动科普工作持续健康高质量发展。

聚焦北京建设国际科技创新中心的目标及《"十四五"北京国际科技创新中心建设战略行动计划》重点任务，促进科技创新和科学普及协同发展。

围绕承接国家重大科技任务、培育建设国家实验室、建设"三城一区"主平台和中关村国家自主创新示范区等方面，多角度、多层次、多渠道开展科普工作。加强"三城一区"、城市副中心等重点区域的科普能力建设，围绕人工智能、量子计算、区块链、生物技术、集成电路、数字经济、智能制造、医药健康等重点领域，开展形式多样的科普宣传活动，提高公众对于科技前沿的认知水平。

提升健康科普工作的科学性、精准性、权威性，用通俗易懂的内容、生动活泼的形式，增强市民群众的科学防控意识和能力，有力支撑社会生产生活有序开展。促进全社会广泛参与，强化跨部门协作，加强环境治理，保障食品药品安全，预防和减少伤害，有效控制影响健康的生态和社会环境危险因素。全面普及健康生活方式，广泛传播健康知识，形成热爱健康、追求健康、促进健康的社会氛围，进一步提高人民群众健康水平。

（二）提升科普管理水平，推进科普治理体系和能力现代化

强化市区两级科普工作联席会议"总体设计、统筹协调、整体推进、督促落实"的科普管理职能。各成员单位、各区要加强对科普工作的统筹管理，将科普工作的目标和任务纳入本部门、本区域工作计划，保障科普工作投入，分解重点任务，明确责任单位，有步骤推进各项任务落实。探索线上线下相结合方式开展科普活动，强化成效评价，向联席会议办公室备案科普活动和提供科普活动成效评价报告。

针对环境污染、重大灾害、气候变化、食品安全、传染病、重大公共安全等群众关注的社会热点问题和突发事件，加强应急科普资源储备与更新，建立完善应急科普机制，提升应急科普能力，建立应急科普管理体系。在相关领域建立应急科普资源线上共享平台，切实提高应急科普资源的影响力、覆盖面，增强应急科普的整体性、协同性。

聚焦科学思想方法在场馆主题化科学教育中的传播实践，推进北京科技教育创新研究院发展。在通州区、昌平区、东城区等重点区域探索建立"科普进社区"成效评价体系，发挥社区科普作用，围绕对象、渠道、内容

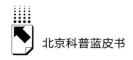
建立全链条、全要素的服务共享机制。借助互联网和大数据开展科普统计工作，对科普政策法规、基础设施、人才队伍、科普活动、科普产出效率等方面进行监测，把监测结果作为改进政府科普工作的重要依据，促进科普管理机制高效运行。

加强对科普的政策扶持、条件支持和项目投入，强化绩效评价。落实科普税收减免等优惠政策，包括捐赠免税、进口科普仪器和影片免税等政策。加强对科普经费使用情况的绩效考评，增加科普验收指标，确保专款专用和使用效果。

进一步完善科学传播专业的职称分类评价标准，优化从事科普工作的专业技术人才职称申报程序，提升科普工作者的积极性和获得感。通过举办科普培训、科普讲解大赛、科普微视频大赛、科学实验展演、优秀科普作品大赛等赛事活动，选拔优秀选手和作品参与全国竞赛，提高科普专兼职人员的科技知识水平和科学传播能力，提高科研人员的科普能力，提高科技新闻记者科学素养，打造与国际科技创新中心相适应的高素质科普人才队伍。各成员单位、各区要根据实际情况和具体条件，设置专职的科普岗位，开展系统化培训，建立健全本领域的专业化科普人才培养体系。做好北京市科普工作先进集体和先进个人评比表彰相关工作。

修订《北京市科普基地管理办法》，启动市科普基地新申报工作，优化科普基地结构，实现科普基地从规模数量增长向质量水平提升的转变，加强基地之间交流合作，提升基地的运行质量和管理水平。鼓励科普机构围绕新时代文明实践中心建设，整合科技与科普服务资源，健全文明实践志愿服务机制。推进北京自然博物馆建设，申请国家自然博物馆冠名。完善北京科学中心"三位一体"建设模式、"1＋16＋N"发展模式和多维平台模式。促进科技馆、博物馆、科普基地等科普机构开展形式多样、内容丰富的科普服务。推进环保、社科、园林绿化、地震、气象、国土等行业科普阵地建设，形成良好的科普设施生态体系。推动青少年宫、妇女儿童活动中心、文化馆、图书馆、实体书店等增加科普服务功能。各区突出本地科技资源、产业特色，建设特色化、常态化的科普基地，依托城乡社区公共服务场所和设施，提高社区活动站、农家书屋等基层机构科普服务水平。加强科学公园、科普楼宇、科普小屋等公共场所建设。引导主题公园、森林公园、地质公园、动植物园、海洋馆、野生动物园、自然保护区等加强科普知识宣传力度。建设数字科技馆、虚拟科技馆等，提升"全天候"科普服务能力。鼓励以科普流动车等形式，丰富可移动科普资源模块内容。引导媒体机构开办科普节目、专栏、专题等，做好科技新闻报道和科学知识普及工作。

（三）大力实施公民科学素养工程，继续提高重点人群科学素养

围绕经济社会发展重点任务和人民群众重大关切，深入开展各自领域主题特色科普活动，传播知识，解疑释惑，提高公众的科学认知水平和科学生活能力。各区结合区域特点和公众需求，广泛开展精准科普活动和科普服务，推动科普"进社区、进学校、进企业、进农村、进家庭"，增强百姓的爱科学意识、学科学能力、用科学水平，营造创新文化氛围。

提升青少年科学素养。鼓励将创新文化作为校园文化建设的重要内容，注重学生创新思维和科学精神的培养，把创新型人才培养贯穿于教育各阶段。推进青少年科技后备人才培养工作。加强科教融合，推动面向青少年的教具和用于科学教育的互动展品研发。办好各类青少年科技竞赛、科普研学活动，拓展青少年的校外科技教育渠道。依托社区青年汇、学校系统、青年宫、教育基地等，开展各种科学素养提升活动。

提高城镇劳动者的科学文化素养和职业技能。聚焦职工技能提升，继续开展劳动竞赛和技能大赛。开展专业培训，切实提高一线职工的生产操作技能和科学素养。做强做大职工创新阵地，聚焦弘扬工匠精神，展示各行各业技术人才的超群技艺和敬业精神。开展安全生产、防灾减灾、应急管理等知识培训，加强劳动者科学素养建设。

提升领导干部和公务员的科学决策和管理水平。把科学素养教育作为领导干部和公务员培训的重要内容，对各级领导干部开展以了解掌握现代科技知识和发展趋势以及各种新知识新技能等为主要内容的科学技术普及教育活动。利用首都优质教育资源举办科技创新、智慧城市等方面专题培训班。发

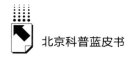

挥在线学习优势，开发一批内容丰富、适合领导干部学习使用的在线学习课程。

开展农村居民科普。以现代农业技术和农业文化为基础开展各类农业科普活动。做好农业技术培训科普工作，根据实施乡村振兴战略总要求，根据农时实施开展实用农业技术的网络培训与现场技术培训观摩活动。推进新媒体在农业科普、成果推广、科技服务中的应用；结合乡村振兴工作落实，积极开展农村残疾人实用技能培训活动。相关部门协调配合，共同推动残疾人群体的职业技能和科技文化素养的提高；加强全市民族乡村科普，广泛开展科普知识宣传和交流学习、考察等科普活动，促进民族乡村科普工作水平提升。

发挥北京科普资源的辐射和带动作用，扩大"京津冀科普行"活动服务范围，将科普展览、科普讲座、实验课程、动手活动、观看科普影片等形式多样的科普活动带到京津冀学校，推进三地区域科普协同发展。拓展与共建"一带一路"国家科普交流合作的渠道和领域，创建"一带一路"国际科学工作坊，加强与国内外知名博物馆、大学等相关机构在科学研究和科普教育等方面的国际交流与合作。

（四）进一步挖掘科普资源，打造北京精品科普品牌

鼓励支持高校、院所和科技企业推广普及重大科研任务、科技计划项目和示范应用工程实施过程中产生的基础研究、应用研究、前沿科学成果和新技术、新产品，将高端科技资源和高精尖科技成果转化为通俗易懂、互动体验的科普产品。加大对科技成果的普及推广应用，让新技术新产品走出实验室、走下生产线，通过线上与线下相结合等科普方式，突破市场应用瓶颈，促进科技成果转化应用，服务经济发展、城市建设和民生改善。鼓励国家级和省部级重点实验室、工程技术研究中心、技术创新中心，大科学装置、重大科技基础设施、各类自然科技资源库（馆）、科学数据中心（网）、科技文献中心（网）、科技信息服务中心（网）等科研基础设施，举办"开放日""科学日"等活动，发展以互联网为载体、线上线下互动的科普服务。

鼓励推动有条件的高校、院所、科技企业建设专题特色科普展厅，及时向社会发布科研进展及成果信息。充分发挥中关村国家自主创新示范区展示中心的科技窗口作用，让更多的人能尽快掌握和接触到代表未来科技发展方向的新兴技术。积极开展科研诚信教育和宣传，提高科技工作者、科研机构和学术团体的科研伦理规范意识。邀请具有广泛代表性、深厚科学素养、取得卓越科学成就的科学家，讲授其科学之路、奋斗历程，弘扬科学精神。围绕创新主体科普需求，推动数字经济、区块链、人工智能等科技创新热点的普及和应用。

做好对科普社会团体、科普服务机构、科普基金会等组织登记和管理工作。发挥北京科学教育馆协会、北京科普资源联盟等专业科普组织的作用。建立馆校结合、馆馆联合的工作模式，开展参观者主导、符合教育规律、满足公众需求的特色科普活动，推动科普理念和实践双升级。引导产业联盟、行业协会、学会商会、科技社团等搭建公众与科学之间沟通互动的桥梁，促进科普资源开放共享。各类人民团体以及科技团体、专业学会、基金会、民办非企业机构等社会组织，广泛开展群众性、经常性科普活动和科普服务，激发全社会学科学、讲科学、爱科学、用科学的热情。

综合运用政府支持、市场化运作、多元化投入的手段，鼓励科学家与科普专家、出版社共同进行科普图书创作。推动科研人员和文学工作者的跨界合作，鼓励首次翻译引进国外精品科普图书，鼓励科普原创作品，激发创作活力，产生一批水平高、社会影响力大的国产原创科普图书精品，组织推荐全国优秀科普作品。

引导影视创作团队与科学家、科普专家深度合作，开发创作科普视频。围绕量子信息、脑科学与类脑研究、人工智能等基础前沿技术，结合公众关注的科技热点和科技事件，制作创作一批高质量的科技微视频、科普电影，在电视台、主流视频网站、视频类 App 及有关线上渠道播出。组织推荐全国科普微视频大赛优秀作品，推广一批精品科普微视频。

科普展品紧跟科技发展前沿。围绕航天航空、高端装备制造、新一代信息技术、新能源智能汽车、新材料、生命健康等领域，开发科普产品及实物

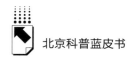

模型、互动体验展品。鼓励科普机构、科研机构、产学研中心等建立科普产品研发中心，将高校院所和企业的基础前沿研究、关键技术突破、重大原创成果等转化为互动体验性强的科普展品，提升科普展品的前沿性、科学性。

鼓励应用新的技术手段和表现形式，加大数字化原创科普内容制作与传播。鼓励应用 VR（虚拟现实）、AR（增强现实）、MR（混合现实）、8K 超高清、全息投影、手绘动画、三维生长视频、剪纸动画、信息图示、手绘漫画等多媒体技术，增强互动体验效果，提升品牌影响力。组织科学表演创意大赛等活动，以话剧、舞台剧、科学秀、科学实验等形式，融合科技与艺术，在生动有趣的表演中推广普及科技成果和科学知识。发挥数字化载体作用，使用线下与线上相结合的方式，运用信息化技术向公众宣传科普知识。

促进科普与文化融合发展，推进"设计之都"建设。落实《北京市促进科幻产业发展 2020～2021 年工作方案》，促进科普、科幻、科技创新融合发展。推动以旅游为载体增加科普内容，组织"科普旅游日"活动，多方位提升科普旅游展示效果。促进科普与创新创业结合，鼓励和引导科技园、科技企业孵化器、众创空间等开展科普活动。促进科普与体育领域结合，加强北京冬奥会相关科普设施建设、产品开发和活动举办。开展《北京市促进科技成果转化条例》等科技法规政策普法宣讲活动。

（五）加强科技传播能力建设，构建全媒体传播格局

充分发挥以"两微一端"为代表的新媒体在科普传播中即时、快速、便捷的优势，依托大数据、云平台、数字化、移动互联网等信息技术手段，构建针对不同人群结构的立体科普宣传体系。建设运行全国科技创新中心网络服务平台，为创新主体、科技管理、政府决策、社会公众提供创新创业、科学普及服务。启动全国科技创新中心虚拟展厅建设，加强"全国科技创新中心"微信公众号建设，宣传普及北京推进国际科技创新中心建设的进展和成效、成果和技术、人才和团队等。利用"科普北京""蝌蚪五线谱""果壳网"等科普新媒体，向公众提供科学、准确的科普信息。发挥"科普

中央厨房"作用，建设科普线上传播内容生产与分发机制，形成科普新媒体优质内容的汇聚地。在有影响力的互联网媒体以及短视频平台开展科普宣传，扩大科普传播的范围和影响力。推动传统媒体与新媒体在内容、渠道、平台等方面深度融合，实现包括纸质出版、音像电子、网络、App 移动终端等在内的多渠道全媒体科普传播。

通过科技新闻报道、科普节目等方式，做好科学知识普及宣传，将生活中蕴藏的科学知识、科学方法以直观、轻松、活泼的传播方式展现给社会大众。通过电视、广播、融媒体中心宣传科技创新先进事迹，树立创新典型人物，展示重大科技成就，形成尊重劳动、尊重知识、尊重人才、尊重创造的良好风尚。

在主流平面媒体策划专版、专栏等，加大对科技成果、事件、人物及社会热点的宣传报道力度，及时报道国内外前沿科技动态和科学发展、科技成果情况、"三城一区"建设进展、重大改革和创新政策、新型研发机构发展、高精尖产业发展等内容。推动一批专业传媒机构开展科普宣传，进一步拓展平面媒体科普功能。

总　结

北京市科普工作持续推进科学普及能力建设，为北京建设国际科技创新中心和国际一流和谐宜居之都，培育了创新文化环境，奠定了坚实的社会基础。通过科普发展指数测算和北京科普工作的回顾与总结可以发现，北京科普在科普专业人才培养、科普品牌建设、科普社会氛围营造等方面做出了突出的成绩，促进了首都科普事业的创新发展。

参考文献

［1］李群、陈雄、马宗文：《公民科学素质蓝皮书：中国公民科学素质报告（2015～

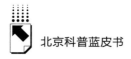

2016）》，社会科学文献出版社，2016。

［2］何薇、张超、任磊：《中国公民的科学素质及对科学技术的态度——2018年中国公民科学素质抽样调查报告》，《科普研究》2018年第6期。

［3］汤乐明、刘润达、胡睿、郭敏：《基于DEMATEL方法的北京市科普基地评价及发展思路研究》，《科学管理研究》2020年第38期。

［4］梁廷政、汤乐明、王玲玲：《北京市科普基地资源分布情况及管理政策研究》，《科普研究》2019年第14期。

附件1 北京各区科普发展指数

（一）北京各区发展指数（2008～2018年）

	2008	2009	2010	2011	2012	2013	2014	2015	2016	2017	2018
东城区	0.8753	1.0079	2.4707	1.225	2.2709	1.2169	1.2637	2.4327	2.3508	2.4253	6.6261
西城区	7.901	1.6126	1.7831	2.4924	2.7283	3.206	3.1586	2.5761	3.169	2.9868	3.8096
朝阳区	5.5258	3.8612	3.3123	4.5639	5.6007	4.7415	4.9149	4.0408	6.5753	7.6535	9.2502
丰台区	0.7376	0.3855	0.3582	0.7448	0.7608	1.0131	0.8039	0.9075	0.814	2.698	2.9159
石景山区	0.3966	0.328	0.5694	0.5213	0.4229	0.6874	0.4639	0.6392	0.5134	0.3913	0.6428
海淀区	3.2241	7.4147	6.7185	4.1271	4.6027	3.4778	4.523	5.5939	6.9752	5.8323	6.4536
门头沟区	0.2532	0.2727	0.1548	0.213	0.2269	0.3934	0.3387	0.6086	0.3038	0.3565	0.208
房山区	0.438	0.1674	0.1276	0.085	0.4419	0.65	0.1958	0.4306	0.5736	0.5096	0.5667
通州区	0.3365	0.1522	0.5745	0.5646	0.3634	0.3039	0.2485	0.3283	0.4677	0.6565	0.4865
顺义区	0.3674	0.3396	0.2437	0.1735	0.3008	0.3216	0.2755	0.3416	0.5616	1.0461	0.7851
昌平区	0.6506	0.9925	0.7874	0.5875	0.7721	1.0771	0.7261	0.8695	0.9881	0.9787	0.6405
大兴区	0.7568	0.4365	0.5187	0.6069	0.473	2.0066	0.8177	0.7118	0.2266	1.582	1.1726
怀柔区	0.202	0.0791	0.1191	0.2153	0.1521	0.1736	1.0002	0.406	0.2357	0.8572	0.6693
平谷区	0.3223	0.1674	0.1534	0.1122	0.2103	0.1898	0.2928	0.4589	0.2895	0.6589	0.0588
密云区	0.3647	0.229	0.1651	0.1585	0.4461	0.3896	0.403	0.4658	0.3405	0.4915	0.4346
延庆区	0.7106	0.153	0.1499	0.1418	0.3714	0.424	0.4629	0.4606	0.4342	1.1932	1.1495

（二）北京各区科普人员发展指数（2008～2018年）

	2008	2009	2010	2011	2012	2013	2014	2015	2016	2017	2018
东城区	0.2317	0.2979	0.5041	0.3954	0.4122	0.3984	0.4383	0.3259	0.4668	0.6853	0.8327
西城区	0.5481	0.3918	0.3617	0.391	0.4423	0.9623	0.5004	0.4314	0.52	0.5475	0.654
朝阳区	0.7796	0.8672	0.9335	1.0837	1.0356	1.2267	0.95	0.63	1.3384	1.1318	1.3239
丰台区	0.0702	0.0934	0.071	0.1635	0.1548	0.1792	0.1833	0.1766	0.1843	0.1908	0.3027
石景山区	0.057	0.0506	0.058	0.1369	0.109	0.0814	0.0856	0.0265	0.0343	0.0654	0.1954
海淀区	0.8216	1.6206	1.9402	0.9562	1.3027	0.9024	0.7659	1.2935	1.305	0.7192	0.9083
门头沟区	0.0369	0.0368	0.0339	0.0368	0.0292	0.0614	0.0457	0.0679	0.1347	0.1367	0.0204
房山区	0.113	0.0758	0.0381	0.0307	0.1655	0.2557	0.0856	0.0841	0.1197	0.1059	0.1874
通州区	0.0312	0.0217	0.0312	0.0399	0.0781	0.0659	0.0379	0.0819	0.0953	0.2307	0.0866
顺义区	0.0386	0.0845	0.0771	0.0517	0.0504	0.0943	0.055	0.067	0.3237	0.1885	0.0917
昌平区	0.0671	0.1769	0.1096	0.082	0.0752	0.2597	0.194	0.2099	0.09	0.0883	0.2125
大兴区	0.1917	0.1568	0.1372	0.1242	0.1649	0.2121	0.2659	0.265	0.0055	0.0329	0.09
怀柔区	0.0283	0.0155	0.0277	0.0221	0.0295	0.0295	0.1151	0.1018	0.0881	0.2196	0.0933
平谷区	0.0472	0.0376	0.0381	0.0407	0.0633	0.0476	0.1244	0.1571	0.1526	0.0963	0.023
密云区	0.044	0.0734	0.0933	0.0435	0.0641	0.0622	0.0597	0.0809	0.0883	0.0645	0.0838
延庆区	0.082	0.0671	0.0651	0.0743	0.0637	0.1007	0.1171	0.0872	0.1021	0.091	0.0847

（三）北京各区科普经费发展指数（2008～2018年）

由于数值较小，在原有计算数据基础上乘以10以便于观察。

	2008	2009	2010	2011	2012	2013	2014	2015	2016	2017	2018
东城区	0.9329	0.0938	0.5446	0.2638	0.5128	0.3764	0.5492	0.6453	0.462	0.4466	0.5212
西城区	20.435	0.5562	0.8383	0.9829	0.9444	0.6898	0.8258	0.339	0.5067	0.8733	1.1292
朝阳区	8.2555	0.9767	0.7211	1.3327	1.4194	2.1168	1.9639	2.9865	1.6372	1.5551	2.6271
丰台区	0.5584	0.0274	0.2631	0.7335	0.7348	0.3649	0.3998	0.6298	0.5991	0.4587	0.4284
石景山区	0.153	0.0417	0.021	0.0191	0.0245	0.04	0.0426	0.2469	0.1161	0.0427	0.0294
海淀区	6.8269	1.8462	1.8166	1.0187	1.2524	1.2532	1.5102	0.3806	2.4424	2.9098	1.5219
门头沟区	0.1352	0.06	0.0231	0.0342	0.0278	0.0371	0.0418	0.102	0.0572	0.0634	0.0375

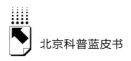
续表

	2008	2009	2010	2011	2012	2013	2014	2015	2016	2017	2018
房山区	0.2547	0.0332	0.0292	0.0064	0.0453	0.077	0.0513	0.0724	0.0695	0.0658	0.0958
通州区	0.1848	0.0135	0.0124	0.0267	0.0527	0.1021	0.0993	0.0834	0.0906	0.1039	0.1665
顺义区	0.2665	0.0247	0.0348	0.0199	0.0154	0.0681	0.0267	0.0323	0.0325	0.0878	0.0662
昌平区	0.627	0.526	0.5527	0.5312	0.5392	0.055	0.062	0.2733	0.1801	0.0446	0.0856
大兴区	0.4425	0.0539	0.0512	0.0501	0.0856	0.0927	0.1412	0.055	0.0765	0.0588	0.0743
怀柔区	0.1414	0.0284	0.0296	0.0259	0.0418	0.0306	0.0394	0.0858	0.0628	0.0443	0.0259
平谷区	0.269	0.0306	0.0531	0.0191	0.0357	0.0695	0.0151	0.0342	0.0238	0.0285	0.0036
密云区	0.3259	0.0592	0.0302	0.033	0.0382	0.0273	0.034	0.0963	0.0815	0.0566	0.0676
延庆区	0.4595	0.0378	0.041	0.0386	0.0425	0.1311	0.1115	0.0844	0.0877	0.1088	0.1134

（四）北京各区科普重视程度发展指数（2008～2018年）

	2008	2009	2010	2011	2012	2013	2014	2015	2016	2017	2018
东城区	0.2644	0.0447	0.1775	0.0714	0.1165	0.0959	0.0906	0.0869	0.0941	0.0847	0.1094
西城区	3.3437	0.1199	0.1244	0.1268	0.0944	0.0949	0.0882	0.0333	0.0379	0.0861	0.1125
朝阳区	3.0837	0.2505	0.0806	0.104	0.1184	0.1314	0.0971	0.1037	0.1688	0.1381	0.1382
丰台区	0.2849	0.0182	0.0611	0.1219	0.0842	0.0395	0.0419	0.0397	0.101	0.0476	0.0471
石景山区	0.1544	0.0571	0.0303	0.0507	0.0378	0.0374	0.038	0.0402	0.0729	0.0262	0.0175
海淀区	1.1723	0.317	0.1873	0.1143	0.1157	0.0745	0.0905	0.0399	0.044	0.0705	0.0689
门头沟区	0.1046	0.0634	0.0194	0.0319	0.0212	0.0197	0.0255	0.0306	0.0893	0.0508	0.0739
房山区	0.1494	0.0236	0.0153	0.0052	0.0241	0.0301	0.0185	0.0159	0.0199	0.0232	0.0229
通州区	0.1405	0.0151	0.0134	0.0125	0.0178	0.0198	0.0134	0.0128	0.0284	0.0272	0.0223
顺义区	0.1561	0.0328	0.0347	0.0135	0.0094	0.0356	0.0262	0.0278	0.1665	0.0172	0.0184
昌平区	0.4533	0.3585	0.1532	0.1326	0.1326	0.0235	0.0204	0.0438	0.1657	0.0132	0.0163
大兴区	0.2991	0.0532	0.0277	0.0418	0.0277	0.0274	0.0294	0.0335	0.0081	0.0084	0.0134
怀柔区	0.1308	0.0425	0.0325	0.0364	0.0485	0.0337	0.036	0.0445	0.0509	0.0255	0.0236
平谷区	0.2207	0.0436	0.034	0.0198	0.0384	0.0271	0.016	0.0202	0.0565	0.0818	0.0034
密云区	0.2555	0.0633	0.0239	0.0229	0.038	0.0284	0.028	0.0487	0.0477	0.03	0.0299
延庆区	0.531	0.0517	0.0419	0.0423	0.0486	0.0465	0.0747	0.0617	0.0553	0.0474	0.0489

（五）北京各区科普传媒发展指数（2008～2018年）

	2008	2009	2010	2011	2012	2013	2014	2015	2016	2017	2018
东城区	0.0155	0.0227	0.0453	0.064	0.2042	0.0483	0.059	0.2288	0.1955	1.1708	4.293
西城区	0.1649	0.0784	0.0514	0.1597	0.1581	0.3103	0.2126	0.2298	0.2292	0.648	0.5488
朝阳区	0.4388	0.2748	0.318	0.3736	0.3188	0.3682	0.2267	0.3081	0.2681	12.5382	4.1606
丰台区	0.0114	0.0045	0.0134	0.0375	0.0435	0.0258	0.035	0.0308	0.0853	1.4345	1.7536
石景山区	0.0141	0.0066	0.0032	0.0052	0.0031	0.1425	0.0645	0.0787	0.074	0.1306	0.0577
海淀区	0.1399	0.3279	0.342	0.2131	0.2854	0.2081	0.1675	0.3818	0.2545	1.4241	1.1854
门头沟区	0.0053	0.0016	0.001	0.0089	0.0065	0.0056	0.0039	0.0058	0	0.0055	0.0075
房山区	0.0089	0.0025	0.0019	0.0048	0.0149	0.0086	0.0054	0.0078	0.01	0.1571	0.0452
通州区	0.0002	0.0018	0.001	0.006	0.0045	0.002	0.004	0.0057	0.0032	0.0945	0.0175
顺义区	0	0.0009	0.0022	0.0001	0	0.0043	0.0024	0.0206	0.0092	0.4205	0.4144
昌平区	0.0056	0.021	0.0092	0.0117	0.014	0.0198	0.0284	0.0293	0.0207	0.4955	0.1927
大兴区	0.0209	0.0106	0	0.0037	0.0046	0.006	0.011	0.0097	0.0189	1.1936	0.7154
怀柔区	0.009	0.0012	0.0051	0.0094	0.0073	0.0079	0.0045	0.0251	0.0126	0.4377	0.5319
平谷区	0.003	0.0046	0.0029	0.0014	0.0075	0.0037	0	0.008	0.0113	0.4576	0.0012
密云区	0.0024	0.0012	0.0041	0.0029	0.0077	0.0081	0.007	0.0065	0.0093	0.2583	0.1836
延庆区	0.0054	0.0065	0.0045	0.0035	0.0114	0.0133	0.0118	0.017	0.0139	0.8419	0.8431

（六）北京各区科普活动发展指数（2008～2018年）

科技竞赛次数和实用技术培训两项二级指标自2009年开始统计，因此以2009年为标杆期，2008年记指标值为0。

	2008	2009	2010	2011	2012	2013	2014	2015	2016	2017	2018
东城区	0.2253	0.5261	1.6345	0.6135	1.2986	0.5769	0.491	1.5149	1.4298	0.3627	1.3359
西城区	1.2407	0.9244	1.0997	1.6472	1.7184	1.4924	1.811	1.2998	1.9259	1.1076	1.6798
朝阳区	0.0502	1.8658	1.3723	2.3052	1.8445	1.5672	2.1452	2.4383	3.7596	2.4043	2.2568
丰台区	0.2074	0.1698	0.0917	0.2589	0.1896	0.6346	0.2276	0.4258	0.2137	0.7634	0.5248
石景山区	0.0483	0.0162	0.2928	0.146	0.0731	0.2373	0.0869	0.3362	0.1511	0.0426	0.2468
海淀区	0.0356	4.209	3.3112	1.987	2.3385	1.8833	2.5449	2.123	3.4456	3.0378	2.9788
门头沟区	0.0018	0.0595	0.0025	0.0452	0.075	0.216	0.1781	0.3487	0.0014	0.0817	0.0896

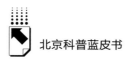
续表

	2008	2009	2010	2011	2012	2013	2014	2015	2016	2017	2018
房山区	0.1256	0.0488	0.063	0.0407	0.2165	0.1477	0.069	0.2157	0.4148	0.1201	0.0459
通州区	0.0646	0.0274	0.4494	0.4244	0.0415	0.1216	0.099	0.0752	0.1957	0.2265	0.3423
顺义区	0.1265	0.2087	0.1063	0.0865	0.229	0.158	0.1613	0.1257	0.0542	0.144	0.1191
昌平区	0.05	0.3585	0.4473	0.2908	0.3363	0.6003	0.3051	0.3226	0.4075	0.2992	0.2094
大兴区	0.1689	0.0938	0.1676	0.2552	0.1548	1.3637	0.2985	0.3881	0.1073	0.2497	0.255
怀柔区	0.0049	0.0044	0.0428	0.1269	0.0453	0.0765	0.1201	0.1154	0.0722	0.0402	0.0156
平谷区	0.0039	0.0721	0.0662	0.0436	0.0882	0.1004	0.0773	0.062	0.0632	0.0194	0.0307
密云区	0.0093	0.0467	0.0041	0.0341	0.1155	0.1092	0.1418	0.1546	0.0718	0.0198	0.0174
延庆区	0.0246	0.0115	0.0237	0.0078	0.1467	0.147	0.1487	0.1894	0.1664	0.1194	0.0738

（七）北京各区科普场馆发展指数（2008～2018年）

	2008	2009	2010	2011	2012	2013	2014	2015	2016	2017	2013
东城区	0.0451	0.1071	0.0549	0.0543	0.1882	0.0598	0.1299	0.2117	0.1185	0.0772	0.003
西城区	0.56	0.0425	0.062	0.0693	0.2207	0.2771	0.4638	0.5479	0.4054	0.5103	0.7015
朝阳区	0.3478	0.5051	0.5358	0.5642	2.1415	1.2362	1.2994	0.262	0.8767	1.2856	1.1079
丰台区	0.1079	0.0968	0.0947	0.0897	0.2152	0.0975	0.2761	0.1717	0.1698	0.2159	0.2449
石景山区	0.1075	0.1933	0.183	0.1807	0.1974	0.1848	0.1847	0.133	0.1694	0.1223	0.1225
海淀区	0.372	0.7555	0.7562	0.7546	0.4352	0.2843	0.8032	1.7178	1.6819	0.2898	1.1601
门头沟区	0.0911	0.1054	0.0957	0.0868	0.0921	0.087	0.0814	0.1455	0.0726	0.0755	0.073
房山区	0.0157	0.0134	0.0064	0.003	0.0163	0.2001	0.0122	0.0999	0.0022	0.0968	0.2557
通州区	0.0814	0.0848	0.0783	0.079	0.2162	0.0845	0.0842	0.1443	0.136	0.0672	0.001
顺义区	0.0195	0.0102	0.02	0.0198	0.0105	0.0226	0.028	0.0974	0.0048	0.2671	0.1348
昌平区	0.0119	0.0248	0.0128	0.0173	0.16	0.1683	0.1721	0.2366	0.2862	0.078	0.0011
大兴区	0.032	0.1166	0.1811	0.177	0.1125	0.3882	0.1989	0.0099	0.0791	0.0915	0.0914
怀柔区	0.0149	0.0126	0.008	0.0179	0.0173	0.0229	0.7205	0.1106	0.0057	0.1297	0.0012
平谷区	0.0206	0.0064	0.0069	0.0049	0.0094	0.004	0.0735	0.2081	0.0034	0.0011	0.0002
密云区	0.0208	0.0384	0.0367	0.0518	0.2169	0.1789	0.1632	0.1656	0.1153	0.1132	0.1131
延庆区	0.0217	0.0124	0.0106	0.0101	0.0968	0.1034	0.0994	0.097	0.0879	0.0825	0.0827

（八）北京城市区域发展总体指数（2008～2018年）

	2008	2009	2010	2011	2012	2013	2014	2015	2016	2017	2018
核心功能区	8.78	2.62	4.25	3.72	5	4.43	4.42	5.01	5.52	5.42	10.44
城市功能拓展区	9.89	11.99	10.96	9.95	11.38	9.92	10.69	11.18	14.88	26.57	19.26
城市发展新区	2.56	2.09	2.25	2.02	2.34	4.36	2.28	2.68	2.82	4.78	3.66
生态涵养发展区	1.84	0.9	0.74	0.84	1.41	1.56	2.49	2.41	1.6	3.56	2.52

（九）北京城市区域发展平均指数（2008～2018年）

	2008	2009	2010	2011	2012	2013	2014	2015	2016	2017	2018
核心功能区	4.39	1.31	2.13	1.86	2.5	2.215	2.21	2.505	2.76	2.71	5.22
城市功能拓展区	2.47	3.00	2.74	2.49	2.84	2.48	2.67	2.80	3.72	6.64	4.82
城市发展新区	0.51	0.42	0.45	0.40	0.47	0.87	0.46	0.54	0.56	0.96	0.73
生态涵养发展区	0.37	0.18	0.148	0.19	0.28	0.31	0.50	0.48	0.32	0.71	0.50

附件2　全国科普发展指数

（一）中国整体科普发展指数（2008～2018年）

2008	2009	2010	2011	2012	2013	2014	2015	2016	2017	2018
26.746	30.8857	33.244	35.1335	39.5109	40.7822	43.5409	43.6941	44.8187	45.4068	46.3327

（二）中国各省区市科普发展指数（2008～2018年，不含港澳台地区，下同）

	2008	2009	2010	2011	2012	2013	2014	2015	2016	2017	2018
北京	2.9565	3.1908	3.5741	3.6484	4.1533	4.0121	4.29	4.5588	5.0795	4.8117	5.1112
天津	0.5047	0.7449	0.7659	0.9348	1.179	1.1303	0.9941	1.0332	1.085	0.7282	0.7072
河北	0.7781	0.7462	0.9623	0.9631	1.0736	0.9842	1.0977	1.187	1.1757	1.228	1.4446

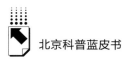

续表

	2008	2009	2010	2011	2012	2013	2014	2015	2016	2017	2018
山西	0.4702	0.4049	0.6127	0.7351	0.7371	0.726	0.6819	0.5279	0.5859	0.641	0.6425
内蒙古	0.3454	0.5061	0.6036	0.7586	0.8158	0.8615	0.7671	0.9822	0.808	0.946	0.8963
辽宁	0.9553	1.2631	1.3745	1.4042	1.5067	1.5932	1.5568	1.6343	1.6811	1.2995	1.2204
吉林	0.4596	0.3409	0.4398	0.4694	0.6271	0.6266	0.2408	0.1255	0.1589	0.3286	0.6557
黑龙江	0.4724	0.552	0.5571	0.5722	0.5378	0.6021	0.5621	0.5664	0.7206	0.7043	0.6545
上海	1.4853	1.7203	2.397	2.3455	2.7374	3.2157	5.5244	3.3712	3.5011	3.5869	3.7895
江苏	1.6499	2.0428	2.198	2.5201	2.6746	2.8966	3.098	3.2288	2.9931	3.0834	3.128
浙江	1.5461	1.8052	2.0544	1.8571	2.0983	2.1707	2.3248	2.2643	2.5336	2.6537	2.7004
安徽	0.8158	1.018	1.2013	1.2214	1.1013	1.2969	1.3542	1.2513	1.2718	1.4005	1.5096
福建	0.8852	0.8639	0.9169	1.1098	1.2971	1.2197	1.4004	1.6914	1.3208	1.5636	1.548
江西	0.6277	0.6622	0.787	0.7687	0.7532	0.7533	0.8255	0.871	0.9091	1.0052	1.033
山东	0.8931	1.3081	1.1865	1.3067	1.5719	1.8084	2.2379	2.2162	1.8419	1.8067	1.7333
河南	1.1463	1.1971	1.2786	1.3299	1.6045	1.2211	1.3368	1.0489	1.4298	1.4484	1.3746
湖北	1.2259	1.568	1.7255	1.7308	1.7756	1.7912	2.0097	2.1542	2.1108	2.1744	2.1117
湖南	1.0104	1.1115	1.0043	1.1089	1.4261	1.443	1.3399	1.3395	1.5763	1.669	1.538
广东	1.8455	2.4225	2.1521	1.9415	1.855	1.8536	1.9027	2.2612	2.5659	2.2807	2.4309
广西	0.8979	0.8859	0.832	0.8115	1.1016	1.0538	0.8859	1.0956	1.1832	1.2256	1.1655
海南	0.1665	0.3022	0.3133	0.3347	0.3336	0.315	0.2493	0.2529	0.2875	0.362	0.3428
重庆	0.4564	0.6175	0.6916	0.74	0.751	1.0475	1.0734	1.4079	1.2613	1.1912	1.2135
四川	1.1978	1.4	1.2477	1.4257	1.9631	1.7373	1.8561	1.6698	1.6942	2.2785	2.204
贵州	0.5993	0.5463	0.5457	0.6607	0.8296	0.9139	0.8133	1.0004	0.9185	0.8838	0.9525
云南	1.2506	1.1569	1.0834	1.335	1.4431	1.6053	1.5859	1.8972	1.9981	1.7975	1.7895
西藏	0.013	0.051	0.0412	0.0718	0.0493	0.0955	0.0889	0.1904	0.1598	0.1712	0.1481
陕西	0.7078	0.8095	0.9322	1.0477	1.2486	1.3772	1.2186	1.2333	1.4928	1.5034	1.4692
甘肃	0.4805	0.5144	0.3783	0.5184	0.6252	0.6765	0.6882	0.8072	0.8602	0.818	0.9524
青海	0.1531	0.1619	0.4025	0.2806	0.3742	0.2715	0.2656	0.3998	0.3439	0.3411	0.3394
宁夏	0.2003	0.2497	0.2313	0.2733	0.2995	0.3395	0.27	0.3149	0.3444	0.3808	0.4153
新疆	0.5494	0.7219	0.7532	0.9079	0.9667	1.143	1.0009	1.1114	0.9259	1.0939	1.0511

（三）中国各省区市科普人员发展指数（2008～2018年）

	2008	2009	2010	2011	2012	2013	2014	2015	2016	2017	2018
北京	0.207	0.2761	0.3145	0.2502	0.2929	0.3375	0.2661	0.2521	0.3137	0.2922	0.3426
天津	0.0812	0.1125	0.1271	0.1093	0.1269	0.1232	0.1188	0.108	0.1162	0.1056	0.1151
河北	0.1269	0.1362	0.1427	0.1548	0.1704	0.1684	0.1877	0.2414	0.2345	0.3207	0.3802
山西	0.128	0.1119	0.1699	0.2096	0.2096	0.1785	0.1589	0.1384	0.1572	0.1039	0.1246
内蒙古	0.0937	0.1131	0.1519	0.208	0.1659	0.1793	0.2068	0.174	0.1691	0.1922	0.189
辽宁	0.1691	0.1971	0.233	0.2479	0.2793	0.2808	0.2015	0.2214	0.2344	0.2263	0.2729
吉林	0.104	0.1036	0.1223	0.1206	0.1716	0.1716	0.0448	−0.0023	0.0363	0.0725	0.0994
黑龙江	0.089	0.101	0.0967	0.1011	0.0881	0.1032	0.0898	0.0803	0.1042	0.0907	0.0754
上海	0.1604	0.1742	0.2063	0.229	0.2519	0.2719	0.2913	0.3059	0.3296	0.3568	0.3663
江苏	0.2628	0.2888	0.3623	0.3653	0.3987	0.4274	0.5624	0.6789	0.575	0.6879	0.7668
浙江	0.2275	0.2501	0.2491	0.2356	0.2674	0.2893	0.2308	0.228	0.2983	0.2596	0.2831
安徽	0.2	0.2015	0.2216	0.2837	0.2067	0.2297	0.2975	0.2791	0.3536	0.3208	0.3678
福建	0.1745	0.1671	0.1627	0.162	0.1977	0.1427	0.1657	0.2082	0.1931	0.1904	0.2165
江西	0.1486	0.1598	0.1589	0.1523	0.149	0.1278	0.145	0.1702	0.1776	0.2014	0.2227
山东	0.1914	0.2374	0.2392	0.2036	0.2389	0.3804	0.4628	0.4028	0.3526	0.4186	0.4215
河南	0.3316	0.3336	0.3145	0.3517	0.3701	0.3155	0.3397	0.3034	0.3344	0.3438	0.3495
湖北	0.2631	0.3259	0.3407	0.3168	0.3137	0.3051	0.3331	0.3126	0.3528	0.369	0.3603
湖南	0.3267	0.3181	0.2216	0.2661	0.3201	0.3521	0.2955	0.2929	0.3765	0.3446	0.3695
广东	0.2678	0.2619	0.2522	0.2605	0.2492	0.2484	0.2472	0.262	0.3949	0.2898	0.3461
广西	0.1455	0.144	0.131	0.1256	0.1472	0.1264	0.1182	0.1364	0.1525	0.1862	0.1889
海南	0.0289	0.0476	0.036	0.0448	0.0448	0.0304	0.0212	0.0235	0.0155	0.0271	0.0296
重庆	0.1078	0.0781	0.087	0.0928	0.0958	0.1001	0.1029	0.1458	0.1619	0.1792	0.1988
四川	0.2816	0.3009	0.2598	0.2796	0.3474	0.3417	0.3266	0.3065	0.2822	0.3399	0.3895
贵州	0.1411	0.0989	0.0839	0.0895	0.1193	0.0923	0.1037	0.1184	0.1263	0.1364	0.1692
云南	0.2054	0.2207	0.2092	0.2391	0.2442	0.2836	0.2344	0.2563	0.2763	0.2805	0.2712
西藏	0.0012	0.0043	0.0028	0.0171	0.0069	0.0124	0.0113	0.0222	0.0182	0.0127	0.0162
陕西	0.148	0.1883	0.239	0.2759	0.3767	0.3239	0.295	0.2578	0.3325	0.3018	0.2875
甘肃	0.1032	0.1124	0.0504	0.0955	0.1289	0.1447	0.1319	0.1564	0.1855	0.1522	0.1424
青海	0.0319	0.027	0.0225	0.0329	0.0488	0.0371	0.0362	0.0415	0.0324	0.0404	0.0427
宁夏	0.024	0.0294	0.0327	0.0262	0.0375	0.0599	0.0402	0.0328	0.0502	0.0459	0.0544
新疆	0.0683	0.1075	0.1081	0.1256	0.135	0.1398	0.1165	0.097	0.1046	0.107	0.1004

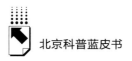

（四）中国各省区市科普经费发展指数（2008～2018年）

	2008	2009	2010	2011	2012	2013	2014	2015	2016	2017	2018
北京	2.0379	2.1023	2.4461	2.4701	2.8172	2.5721	2.918	3.0981	3.4697	3.3943	3.4931
天津	0.1346	0.204	0.2183	0.2056	0.2771	0.2782	0.2852	0.2573	0.2828	0.2964	0.2786
河北	0.0914	0.1421	0.2465	0.2181	0.2835	0.2191	0.2966	0.3411	0.4695	0.3953	0.5339
山西	0.1364	0.1374	0.1729	0.2069	0.2069	0.1928	0.2223	0.1265	0.1298	0.2687	0.2466
内蒙古	0.05	0.096	0.1805	0.2246	0.2835	0.3359	0.1994	0.379	0.2929	0.3924	0.2932
辽宁	0.2156	0.4598	0.4013	0.3963	0.4335	0.4614	0.4789	0.5554	0.5783	0.3875	0.3449
吉林	0.0568	0.0678	0.1087	0.0983	0.1388	0.1391	0.0468	0.0579	0.0304	0.0722	0.2177
黑龙江	0.0511	0.0822	0.0893	0.1165	0.1094	0.1598	0.131	0.1073	0.2049	0.2135	0.1726
上海	0.6324	0.7524	1.2939	1.1652	1.4311	1.8282	4.061	1.8495	1.9219	2.0766	2.1555
江苏	0.5267	0.775	0.8656	1.0898	1.1583	1.1879	1.3393	1.45	1.2812	1.3068	1.2319
浙江	0.5989	0.8301	0.9755	0.8734	1.0083	1.0533	1.2542	1.1253	1.1942	1.3844	1.3342
安徽	0.185	0.2752	0.4012	0.4144	0.3887	0.4563	0.4678	0.4392	0.456	0.5585	0.5546
福建	0.3097	0.2452	0.3142	0.4372	0.5354	0.5721	0.7282	0.726	0.5355	0.8149	0.6836
江西	0.1263	0.1639	0.2139	0.2626	0.2511	0.2527	0.3085	0.3434	0.3212	0.3756	0.3677
山东	0.1913	0.25	0.2787	0.3999	0.595	0.5284	0.7135	0.7391	0.8299	0.6224	0.5024
河南	0.2016	0.2209	0.3074	0.3394	0.4272	0.2956	0.3972	0.318	0.4235	0.4815	0.4365
湖北	0.3275	0.4708	0.5516	0.5869	0.5809	0.5719	0.7628	0.9523	0.954	0.9514	0.9193
湖南	0.2545	0.366	0.3016	0.3653	0.4751	0.4514	0.4822	0.4949	0.6459	0.6273	0.6105
广东	0.651	1.2288	1.0394	0.878	0.8563	0.8817	0.9846	1.2789	1.2518	1.1899	1.2486
广西	0.183	0.2754	0.2494	0.2744	0.5299	0.5792	0.3857	0.514	0.6024	0.5316	0.5298
海南	0.0417	0.1028	0.0911	0.0861	0.0861	0.1133	0.0884	0.1185	0.1781	0.1297	0.1347
重庆	0.1467	0.2422	0.2882	0.3628	0.3588	0.5153	0.5167	0.787	0.6811	0.5854	0.5582
四川	0.2445	0.3728	0.3444	0.4154	0.5654	0.6049	0.7234	0.6374	0.6622	1.0893	1.0499
贵州	0.1483	0.1762	0.2015	0.3453	0.4356	0.5803	0.4344	0.5559	0.5126	0.4482	0.47
云南	0.3187	0.3243	0.3467	0.5267	0.6172	0.7007	0.7692	1.0133	0.9999	0.8216	0.7962
西藏	0.0031	0.0271	0.0183	0.0134	0.0149	0.0391	0.0299	0.1001	0.0409	0.104	0.0848
陕西	0.1049	0.1949	0.2051	0.2688	0.3421	0.4335	0.3704	0.4278	0.4724	0.5568	0.5605
甘肃	0.0533	0.0607	0.0428	0.0515	0.1103	0.1318	0.1776	0.2115	0.2358	0.1956	0.3304
青海	0.021	0.0254	0.23	0.0749	0.1275	0.0862	0.0766	0.1963	0.1253	0.1658	0.1599
宁夏	0.0494	0.0741	0.0619	0.0954	0.0917	0.0898	0.0702	0.0815	0.1032	0.1471	0.1627
新疆	0.1291	0.1721	0.1783	0.2416	0.3324	0.4358	0.3485	0.3555	0.2707	0.4016	0.3711

（五）中国各省区市科普重视程度发展指数（2008～2018年）

	2008	2009	2010	2011	2012	2013	2014	2015	2016	2017	2018
北京	0.0353	0.036	0.0318	0.0301	0.0371	0.04	0.0302	0.0316	0.0341	0.032	0.0361
天津	0.0256	0.0864	0.1011	0.0937	0.092	0.0881	0.0404	0.0343	0.0302	0.0175	0.0221
河北	0.0071	0.0104	0.0129	0.0128	0.0133	0.0125	0.0139	0.0155	0.0144	0.0173	0.0181
山西	0.0163	0.0126	0.021	0.0258	0.0248	0.0193	0.0165	0.0131	0.013	0.0111	0.0115
内蒙古	0.0128	0.0186	0.0272	0.0354	0.0295	0.03	0.026	0.0309	0.0236	0.0301	0.0265
辽宁	0.0159	0.0229	0.0234	0.0248	0.0235	0.0243	0.023	0.0258	0.0275	0.0214	0.02
吉林	0.0127	0.0157	0.0159	0.0216	0.0278	0.0267	0.0071	0.004	0.0039	0.0092	0.078
黑龙江	0.0126	0.0156	0.0143	0.0147	0.0166	0.0152	0.0497	0.0113	0.0124	0.0114	0.0097
上海	0.016	0.0296	0.0365	0.0356	0.0373	0.0389	0.05	0.0432	0.0463	0.0475	0.0475
江苏	0.0143	0.029	0.0268	0.034	0.0346	0.082	0.0829	0.076	0.0569	0.0659	0.0477
浙江	0.0252	0.0309	0.0275	0.0267	0.0321	0.0323	0.0247	0.0257	0.0321	0.0296	0.0302
安徽	0.0142	0.0171	0.0201	0.0489	0.0297	0.0171	0.0174	0.0155	0.0173	0.0158	0.0162
福建	0.0262	0.0285	0.0273	0.0312	0.037	0.0215	0.0225	0.0341	0.0246	0.0241	0.0268
江西	0.0171	0.0213	0.0187	0.0176	0.0144	0.0109	0.0137	0.0152	0.0136	0.0157	0.0172
山东	0.0077	0.017	0.0145	0.0147	0.0141	0.0205	0.0233	0.02	0.0129	0.0132	0.0136
河南	0.0143	0.0153	0.0172	0.0163	0.0169	0.0125	0.0147	0.0189	0.0214	0.0205	0.0121
湖北	0.0223	0.0299	0.0342	0.0276	0.0261	0.0249	0.0245	0.0255	0.0236	0.0247	0.0218
湖南	0.021	0.0262	0.0297	0.0359	0.0401	0.0336	0.0263	0.0255	0.0291	0.0214	0.0201
广东	0.0114	0.0172	0.0364	0.0151	0.0133	0.0146	0.0157	0.0133	0.0155	0.0147	0.0165
广西	0.0179	0.0235	0.0178	0.0152	0.0188	0.0153	0.0123	0.0149	0.0177	0.017	0.0165
海南	0.0193	0.0299	0.0245	0.0209	0.0194	0.0147	0.0132	0.0161	0.0165	0.0146	0.012
重庆	0.0193	0.0229	0.022	0.0201	0.0228	0.0803	0.08	0.034	0.0314	0.0247	0.0234
四川	0.0183	0.0219	0.0226	0.0223	0.0259	0.0236	0.0199	0.0238	0.0167	0.0191	0.0177
贵州	0.0212	0.0268	0.025	0.0252	0.0257	0.0212	0.0189	0.0322	0.0211	0.0202	0.0196
云南	0.0278	0.0259	0.036	0.0315	0.035	0.0397	0.0442	0.047	0.0435	0.034	0.0342
西藏	0.0027	0.0089	0.0091	0.0159	0.0043	0.0106	0.0134	0.0219	0.0099	0.0123	0.0138
陕西	0.0189	0.0201	0.0236	0.0299	0.0312	0.0297	0.0267	0.0265	0.0257	0.0244	0.0227
甘肃	0.0149	0.017	0.0131	0.026	0.0241	0.0273	0.027	0.023	0.0287	0.0214	0.0239
青海	0.018	0.0194	0.0417	0.0326	0.0628	0.0233	0.0242	0.0228	0.0565	0.0225	0.0259
宁夏	0.0179	0.038	0.0226	0.027	0.0448	0.0433	0.0338	0.0415	0.0409	0.0315	0.0315
新疆	0.0164	0.0212	0.0189	0.0193	0.0229	0.0238	0.0182	0.016	0.0155	0.0184	0.0195

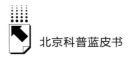

（六）中国各省区市科普传媒发展指数（2008～2018年）

	2008	2009	2010	2011	2012	2013	2014	2015	2016	2017	2018
北京	0.1708	0.201	0.2067	0.2576	0.289	0.3231	0.2731	0.3772	0.3246	0.3347	0.353
天津	0.0326	0.0398	0.0467	0.0447	0.0366	0.0587	0.0667	0.0608	0.0715	0.053	0.0462
河北	0.071	0.0599	0.0557	0.0767	0.0917	0.0818	0.0852	0.0865	0.0471	0.0597	0.0486
山西	0.0364	0.0289	0.0299	0.047	0.0498	0.0715	0.0383	0.0484	0.0442	0.0433	0.0336
内蒙古	0.0246	0.0369	0.0366	0.0398	0.0787	0.0362	0.0471	0.1029	0.0321	0.0363	0.0329
辽宁	0.0583	0.0779	0.118	0.0926	0.089	0.0899	0.1282	0.1344	0.1366	0.1019	0.0725
吉林	0.0498	0.0222	0.0412	0.0333	0.033	0.0333	0.0162	0.0124	0.0096	0.0258	0.0513
黑龙江	0.0346	0.0435	0.0315	0.0328	0.0279	0.0228	0.0189	0.0502	0.0342	0.0351	0.0406
上海	0.0657	0.0806	0.0883	0.1032	0.1396	0.147	0.1588	0.165	0.1628	0.1409	0.154
江苏	0.0984	0.1153	0.123	0.0939	0.0775	0.0927	0.0776	0.1226	0.0631	0.1021	0.0883
浙江	0.0709	0.0667	0.1506	0.1401	0.0853	0.07	0.1212	0.127	0.1933	0.085	0.0632
安徽	0.0524	0.0658	0.06	0.0356	0.0497	0.0829	0.0692	0.0455	0.0522	0.0403	0.0421
福建	0.042	0.0478	0.0599	0.0475	0.0495	0.0417	0.0201	0.0851	0.0431	0.0418	0.0392
江西	0.0362	0.0417	0.0544	0.0382	0.051	0.0795	0.0693	0.0814	0.0953	0.0753	0.0694
山东	0.0709	0.0942	0.0586	0.062	0.0663	0.0864	0.1196	0.1085	0.0565	0.0459	0.0356
河南	0.1012	0.0937	0.0936	0.0694	0.0698	0.0716	0.0512	0.0493	0.0745	0.0624	0.0563
湖北	0.0999	0.0972	0.0746	0.0917	0.0906	0.103	0.1138	0.1199	0.0824	0.0646	0.0621
湖南	0.0658	0.0682	0.1047	0.0585	0.0817	0.0828	0.0382	0.034	0.0502	0.0777	0.0674
广东	0.0868	0.0804	0.0694	0.0807	0.0813	0.0775	0.0741	0.1056	0.173	0.1143	0.0817
广西	0.0607	0.0623	0.0534	0.0484	0.0585	0.0467	0.0335	0.0544	0.0384	0.0466	0.0323
海南	0.0126	0.0197	0.0233	0.0301	0.0301	0.0123	0.0126	0.0188	0.0181	0.0133	0.0088
重庆	0.0301	0.0677	0.0656	0.0276	0.0378	0.0485	0.0437	0.0647	0.069	0.0624	0.0626
四川	0.073	0.0972	0.0867	0.0727	0.2243	0.0678	0.0682	0.1126	0.0628	0.0716	0.0616
贵州	0.0557	0.0254	0.0371	0.0218	0.0265	0.0271	0.0259	0.0323	0.0214	0.0211	0.0213
云南	0.068	0.06	0.0456	0.041	0.0656	0.0769	0.0621	0.0871	0.0763	0.0637	0.0653
西藏	0.0019	0.0048	0.0055	0.008	0.0076	0.0086	0.0088	0.0157	0.0084	0.0061	0.0148
陕西	0.0537	0.0522	0.0586	0.061	0.0568	0.065	0.0701	0.0848	0.062	0.065	0.0524
甘肃	0.0377	0.0493	0.0387	0.0517	0.0477	0.0471	0.0541	0.0609	0.0696	0.0546	0.0439
青海	0.0086	0.0115	0.0224	0.0173	0.0201	0.0175	0.0144	0.0276	0.0197	0.0176	0.01
宁夏	0.0164	0.0126	0.0079	0.009	0.0123	0.0111	0.0105	0.0211	0.0077	0.0142	0.0094
新疆	0.0391	0.0793	0.0943	0.0674	0.0547	0.0786	0.0626	0.1177	0.0335	0.059	0.0277

（七）中国各省区市科普活动发展指数（2008～2018年）

	2008	2009	2010	2011	2012	2013	2014	2015	2016	2017	2018
北京	0.3181	0.3675	0.3506	0.3742	0.4182	0.4147	0.3663	0.4305	0.5186	0.388	0.4309
天津	0.161	0.2429	0.2089	0.4145	0.5646	0.4971	0.3974	0.487	0.5127	0.1965	0.1806
河北	0.3234	0.2413	0.3143	0.2903	0.3048	0.2893	0.3029	0.2954	0.2448	0.2463	0.23
山西	0.0985	0.0688	0.1273	0.1366	0.1367	0.141	0.1288	0.1112	0.1335	0.1305	0.1313
内蒙古	0.1206	0.1567	0.1266	0.1548	0.1321	0.1473	0.1387	0.1399	0.1273	0.1356	0.1381
辽宁	0.301	0.2786	0.351	0.3615	0.3692	0.3814	0.3588	0.3387	0.3256	0.2673	0.2211
吉林	0.1724	0.0729	0.0703	0.1026	0.1491	0.1492	0.0534	−0.0001	0.0298	0.0781	0.0884
黑龙江	0.1824	0.1756	0.1834	0.182	0.1691	0.1656	0.1413	0.1518	0.1624	0.1672	0.1513
上海	0.2873	0.3389	0.3956	0.4081	0.4672	0.4734	0.4902	0.5126	0.5389	0.5022	0.5598
江苏	0.5201	0.5403	0.5449	0.6471	0.6965	0.7479	0.6408	0.5826	0.667	0.593	0.5761
浙江	0.4521	0.3938	0.4086	0.3459	0.4065	0.3856	0.3709	0.3856	0.4804	0.4554	0.5335
安徽	0.2469	0.2721	0.3017	0.2229	0.2208	0.2519	0.2446	0.2342	0.2189	0.2611	0.2776
福建	0.2269	0.2464	0.209	0.2591	0.2563	0.222	0.2436	0.2826	0.2102	0.2557	0.2556
江西	0.2174	0.1629	0.2276	0.1765	0.1689	0.1778	0.1656	0.1627	0.1624	0.2019	0.2016
山东	0.2081	0.2931	0.1593	0.1972	0.1965	0.3037	0.3967	0.4652	0.2368	0.2903	0.2631
河南	0.3763	0.3664	0.3747	0.3618	0.3998	0.4056	0.3402	0.2135	0.3689	0.3275	0.2764
湖北	0.239	0.3293	0.349	0.342	0.3747	0.4064	0.3786	0.3393	0.3426	0.3724	0.3752
湖南	0.2387	0.209	0.2179	0.223	0.2779	0.2967	0.2578	0.2483	0.2345	0.2767	0.2651
广东	0.3947	0.3968	0.3158	0.3134	0.2857	0.2401	0.2136	0.1971	0.2616	0.219	0.2982
广西	0.4046	0.2913	0.2847	0.2356	0.2027	0.1782	0.2088	0.2615	0.2173	0.2653	0.2161
海南	0.0504	0.0713	0.0657	0.0683	0.0686	0.0578	0.0368	0.0412	0.0399	0.0592	0.0373
重庆	0.101	0.1121	0.1355	0.1427	0.1452	0.2083	0.2059	0.2017	0.147	0.1664	0.1933
四川	0.4096	0.3922	0.3394	0.4255	0.4984	0.4894	0.4888	0.3798	0.3852	0.4257	0.3644
贵州	0.1693	0.153	0.1385	0.1171	0.162	0.1299	0.173	0.2031	0.1668	0.1523	0.1626
云南	0.5272	0.398	0.3191	0.35	0.3537	0.361	0.3374	0.3158	0.4136	0.389	0.4069
西藏	0.0015	0.0017	0.0015	0.0109	0.0104	0.0159	0.0147	0.0137	0.0101	0.0114	0.0125
陕西	0.3011	0.2354	0.28	0.2876	0.3025	0.3781	0.3077	0.2493	0.3993	0.342	0.3421
甘肃	0.211	0.1974	0.1309	0.1959	0.2284	0.2403	0.2276	0.264	0.2601	0.2296	0.2405
青海	0.0566	0.0501	0.0376	0.0659	0.0624	0.0493	0.0597	0.0619	0.067	0.0474	0.0538
宁夏	0.0454	0.0604	0.0609	0.0534	0.0523	0.0631	0.0651	0.0654	0.0587	0.0606	0.0669
新疆	0.2367	0.2596	0.2679	0.3322	0.286	0.3112	0.2981	0.3272	0.3252	0.2989	0.2899

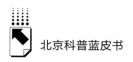

（八）中国各省区市科普场馆发展指数（2008～2018年）

	2008	2009	2010	2011	2012	2013	2014	2015	2016	2017	2018
北京	0.1875	0.2078	0.2244	0.2662	0.2989	0.3247	0.4363	0.3693	0.4188	0.3705	0.4555
天津	0.0696	0.0593	0.064	0.067	0.0818	0.085	0.0856	0.0858	0.0715	0.0593	0.0646
河北	0.1583	0.1563	0.1903	0.2105	0.2099	0.2131	0.2114	0.207	0.1655	0.1887	0.2538
山西	0.0547	0.0453	0.0916	0.1092	0.1092	0.1228	0.1171	0.0903	0.1082	0.0834	0.0948
内蒙古	0.0437	0.0849	0.0808	0.0961	0.126	0.1328	0.1489	0.1554	0.1629	0.1594	0.2166
辽宁	0.1953	0.2268	0.2478	0.2811	0.3122	0.3554	0.3664	0.3586	0.3787	0.295	0.239
吉林	0.064	0.0586	0.0815	0.093	0.1068	0.1068	0.0725	0.0535	0.049	0.0709	0.1509
黑龙江	0.1027	0.1341	0.142	0.1251	0.1267	0.1355	0.1313	0.1654	0.2024	0.1864	0.1349
上海	0.3235	0.3448	0.3763	0.4044	0.4103	0.4563	0.4731	0.495	0.5015	0.4629	0.4364
江苏	0.2275	0.2943	0.2754	0.29	0.3089	0.3587	0.3951	0.3187	0.3499	0.3277	0.4172
浙江	0.1714	0.2336	0.2431	0.2354	0.2987	0.3402	0.323	0.3727	0.3354	0.4396	0.4362
安徽	0.1173	0.1863	0.1966	0.216	0.2057	0.259	0.2577	0.2378	0.1739	0.204	0.2514
福建	0.106	0.1289	0.1438	0.1727	0.2213	0.2197	0.2202	0.3554	0.3143	0.2368	0.3262
江西	0.0822	0.1126	0.1135	0.1216	0.1188	0.1045	0.1234	0.0981	0.139	0.1353	0.1544
山东	0.2236	0.4164	0.4362	0.4294	0.4613	0.4889	0.5221	0.4807	0.3531	0.4163	0.4971
河南	0.1213	0.1672	0.1711	0.1913	0.3207	0.1203	0.1937	0.1458	0.2071	0.2127	0.2438
湖北	0.2741	0.3149	0.3755	0.3656	0.3896	0.38	0.3969	0.4046	0.3553	0.3923	0.3731
湖南	0.1037	0.1239	0.1289	0.1601	0.231	0.2265	0.2399	0.2438	0.24	0.3213	0.2053
广东	0.4338	0.4375	0.4389	0.3938	0.3692	0.3913	0.3675	0.4043	0.4691	0.453	0.4399
广西	0.0862	0.0894	0.0959	0.1124	0.1445	0.108	0.1275	0.1142	0.1548	0.1789	0.1819
海南	0.0136	0.0308	0.0728	0.0845	0.0845	0.0865	0.0771	0.0347	0.0195	0.1181	0.1203
重庆	0.0514	0.0946	0.0932	0.0941	0.0906	0.0949	0.1241	0.1746	0.1708	0.1729	0.1772
四川	0.1707	0.2151	0.1947	0.2102	0.3017	0.2099	0.2292	0.2098	0.2851	0.3329	0.3208
贵州	0.0638	0.066	0.0596	0.0619	0.0605	0.0631	0.0575	0.0585	0.0703	0.1056	0.1097
云南	0.1035	0.128	0.1269	0.1468	0.1273	0.1434	0.1387	0.1779	0.1886	0.2087	0.2158
西藏	0.0027	0.004	0.0041	0.0066	0.0053	0.009	0.0108	0.0167	0.0723	0.0248	0.006
陕西	0.0812	0.1186	0.1259	0.1244	0.1394	0.147	0.1486	0.1871	0.2009	0.2133	0.2041
甘肃	0.0604	0.0775	0.1024	0.0978	0.0858	0.0853	0.0699	0.0914	0.0805	0.1646	0.1713
青海	0.017	0.0286	0.0483	0.0569	0.0526	0.0581	0.0545	0.0498	0.0429	0.0473	0.0472
宁夏	0.0473	0.0353	0.0453	0.0623	0.0608	0.0723	0.0501	0.0727	0.0837	0.0815	0.0905
新疆	0.0599	0.0822	0.0857	0.1219	0.1357	0.1539	0.157	0.198	0.1764	0.209	0.2426

（九）热点地区科普发展指数（2008～2018年）

按照京津冀、长三角（沪苏浙）、泛珠三角（福建、江西、湖南、广东、广西、海南、四川、贵州、云南）划分：

区域总体科普发展指数										
	2008	2009	2010	2011	2012	2013	2014	2015	2016	2017	2018
京津冀	4.24	4.68	5.3	5.55	6.41	6.13	6.38	6.78	7.34	6.77	7.26
长三角	4.68	5.57	6.65	6.72	7.51	8.28	10.95	8.86	9.03	9.32	9.66
珠三角	8.48	9.35	8.88	9.5	11	10.89	10.86	12.08	12.45	13.07	13

区域内各省区市平均发展指数										
	2008	2009	2010	2011	2012	2013	2014	2015	2016	2017	2018
京津冀	1.41	1.56	1.77	1.85	2.14	2.04	2.13	2.26	2.45	2.26	2.42
长三角	1.56	1.86	2.22	2.24	2.5	2.76	3.65	2.95	3.01	3.11	3.22
珠三角	0.94	1.04	0.99	1.06	1.22	1.21	1.21	1.34	1.38	1.45	1.44

按照东、中、西地带划分：

区域总体科普发展指数										
	2008	2009	2010	2011	2012	2013	2014	2015	2016	2017	2018
东部	13.67	16.41	17.9	18.37	20.48	21.2	24.68	23.7	24.07	23.4	24.2
中部	6.23	6.85	7.61	7.94	8.56	8.46	8.35	7.88	8.76	9.37	9.54
西部	6.85	7.62	7.74	8.83	10.47	11.12	10.51	12.11	11.99	12.63	12.6

区域内各省区市平均发展指数										
	2008	2009	2010	2011	2012	2013	2014	2015	2016	2017	2018
东部	1.24	1.49	1.63	1.67	1.86	1.93	2.24	2.15	2.19	2.13	2.2
中部	0.78	0.86	0.95	0.99	1.07	1.06	1.04	0.99	1.1	1.17	1.19
西部	0.57	0.64	0.65	0.74	0.87	0.93	0.88	1.01	1	1.05	1.05

科普成效篇

Result Reports

B.2
"十三五"期间北京科普取得的
主要成效及工作亮点

邱成利*

摘　要：　十三五期间，北京按照《"十三五"国家科技创新规划》
《"十三五"国家科普和创新文化建设规划》，研究制定北
京科普发展规划纲要，确定"十三五"期间北京科普发展指
导思想、基本原则、重点任务；通过完善北京市科普工作联
席会议制度，指导制定鼓励科普发展的政策措施，组织开展
大规模群众性科技活动，资助原创科普作品创作与出版，建
设基础科普场馆，命名科普基地，加大科普宣传力度，推动
中央科普共享与北京市共建共享，广泛开展内地与香港、澳
门科普交流，拓展国际科普合作交流，实现科技创新与科学
普及协调发展，对支撑北京全国科技创新中心建设发挥了重

---

* 邱成利，经济学博士、管理学博士，科技部引智司研究员，主要研究方向为科普规划与政
策、科普管理。

要作用。主要亮点为创新科普工作管理体制，统筹开发利用央地科普资源，提高科普创作出版能力水平，创新群众科技活动内容形式，培育有利于创新的文化环境和良好社会氛围。

关键词： 科学普及　北京　"十三五"

"十三五"期间，北京市科普工作坚持以习近平新时代中国特色社会主义思想为指导，认真贯彻党的十九大和十九届二中、三中、四中、五中全会精神，实施《中华人民共和国科学技术普及法》《北京市科普条例》，按照《"十三五"国家科技创新规划》《"十三五"国家科普与创新文化建设规划》确定的科普工作指导思想和重点任务，落实《北京市"十三五"时期科学技术普及发展规划》，在市委、市政府的领导下，各项科普工作稳步推进。在北京科普工作联席会议成员单位、各区的共同努力下，北京科普工作在科普人才队伍建设、科普基础设施建设、科普作品创作出版、科普活动开展、科普宣传、公民科学素质提升等方面取得显著进展，科普事业持续健康发展，处于全国领先水平。

在北京市委、市政府正确领导下，充分发挥北京科普工作联席会议制度作用，协调推进有关部门、各区、社会力量、企业共同开展科普工作，形成了齐抓共管科普的新局面。

一　"十三五"北京科普主要成效

"十三五"期间北京科普工作取得了显著进展，圆满完成了规划目标，主要表现在以下方面。

（一）制定科普发展规划，确定科普重点任务

习近平总书记2016年在全国科技创新大会上指出："科技创新、科学普

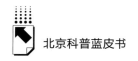

及是实现创新发展的两翼，要把科学普及放在与科技创新同等重要的位置。"

按照习近平总书记关于科学普及的重要指示，为加快北京科普事业发展，北京市制定颁布了《北京市"十三五"时期科学技术普及发展规划》，提出北京科普工作坚持"政府引导、社会参与、创新引领、共享发展"的工作方针，从而使科普工作有了明确的方针和目标。

规划站在大视野、大科普、国际化的高度，以建设国家科技传播中心为核心，以提升公民科学素质、加强科普能力建设为目标，以打造首都科普资源平台和提升"首都科普"品牌为重点，着力提升科普产品和科普服务的精准、有效供给能力，着力加强新技术、新产品、新模式、新理念的推广和普及，着力推进"互联网＋科普"和"两微一端"科技传播体系建设，着力培育创新文化生态环境，激发全社会创新创业活力，为全国科技创新中心建设提供有力支撑。

规划提出到2020年，全市公民具备基本科学素质比例达到24%，人均科普经费社会筹集额达到50元，每万人拥有科普展厅面积达到260平方米，每万人拥有科普人员数达到25人，打造30部以上在社会上有影响力、高水平的原创科普作品，培育3个以上具有一定规模的科普产业集群和5个以上具有全国或国际影响力的科普品牌活动。首都科普资源共建共享机制形成，公众获取科普服务的渠道更加便捷。新技术、新产品、新模式、新理念推广服务机制建成，科普信息化、产业化程度不断提高。首都科普资源平台的服务能力显著增强，科普工作体制机制不断创新，科普人才队伍持续增长，科普基础设施体系基本形成，科普传播能力全国领先，创新文化氛围全面优化，科普产业初具规模，公民科学素质显著提高，"首都科普"的影响力和显示度不断提升，建成与全国科技创新中心相适应的国家科技传播中心。

规划建设以"互联网＋科普"为核心，以传播知识、传播精神和传播文化为理念的首都科普资源平台。调动国家和北京市重点实验室、工程实验室、工程（技术）研究中心、重大科技基础设施等科研条件资源，挖掘新技术、新产品、新业态等科技成果资源，促进科普基地、科普产品、科普影视、科普图书等科普资源面向全社会开放共享，建立畅通的服务渠道和开放共享机制，形成系统化、网络化、专业化的科普服务体系。重点实施"科普惠及民生、科学素质提升、科普设施优化、科普产业创新、'互联网＋科普'、创新精神培育、科普助力创新、科普协同发展"等八大工程。

（二）完善科普联席会议制度，出台科普发展政策

完善科普管理体制，加强部门协调合作。落实《中华人民共和国科学技术普及法》《北京市科学技术普及条例》，强化市级科普工作联席会议制度，充分发挥部门职能和优势、形成科普工作合力，推动建立市区合作推进科普工作，发挥媒体作用、发挥科技专家作用的科普工作新机制。通过科学合理的政策设计，充分发挥市场在科普资源配置中的重要作用，调动企业、社团、个人广泛参与科普。发挥科协的重要作用，调动工会、共青团、妇联、社科联科普积极性，推进内容丰富、形式多样的群众性科技活动的广泛深入开展。科普是全社会的共同责任，科委、科协要做好引领示范，调动部门和各区的积极性，开发潜在的科普资源，做好科普资源的供给，提升北京市科普资源总量与质量，满足高端公众对科普资源的个性化需求。

制定科普激励政策，优化科普发展环境。建立适应科普事业发展和科普产业发展的政策支撑体系，依法履行政府管理和服务职能，提高行政执政效能。创新政府科普管理方式，加大政府科普公共投入，推进科普资源配置科学合理、营造宽松科普发展环境。改革科普奖励激励机制，加大政府科普奖励力度，将科普纳入北京市科技奖励体系，提高科普奖励级别，表彰奖励在推进北京科普事业发展和产业创新中做出突出贡献的先进集体和先进工作者。

加强考核监测评估，提高科普产出效果。依据《中国公民科学素质基准》，定期开展北京公民科学素质培训和测评，制定适合北京特点的科普评价指标体系，开展北京科普统计，定期发布年度科普统计数据。落实《北京市全民科学素质行动计划纲要》，适时推出科学素质发展指数。组织开展科普政策法规、基础设施、人才队伍、科普活动、科普产出效率等

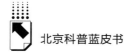
方面的监测评估，逐步做到自评估和第三方评估相结合。建立国外主要城市科普工作动态数据库，了解国外科普工作最新动态，调整北京科普发展政策和重点任务，提升北京公众科学文化素养，推进北京科普工作的国际化程度。

对在科普工作中做出突出贡献的单位和个人，予以多种形式的表彰奖励，激发社会各界从事科普工作的积极性，形成各行各业重视科普、人人争做科普的良好趋势。

（三）重视科普人才队伍建设，优化科普人才构成

做好科普工作，人才是基础和关键要素。北京地区拥有科普人员61319人，约占全国科普人员总数178.49万人的3%，北京地区每万人拥有科普人员28.46人，是全国的2.23倍。其中，科普专职人员8490人，占13.85%，北京地区每万人拥有科普专职人员3.94人；科普兼职人员52829人，占86.15%，北京地区每万人拥有科普兼职人员24.52人。

在8490名科普专职人员中，具有中级职称以上或大学本科及以上学历人员6255人，占科普专职人员的73.67%；在科普专职人员中有女性科普人员4745人，占科普专职人员总数的55.89%。另外，在科普专职人员中有农村科普人员337人、科普管理人员2004人、科普创作人员1535人、科普讲解人员1874人，分别占科普专职人员的3.97%、23.6%、18.08%、22.07%。

在52829名科普兼职人员中，具有中级职称以上或大学本科及以上学历人员35672人，占科普兼职人员的67.52%；科普兼职人员年度实际投入工作量为51755个月，平均每个科普兼职人员年从事科普工作0.98个月；在科普兼职人员中有女性科普兼职人员28190人，占科普兼职人员总数的53.36%；另外，在科普兼职人员中有农村科普人员6451人、科普讲解员9786人，分别占科普兼职人员的12.21%、18.52%。北京地区拥有注册科普志愿者27300人，占全国注册科普志愿者总数213.69万人的1.28%。

（四）稳定科普经费投入，人均经费全国领先

加大科普投入力度，鼓励吸纳社会资本。加大政府财政经费科普投入，提升科普经费占科技经费的比例。充分发挥政府资金的引领示范作用，鼓励和吸引企业、社团、个人资金投入科普事业发展和产业创新。对科普经费使用情况进行绩效考评，确保经费使用效果。优化科普项目资助方式，将各类科普项目划分为政府直接组织开展、政府支持开展、政府鼓励开展三类。

北京地区全社会科普经费筹集额为 26.18 亿元，一直居全国各省区市前列。其中，政府拨款 18.94 亿元，占全部科普经费筹集额的 72.34%；政府拨款的科普专项经费 11.70 亿元。人均科普专项经费 54.31 元。北京地区市、区两级单位科普经费筹集额为 14.72 亿元，占全国科普经费筹集额161.14 亿元的 9.13%。北京地区科普经费使用额中，行政支出 4.04 亿元、科普活动支出 15.16 亿元、科普场馆基建支出 1.99 亿元、其他支出 3.63 亿元。从科普经费的使用情况可以看出，科普经费使用额中的大部分用于举办各种科普活动，占支出总额的 61.08%

（五）科普场馆快速增长，科普基地遍布全市

北京地区科普资源十分丰富，拥有一批一流的科普场馆。北京共有科普场馆 121 个，其中科技馆 28 个，科学技术博物馆 81 个，青少年科技馆（站）12 个。科技馆、科学技术博物馆建筑面积 136.05 万平方米、展厅面积 56.87 万平方米，分别比 2017 年增加了 7.26 万平方米、4.3 万平方米；每万人拥有科普场馆建筑面积 631.58 平方米、每万人拥有科普场馆展厅面积 264.01 平方米，青少年科技馆（站）建筑面积 5.30 万平方米、展厅面积 0.94 万平方米。年参观科技馆、科学技术博物馆人数达到 2672.18 万人次；科普场馆基建支出共计 1.99 亿元。青少年科技馆（站）参观人次为 9.18 万人次。共有科普画廊 2615 个，城市社区科普（技）活动专用室 1246 个，农村科普（技）活动场地 1682 个。科普宣传专用车 106 辆。

为推动科普事业发展，北京将全市科普基地分为科普教育基地、科普培

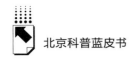
训基地、科普传媒基地和科普研发基地 4 类申报和命名。实现了科普基地建设常态化、管理规范化，形成了政府、企事业单位、高校、科研机构、社会团体等多方参与科普的良好局面。已逐步形成了"自然科学与社会科学"互为补充，"综合性与行业性"协调发展，"既面向社会公众又面向目标人群"，门类齐全、布局合理的科普基地发展体系。全部科普基地的场馆（厅）建筑面积、场馆（厅）使用面积分别达到 243 万平方米和 158 万平方米，年参观人数达 8000 万人次。科普基地成为开展社会性、群众性、经常性科普活动的有效平台，成为弘扬科学精神、普及科学知识、传播科学思想和科学方法的坚实基础和重要载体，在支撑科技创新和经济社会发展方面持续发力。

中国农业大学的"智能技术与装备展馆"、北京航空航天大学的"北京航空航天大学月宫一号"、北京明宇时代信息技术有限公司的"活的 3D 博物馆"、北京乾禹森文化传播有限公司的"蝶语（北京）昆虫博览园"等 34 家单位成为新命名的北京市科普基地。

北京科研机构和大学向社会开放科技设施，有效丰富了北京市科普资源，满足了公众日益增长的对参观特色科普场馆的需求。

（六）科普活动惠及公众，体验互动成为亮点

北京市委、市政府十分重视举办群众性科技活动，弘扬科学精神，提高公众科学素质。中共中央政治局委员、北京市委书记蔡奇，北京市委副书记、市长陈吉宁及主要市领导出席了历次北京科技周启动仪式，充分体现了北京市委、市政府对科普工作的重视和关心。北京科技周主场与全国科技活动周主场合并同步举办，为提升北京科普工作显示度和影响力发挥了重要作用。

1.活动主题鲜明、紧扣时代脉搏

2016 年全国科技活动周暨北京科技周以"创新引领共享发展"为主题。中共中央政治局委员、国务院副总理刘延东，中共中央政治局委员、北京市委书记郭金龙，全国政协副主席、科技部部长万钢，全国政协副主席、国家

民委主任王正伟，科技部党组书记王志刚，北京市委副书记、市长王安顺等领导同志出席启动仪式。主场设在民族文化宫。

2017 年全国科技活动周暨北京科技周以"科技强国创新圆梦"为主题。中共中央政治局委员、国务院副总理刘延东，中共中央政治局委员、北京市委书记郭金龙，全国政协副主席、科技部部长万钢，科技部党组书记王志刚，北京市委副书记、市长王安顺等领导同志出席启动仪式。主场设在民族文化宫。

2018 年全国科技活动周暨北京科技周以"科技创新强国富民"为主题。中共中央政治局委员、中央宣传部部长黄坤明，中共中央政治局委员、北京市委书记郭金龙，科技部党组书记、部长王志刚，北京市委副书记、市长蔡奇等领导出席启动仪式。主场设在中国人民革命军事博物馆。

2019 年全国科技活动周暨北京科技周以"科技强国、科普惠民"为主题。中共中央政治局委员、北京市委书记蔡奇，科技部党组书记、部长王志刚，北京市委副书记、市长陈吉宁等领导出席启动仪式。主场设在中国人民革命军事博物馆。

2020 年全国科技活动周暨北京科技周以"科技抗疫、创新驱动"为主题。中共中央政治局委员、国务院副总理刘鹤，中共中央政治局委员、北京市委书记蔡奇出席启动仪式。主场设在北京中关村国家自主创新示范区展示中心。

2. 展示创新成果、满足公众需求

全面贯彻习近平总书记关于科学普及的重要论述和一系列重要指示精神，重点展示以下内容。

搭建"军民科技融合、科技创新成果、科技支撑高质量发展、科技支撑美好生活体验、全国优秀科普作品、户外航空航天航海科普体验"等展项，采取多种形式展示最新创新成果。

通过实物、模型、表演、互动体验、娱乐游戏、视频、图片等方式，展示了科技重大创新成就、科技扶贫成果、优秀科普展教具、科普图书等。

通过科普展览，生动呈现了北京科技创新的主要成就，展现了北京市建

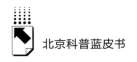
设全国科技创新中心的丰硕成果。

集中展示一批科技创新领域的新技术、新产品，突出展示科技成果、体验美好生活、服务乡村振兴、促进科技惠民等方面内容。

设置规划引领篇、建设成就篇、美好生活篇、科普惠民篇四个篇章，展示重大科技基础设施以及人工智能、集成电路、医药健康、前沿材料、航空航天、智能装备等领域的科技创新成果、科普展项和互动体验产品，共280多个项目。布展以"场景化设计、故事化描述、互动性突出"为特色，运用 VR、AR、MR 等技术，反映科技强国建设的北京贡献，让公众充分体验科技成果、科学魅力和科技创新蕴含的科学精神。

除主场活动外，北京科技周期间还将举办大型标志性科普活动 10 余项、重点科普活动 100 余项，包括"中国科学院第十五届公众科学日活动""北京科学达人秀""全国数字媒体科技冬奥主题竞赛展开幕式""前沿科技产品互动体验"等。

3. 展示科学重器、坚定民族自信

科学重器进入了公众视野。国家大型科学重器在北京科技周主场亮相，吸引了广大公众的高度关注。世界上光谱获取效率最高的望远镜——郭守敬望远镜（LAMOST）、世界上性能最好的第三代同步辐射光源之一——上海光源、世界首个"全超导托卡马克"核聚变实验装置等"高精尖"科学装置集中展出，成为北京科技周主场展览的最大亮点，大量公众围观参观、拍照留念，予以点赞。

大科学装置让公众脑洞大开。在"国家重大科技设施"板块中，来自怀柔科学城的大科学装置也成为明星展品。中国科学院大气物理研究所和清华大学共建的地球系统数值模拟装置"寰"的仿真版让公众领略了科学的力量。高能同步辐射光源的沙盘模型，展示利用它产生的辐射光可以得到原来其他实验技术无法得到的信息，展出的化学大分子生物结构、晶体排列结构、化学元素分析等展项，未来有望在我国先进材料、航空航天、能源、生物医药等领域大显身手。

高精尖项目密集展示。大型民机未来智能驾驶舱的展项由中国商飞北京研究中心提供，智能就是其一大特色，内置的三块显示屏达到 19 英寸，比现有型号增加 4 英寸，信息综合度更高，可用触摸屏操作输入飞行计划，还设有声控按钮。来自寒武纪的深度学习芯片云＋终端、第四范式的健康小式机器人及医疗一体机、清华大学的天机 2 代神经形态芯片等创新产品代表了北京人工智能领域的尖端水平；肺癌智能筛查系统、人工智能视网膜健康评估产品、口腔影像 AI 分析系统、肿瘤捕手等则展示了医药健康行业的最新动态；来自国家新能源汽车技术创新中心的氢燃料电池汽车模型展品，则代表着新能源汽车的新发展趋势。

国家重点实验室、重大科技基础设施，科研机构、大学向社会开放，开展公众科学日活动，一大批青少年在父母的带领下进入中国科学院的研究机构，与科技人员面对面接触，各种科学探究、小实验等活动对青少年学习科学以及今后从事科技工作产生了重要影响。

4. 注重互动体验、激发科学兴趣

互动体验是北京科技周一大特点，虚拟现实（VR）、增强现实（AR）、混合现实（MR）新技术的大面积渗透，逼真的体感效果，强烈的视觉冲击，体验者们仿佛置身其中——激发了公众对高科技的强烈兴趣。

北京世园会被借助新的科技手段复制到科技周主场，技术专家已利用 VR 技术对世园会的展览进行数字化复原，借助 VR 技术，公众可异地饱览世园会中"奇幻光影森林"的美景，增强了公众的获得感、喜悦感、幸福感。

5. 开发网络平台，广泛惠及公众

为了让更多的人不受时空阻隔，尽享这难得的科普盛宴，北京市科委尝试利用新媒体的传播优势，使公众能够无论在不在科技周现场，同样可以领略到科技周的精彩。

开通网络"云展厅"向公众开放。活动以"科创号云上列车"为参观牵引，设置"科技主题专线"和"三城一区专线"两条参观专线，在各个"站点"展示，凸显"砥柱作用"和"北京贡献"。

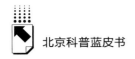

6. 启动科普旅游、科学文化融合

"京津冀科普之旅"。科普之旅活动以"科技探索创新引领"为主题，针对公众日益增长的提升旅游质量和体验度的需求而推出。由北京市、天津市和河北省政府科技行政管理部门主办。它推荐的 18 条线路，涵盖 72 个景点，在京津冀协同发展的大背景下，注重加强区域科普协同发展和资源共建共享。

科技旅游成为旅游的新热点。科普之旅成为人们休假与学习相结合的新组合。科技旅游的科学性、趣味性、参与性是其他旅游难以企及的，它把深奥的科学知识和惬意的轻松休闲有机地结合在一起，让人们在旅游中学习科学，在学习中提高文化素养。

已经走过 27 载历程的北京科技周，以其丰富多彩的科普展项和形式多样的科普活动，为人们呈现了一场场别开生面、妙趣横生、扣人心弦的科普盛宴，为色彩明艳的北京增添了一抹美丽迷人的色彩。

北京科技统计数据显示，全国科技创新中心建设"加油发力"，全社会研究与实验发展经费投入强度持续保持在 6% 左右，居全国最高水平；累计获得国家科学技术奖项目占比超过 30%；国家级高新技术企业累计达 2.5 万家；独角兽企业 82 家，居全国首位；国家重点实验室等国家科技创新基地占全国的 1/3 左右。

北京科技周主场活动不仅吸引了个人、家庭前来参观，更有社区、企事业单位、学校组团参观的；不仅仅是北京的公众，还有来自天津、河北、山西、山东、安徽、四川、内蒙古等 10 多个省区市的参观者，如内蒙古师范大学的 100 多名师生、郑州铁路局干部职工等，更有很多国外友人慕名前来参观交流。不同知识结构、不同年龄层次、不同地区、不同国籍的人们在科技周上会集，6000 平方米的场馆沉浸于火热的科技创新氛围之中，多种文化在此交相辉映。

除了主场活动，在中央在京单位和社会科普力量广泛参与之下，北京科技周每年举办大型标志性科普活动和重点科普活动、基层活动超过 800 项，各项活动内容都贴近百姓生活，注重科普体验。

（七）资助科普作品创作，提升科普创作水平

2018 年，北京地区出版科普图书 4400 种，比 2017 年增加 159 种，占全国出版科普图书种数 11120 种的 39.57%。出版总册数 5136.52 万册，占全国年出版科普图书总量 8606.6 万册的 59.68%。出版科普期刊 211 种，年出版总册数 1036.15 万册；出版科普（技）音像制品 144 种，光盘发行总量 79.25 万张；电台、电视台播出科普（技）节目时间 14964 小时；共发放科普读物和资料 5074.84 万份。以多媒体尤其是新媒体技术为支撑的科普传播更加广泛，微信、微博在科普宣传方面发挥了重要的作用，逐渐成为科学传播的主要渠道。

（八）加大科普宣传力度，构建融合传播体系

建立对重大科技成果、事件、人物及社会热点进行常态化宣传的机制，支持新媒体、自媒体等基于移动互联的"两微一端"新技术、新手段的运用，鼓励平面媒体、电视、广播、移动传媒等传统科普媒体与新兴媒体的深度融合。完善常态化宣传机制，构建针对不同人群的立体科技宣传体系，确保科学思想、科技成果、科普活动宣传的覆盖面和影响力。

在新华网、中国科技网等主流新媒体开设北京科技周主场专题，进行网络直播、点播和报道，共计发稿 300 余篇，3000 万人次的浏览量创历史新高；打造"2016 北京科技周""科普北京"微信公众号，公众可以通过关注微信公众号"玩转"科技周，短短 8 天粉丝关注量共超过 6 万余人，还有"今日热门资讯""吃喝玩乐在北京"等 36 家微博微信号相继报道，阅读评论量达到 60 余万次；打造"2016 北京科技周"微信公众号的"在线展厅"，在科技周结束后，公众可以继续通过微信公众号的"在线展厅"，感受科技周的魅力，让科技周"永不落幕"。

北京科技周主场互动体验项目每年都吸引公众近 10 万余人次到现场参观体验。3000 多万人次通过新华网、中国科技网等观看主场活动直播、浏览新闻，通过"北京科技周""科技北京""科普北京"等微博微信号参与

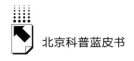
互动。

新颖有趣体验从进门开始。关注"北京科技周"微信公众号，即可获取主场活动的电子门票，然后扫码、入场参观……新颖有趣的体验，从进门那一刻开始。在主会场，有实物模型、互动体验、视频、图片、娱乐游戏等展示方式。科普工作通过科技活动周、科普（技）讲座、科普（技）展览、科普（技）竞赛、科普讲解、科学实验等多种形式惠及公众，产生广泛影响。网络化线上参与模式不断涌现，成为年度科普活动亮点。让公众近距离感受到了军民科技融合和科技创新成果带来的震撼力量，了解到了全国科技创新中心建设的重要成果，体验到了形式多样的科普活动和精彩纷呈的互动展品，增强了公众对科学进步和科技创新的体验感、获得感。

（九）科普工作不断创新，助力创新创业发展

创新创业与科技广泛结合。2018年，北京地区开展创新创业培训2482次，共有27.80万人次参加了培训；举办科技类项目投资路演和宣传推介活动2663次，22.18万人参加了路演和宣传推介活动；举办科技类创新创业赛事331次，共有14.78万人参加了赛事。

（十）推动中央科普共享，优化北京科普资源

充分利用中央在京单位的资源优势，充实提升北京科普资源质量。引导中央高校院所、企事业单位等参与北京科普实验。将行业特色与科普需求有效对接。组建首都科普基地联盟、建立北京科普资源联盟等，实现科普资源共建共用共享。

推进京津冀科普协同发展。积极推动成立三地区域性科普联盟，在科普政策制定、科普场馆建设、科普作品创作出版、科普活动组织开展、科普宣传、科普产业发展等方面开展深度合作。深入开展京津冀科普之旅、设计之旅、科技夏令营/冬令营等主题科普活动，推进京津冀与长三角、珠三角、港澳台等地区科普资源优势互补，共建共享共用，加强对少数民族地区的科普帮扶力度。

（十一）国际科普交流活跃，科普合作成为亮点

大力开展国际科普合作交流。在加强国家科技合作的同时，注重加强国家科普合作，内地与香港、澳门特别行政区的科普合作。特别是共同举办科技活动周、科技嘉年华、城市科学节等重点科普活动，促进公众特别是青少年的交流。加强与共建"一带一路"国家和地区的科普交流，推动国内外科普机构举办科学嘉年华、科学之夜等一批水平高、影响大、国际性的科普活动。

"一带一路"科普驿站展区使公众从科普角度认识各个国家的风土人情。科技周民生科技很接地气。在发明创造、匠心生活、探索之旅、新农家园等科普乐园里，近百项科技创新成果满足了公众多样化科技需求，展区挤满了各类参观者，公众迫不及待地体验各类展项，询问购买方式，希望科普惠民产品早日进入市场，进入居民家庭。

北京科普事业发展面临着挑战，主要表现在：一是北京农村科普人数数量有所下降。二是部分公共场所科普宣传设施数量出现减少，这也与网络科普设施的大力发展有一定关联。

二　工作亮点

北京市科普工作走在全国前列，形成了优势和特色，对支撑北京全国科技创新中心建设发挥了重要作用。主要亮点如下。

（一）创新科普工作管理体制机制

北京市科普工作开展得好，主要是市委市政府高度重视。其次是北京市拥有国家优质的科技、科普资源，从而为北京市开展科普工作提供了有力的支撑和支持。北京市科普工作坚持以习近平新时代中国特色社会主义思想为指导，认真贯彻中央的决策部署，深入实施《中华人民共和国科学技术普及法》《北京市科学技术普及条例》，充分发挥北京市科普工作联席会议制

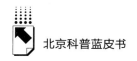

度的组织协调作用，调动部门、地方、企业、社会组织和个人的积极性，在科普方面形成了合力，从而使北京市科普工作开展得有声有色，圆满完成了规划目标任务，向市委市政府交了一份优秀答卷。北京市的科普工作在全国科普工作中处于领先的位置，发挥了引领示范作用。

（二）统筹开发利用央地科普资源

北京市科普工作十分重视发挥中央在京机构的优势和作用。北京市科普设施建设项目面向各类机构开放，特别是中科院和中央在京高校，有效提高了北京市科普基础设施的展示水平。

北京科普基地建设和命名，同样面向中央在京机构开放，有效提升了北京市科普基地水平，极大地丰富了北京市科普资源。北京市新命名的基地呈现出三个特点：一是引导企业加大科普投入，企业类型的科普基地占基地总数的40%；二是基地领域与生态环保等热点结合紧密，在支持相关公共事务政策实施上发挥作用；三是新技术新媒体得到广泛应用，科普传播生动有趣、贴近生活。

（三）提高科普创作出版能力水平

北京拥有一批优秀的科普创作人才、机构，北京市的科普项目面向中央在京机构开放，从而使北京市科普项目承担单位和承担人的水平起点高，完成质量好。近年来，北京市的科普作品屡屡在全国优秀科普作品评选、全国科普微视频大赛中获奖。

北京市科普宣传不断创新，以北京日报、北京广播电视台为代表的主流媒体发挥了重要作用。以科普北京为代表的科普网站在科学传播方面有不俗的表现。以果壳网为代表的一批新媒体发挥了独特作用。

（四）创新群众科技活动内容形式

北京市科普活动不断创新，特别是北京科技周的主场，以实物和模型展示为主，注重直观、形象的展示方式，突出体验、参与、互动、动手环节，深受市民欢迎，每年的北京科技周都是一场市民科普盛宴。

同时，突出了以下特点：

1. 科技成果"创造力"

重点展示生命科学、新材料、信息技术、智能制造、深空深海领域的重大科技专项成果、基础前沿和关键共性技术成果，让观众能现场感受创新驱动发展的巨大力量。

2. 科普成果"感染力"

重点展示优秀科普展教具、紧密贴近百姓生活的亮点项目。AR、VR 等新技术新产品现场体验，让观众能充分体验科技创新生活方式、提高生活质量的最新成果，享受科技所带来的便利。

3. 科技扶贫"精准力"

突出北京全国科技创新中心的辐射带动作用，在对口支援新疆和田地区、西藏拉萨地区，对口帮扶内蒙古赤峰、乌兰察布和与云南、贵阳的区域合作中，将首都科技资源与当地资源禀赋相结合，因地制宜，创新模式，为精准扶贫精准脱贫提供科技支撑。

（五）培育优化创新文化环境氛围

开展科普工作，重点是公众，难点也是公众。关键是要通过开展科普活动，提高公众科技意识，弘扬科学精神，培育尊重科学、尊重知识、尊重人才、尊重创造的良好社会风尚。只有公众科学文化素质普遍提升，才能为加快科技创新提供肥沃的土壤，奠定坚实的社会基础。北京科普能力的提升，有助于北京科技创新能力的提升，这也是建设全国科技创新中心的重要内容。以中关村科学城为代表的区域创新中心建设，也得益于科普工作的基础性支撑，从而助力良好区域创新文化环境氛围的营造。

B.3
推进北京科普供给侧与需求侧均衡发展

高　畅*

摘　要： 公民科学素质是推动科技进步、构建现代化国家治理体系、建设富强民主文明社会的重要基础。"十四五"规划提出，要把提升国民素质放在突出重要位置，拓展人口质量红利。当前，北京科普出现了新的需求，科普供给从总量和供给方式上应当积极进行调整，实现科普供需匹配，提高科普效能。本研究通过对最新的科普需求进行深入分析，认为当前科普存在资源投入总量下降、内容深度不足、共享渠道不畅等问题，并基于此提出改善科普供给形式，提高科普效能等均衡发展的建议。

关键词： 科普资源　科普供给　科普需求　北京

一　引言

"十四五"规划提出，要把提升国民素质放在突出重要位置，构建高质量的教育体系和全方位全周期的健康体系，优化人口结构，拓展人口质量红利，提升人力资本水平和人的全面发展能力。科普供给侧结构性改革为进一步扩大现有科普供给效能提供了制度保障，也为满足日益增长的科

---

* 高畅，法学博士，应用经济学博士后，北京市科技传播中心副主任、研究员，主要研究方向为科技政策与创新战略、科技传播与普及等。

普需求提供了良好契机。近年来，北京市积极调整科普供需匹配关系，不断提高科普供给效能，已初步形成政府、产业、社会合力共建的格局，科普资源不断增加，覆盖范围越来越广，科普功能得到进一步拓展，科普体系日趋完善。

二 北京科普需求侧基本情况

公民科学素质是衡量一个国家社会经济发展程度的重要指标，高素质的公民是持续不断推动科技进步、构建现代化国家治理体系、建设富强民主文明社会的重要基础，是实现中华民族伟大复兴、建设长治久安社会主义国家的必要条件。2017 年，中国"大众创业、万众创新"社会氛围空前高涨，掀起了全民学习科技知识的浪潮。北京作为国际科技创新中心，新知识、新技术、新产业的加速发展使得公民对科普的内容、形式、质量需求不断提高，在更高质量的经济、科技和文化发展水平下，北京市科普供需结构匹配正在面临重新调整。

（一）"十四五"期间公民科学素质提升目标的需求

在中华人民共和国成立 100 周年时，中国将基本建成富强、民主、文明的社会主义国家。国民科学素质强，则国家创新能力强，国民科学素质的普遍提高，是立国强国之本，是国家实现现代化的条件之一。中国的现代化根本在于人观念知识的现代化，这就包括公民科学素质与时代的要求同步提升。"十四五"期间，国家对加强公民科学素质提出更高的要求，提升科普服务供给能力，形成"大众创业、万众创新"的科普氛围，提升国民整体创新创造能力，都是国家发展规划对科普事业提出的要求。中国科协开展的第十一次中国公民科学素质抽样调查结果显示，2020 年我国公民科学素质达标率为 10.56%，北京市达标率为 24.07%，略低于上海的 24.30%，与美国（28%，2016 年）、加拿大（42%，2014 年）、瑞典（35%，2005 年）等国家的达标率还有一定差距。北京市作为国际科技创新中心，理应在科技

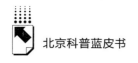

创新与科学普及双轨道上引领全国，在新一轮科技革命中掌握主动权，与这一目标相比，北京市的公民科学素质还有较大提升空间。

（二）社会经济发展的需求

创新驱动是世界大势所趋，全球新一轮科技革命、产业革命正在加逼演进，科学研究从各个尺度上不断深入，以智能、绿色、泛在为特征的新型信息技术正在重新塑造世界技术生活的格局，创新驱动成为各个国家获取竞争优势的核心战略手段。中国正处于跨越追赶的历史关键时期，只有紧紧抓住新一轮技术革命浪潮的先机，才能赢得发展主动权，为人类文明进步做出更大的贡献。

随着中国经济发展进入新常态，经济发展方式从传统的粗放式增长逐步走向科技式增长。科技创新和科学普及能够促进社会进步，其根本要义是通过提高全民科学素质，建立起大规模、高素质的创新大军，以推动科技成果快速转化。因此，只有将科技创新和科学普及放在同等重要的位置，两者齐头推进，才能推进中国从制造业国家向创新型国家转型；只有广泛开展科技方面的教育、传播、普及活动，持续推动中国公民科学素质的提高，才能够为建成科技强国的宏伟工程奠定更加坚实的群众基础和社会基础。

目前科普和创新生态建设的主要趋势是科普逐渐成为科学与社会互动的核心渠道，社会化科普的时代特征日益显著。科学传播具有连接知识创新和知识应用的功能，通过科普将高端科研成果有效地传播给大众，能够提高广大群众的科学素养，促进颠覆性创新创业的产生。为抓住新一轮技术革命的机遇，创造经济新增长点，包括我国在内的各国政府纷纷加大了国家创新体系的建设力度。

1. 科普促进创新精神产生

以科普促进创新精神的产生。创新精神主要包括以下文化特质：一是创新精神具有前瞻性，甚至是颠覆性；二是创新具有高度的合作性，创新主体采用开放性的方式寻找资源，互补分工协作，实现价值共享和协同共生。创新的这一特征，使得科普成为催生创新精神的重要手段。例如，众创空间是一种重要的科普形式，是科普改革的重要方向。科普通过发挥产学研的连接作用，将创新精神、创新平台、创新政策和创新技术各个要素相互串联，加深信息传递、科技传播人员知识交流，实现创新扩散，进而构建创新体系。

无论是创业梦想还是合作共生，都需要来自大众传媒的科普知识对创新精神进行宣传和发挥。科学普及能够促进创新创业生态体系建设，创新创业生态体系具有角色多元、种类丰富、从业者众多的特点，不同学科、不同专业背景、不同学历层次、不同社会分工的创业者，通过各种特殊手段，产生正式或者非正式的创意经验信息的连接，共同来实现创新创业，如果没有先进的科普手段和良好的科普事业作为基础，学科交叉、专业交叉将很难实现。

2. 科普促进科创平台建设

科普有助于创新创业基础平台的构建与创新创业政策的落实。科创平台需要建立在一系列的公共配套设施和运营管理基础之上，而科普各类场所和活动是天然的创新创业平台，在此基础上加以推广和宣传，能够为创新创业提供稳定的运营场地和组织保障。以 2016 年北京举办的重要科普主题活动"中关村创业会"为例，活动上有多家中关村创业科技公司和海内外知名企业共同构建的创新联盟，推进创新创业与大企业创新需求相结合。活动通过举办人工智能、智慧城市、智慧医疗等多场路演活动，展示科研院所"高精尖"的科研成果，吸引了广大创客企业和相关机构的重点关注。这对普及科学知识，弘扬科学精神，激发大众创新创业热情起到了很好的推动作用。据统计，2019 年北京地区共有众创空间 528 个，创业导师 12757 人，服务创业人员的数量达 70105 人，共孵化科技类项目 27462 个，开展的创新创业培训活动 6577 次，参加活动人数 392492 人次，科技类项目投资路演和宣传推介 8896 次，参加人数 226863 人次，举办科技类创新创业赛事次数 383 次，参加人数 89915 人次。

3. 科普提供体系外创新教育环境

科普对"大众创业、万众创新"的促进作用，主要体现在以下几个方面：

科学普及有利于提高创新创业者的综合科学素质。在体系内教育中，科学知识的传授多集中于本专业的学习，导致受教育者对广泛的、其他类别的

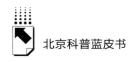

科学知识接受不足，并进一步造成创新创业者缺乏对科学技术的全貌和社会科技发展整体脉络的认知。知识结构不合理，也会影响其专业知识的深入联合运用和产业化运行。参加科普教育活动，特别是创新创业领域的专业科普教育，有助于提高其综合的自然科学和社会科学的知识层次，提高其创新创业能力。

科学普及有利于创新创业者的知识更新。在知识爆炸的社会，科技转化为生产力的周期越来越短。创新创业者不仅要掌握本行业最新知识，还需要掌握新能源、新材料、新技术等相关领域的知识。技术领域的宽度越来越成为企业参与竞争、获取效益的必要条件。通过科普工作的有效开展，提高创新创业者的科学素养，能够有效加速创新创业者的知识更新。

科学普及有助于提升创新创业的文化氛围。科学普及不仅要进行科学知识的传递，更重要的是要进行科学精神的普及和传播。科学精神是创新创业者必须具备的精神境界，包括探索、求真、务实、批判性思维和互助共赢。科学精神的传播对于塑造大众崇尚科学、敢于进取探索的精神，促进双创文化氛围的形成有不可替代的作用。

据统计，2019 年北京地区共出版图书 4445 种，出版总册数 80452406册；出版期刊 198 种，出版总册数 8283221 册；发行科技类报纸 36049763份，电视台播出科普（技）节目时间 13848.09 小时，电台播出科普（技）节目时间 8377.28 小时；科普网站 281 个，发放科普读物和资料 31161993份。科普传媒是公众接受科学文化知识的一个重要途径，也是体系外创新教育的一项重要内容，通过持续营造科普教育环境，有利于培养和塑造公众的科学素养和科学精神，并成为终身教育的重要内容。

4. 科普成为实现可持续发展的重要途径

当前人类面临着环境污染、资源枯竭等非传统安全因素的威胁，巨大的生态危机和生存危机，是摆在全人类面前的严峻现实。树立环境意识和生态意识是可持续发展的前提，这一点是科普的重要任务之一。生态意识要求正确处理人和自然界的关系。目前来看，中国公民环境保护意识依然淡薄，保护环境、抵制污染排放、抵制乱砍滥伐等活动的公众参与程度依旧很低。这说明生态保护的科学普及仍然需要加强，以帮助公民建立环境意识和生态意识。自然资源枯竭的问题在中国进一步凸显，中国淡水资源、土地资源、矿产资源、森林面积、草地面积人均拥有量均低于世界平均水平，而且利用效率低，合理地节约使用资源是可持续发展的重要方面。因此，一方面需要通过科学技术进一步构建循环经济和节约经济，另一方面，需要通过科普使广大的公众接受和认识生态环境保护的重要性。

（三）民众自身发展对科普的需求

科学普及是双创高效运行的必要条件。科普活动能够促进人的全面发展，而全面发展的创新人才是推动创新创业的核心部分。科学普及是一种形式多样、内容丰富的体系外教育，能够进一步拓宽受教育者的知识面，有利于培养交叉性知识创新人才。在科学普及的同时，对科学知识产生的历史渊源、发展现状、发展趋势的认知，也是科学精神传递的过程，能够为启发科普受众，增强其创新意识打下基础。随着科技日新月异的发展以及新一轮科技革命的到来，以人工智能、大数据、区块链、脑科学、量子计算为代表的新技术正在日益影响和渗透着人们的生产和生活，在未来 10 到 20 年的时间里，这些技术将成为人们必不可少的应用工具，产生的新产品、新技术、新服务，将形成广大的消费群体和市场，这就需要极大地提高民众的科学素养，形成新的消费需求，实现新的产业链和价值链，提升经济社会发展水平。

三　北京市科普供给存在的问题

（一）科普资源投入下降

截至 2018 年底，北京地区共有建筑面积在 500 平方米以上的科技馆 28 个，比 2017 年减少了 1 个；有建筑面积在 500 平方米以上的科学技术博物馆 81 个，比 2017 年减少了 1 个；有青少年科技馆（站）12 个，与 2017 年

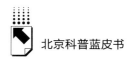

相比没有变化。2018 年北京地区全社会科普经费筹集额为 26.18 亿元，比 2017 年减少约 0.78 亿元，仍居全国各省区市前列。其中，政府拨款 18.94 亿元，占全部科普经费筹集额的 72.34%，比 2017 年减少约 0.5 亿元；政府拨款的科普专项经费 11.70 亿元，比 2017 年增加约 0.37 亿元。人均科普专项经费 54.31 元，较 2017 年增加约 2.11 元。

（二）深度科普资源不足

北京国际科技创新中心建设离不开科技要素的聚集与传播，而科技要素的流动需要最前沿的科技成果向产业界转化，面向全球科技创新中心建设的高质量科普，不仅需要不断丰富科普形式，拓展科普渠道，更需要建设针对专业人士的高端科普资源，服务科技资源转化与科技要素流动。就目前来看，北京开展的面向专业人士的科普发展水平仍然同面向一般公众的科普发展水平存在差距。知识产权会展业发展，科技要素展示、交流，交易平台的常态化机制有待提升。国家科技研发项目科普配套资金仍未得到很好的落实，最新科研成果的社会效益转化一定程度上受制于深度科普发展水平。

从科普人员来看，2019 年北京地区共有科普人员 66428 人，每万人拥有科普人员的数量为 30.8 人；专职科普人员 8518 人，每万人拥有专职科普人员的数量为 3.96 人；科普创作人员 1844 人，占科普专职人员总数的 21.65%，每万人拥有科普创作人员 0.86 人；科普管理人员 1802 人，占科普专职人员总数 21.16%。北京市作为拥有全国最大体量科技资源的地区，科普人员在人均分配度上仍显单薄，尤其是科普创作人员、科普管理人员等高级科普资源的数量仍存在很大缺口。

从科技资源的开放程度来看，2019 年北京地区共有 1102 个大学、科研机构向社会开放，吸引了 468096 人次参加，平均每个开放单位接待参观人次为 424.77 人。共举办科普国际交流 500 次，参加人数为 18.68 万人次。北京市是全国大学、科研院所最为密集的地区，承载着众多高端科普资源，这些机构的对外开放水平在一定程度上反映了深度科普的程度。从数量上看，虽然这些机构的对外开放已经达到了一定水平，但是在深度科普交流、科普宣传、科普培训和教育以及服务科技成果转化、促进科普资源交流等高级科普活动上还没有足够的显示度。

从实用技术培训来看，2019 年北京地区共举办实用技术培训 0.95 万次，参加培训人数为 84.45 万人次。从部门来看，实用技术培训主要集中在农业农村部门和卫生健康部门，参加人次最多的为农业农村部门、卫生健康部门和科协组织。对于实用技术培训，从总量上还有所不足，并且缺乏实用技术培训的专业人才以及培训体系、培训资金和培训政策的支撑。

（三）科普资源跨区域共享仍需加强

根据三年以来对北京科普发展指数的跟踪研究，中国科普发展水平同地区经济发展水平高度相关，中、西部地区自身科普发展水平较低。此外在科普平台建设上，中、西部地区自身的科普场馆和科普人才队伍建设，同北京、上海、江苏等区域差距明显，这要求科普优势地区需要通过数字化科普场馆建设、虚拟仿真科普、线上科普交流活动等机制，推动科普信息化建设，让优质科普资源实现更深入的跨区域共享。

传播优秀的科普文化作品是优质科普资源共享的另一种形式，科普作品如电影、书籍等能够突破地域限制，将一线的科技科普成果推进到公众的最前沿，同时也是国家创新文化成果之一，是公众最容易获取、最方便接受的形式之一，通过规划一批科普、科幻影视作品和书籍，将北京等地的科普场馆、活动等凝聚下来，是加强科普资源跨区共享的方式之一。

当前，京津冀协同发展已经成为新时期国家区域发展战略的重要内容，京津冀地区的科普协同化发展是促进京津冀协同发展的重要一环。北京是全国科普资源最为密集、科技创新最为活跃的地区，与北京相比，天津、河北两地的人均科普资源水平仍有较大差距。2016 年，三地签署了科普资源共享合作协议。在建立科普协同发展联盟、科普资源互动、科普旅游推介、科普活动共享等方面开展了一系列活动。但是目前尚未形成三地科普协同发展

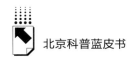

的顶层设计以及机制建设，与长三角地区的科普一体化发展相比，京津冀科普的协同化水平还有较大差距，在科普的资源的共建共享、开发利用、研究生产等环节还需要三地进一步深入合作。

（四）科普活动仍需要进一步下沉

科普活动的深刻互动与沉浸式体验是其他科普形式无法比拟的。当前科普场馆、科普文化作品和科普活动的深入融合尚未体现，以年为单位的大型科普活动举办水平较高，常态化、小规模的社区型科普活动成为科普活动的短板。需要进一步建设社区科普的对接能力，以便在特定的科普事件发生期间，为社区居民提供及时权威的科普信息，提高防灾减灾、应急处理的水平，增强社区治理能力。

据统计，2019 年北京地区举办科普（技）讲座 6.16 万次，吸引了 9 87 千万人次参加；举办科普（技）展览 0.44 万次，吸引了 14.59 千万人次参加；科普（技）竞赛 0.2 万次，共吸引了 3.44 千万人次参加活动。2017～2019 年北京市开展的各类科普活动次数及参加人数如表 1 所示。

表 1 2017～2019 年北京地区科普（技）讲座、展览和竞赛开展情况

活动类型	举办次数（万次）			参加人数（千万人次）		
	2017	2018	2019	2017	2018	2019
科普（技）讲座	5.28	6.41	6.16	1.05	7.36	9.87
科普（技）展览	0.44	0.48	0.44	5.14	6.98	14.59
科普（技）竞赛	0.21	0.24	0.2	5.55	10.53	3.44
合计	5.93	7.13	6.8	11.74	24.87	27.9

从层级来看，2019 年中央在京单位举办科普（技）讲座次数占总举办次数的比重为 16.1%，市属单位为 21.79%，区属单位为 62.11%。与 2018 年相比，2019 年北京地区科普（技）讲座参加人次有所增加（见表 2）。

从层级来看，与 2018 年相比，2019 年市属单位举办科普（技）展览的次数减少 97 次；中央在京单位举办科普（技）展览的次数增加了 49 次；区属单位举办科普（技）展览的次数减少了 332 次（见表 3）

表 2   2017～2019 年北京地区各层级举办科普（技）讲座的次数和参加人次

	举办科普(技)讲座的次数			科普(技)讲座的参加人次(万)		
	2017 年	2018 年	2019 年	2017 年	2018 年	2019 年
中央在京	4305	12289	9908	108	6923.49	9400.26
市属	12645	12985	13412	621.53	113.52	150.80
区属	35889	38790	38233	323.71	318.03	317.85

表 3   2018～2019 北京地区各层级举办科普（技）展览的次数和参观人次

	举办科普(技)展览的次数		科普(技)展览参观人次(万)	
	2018 年	2019 年	2018 年	2019 年
中央在京	1515	1564	4886.17	11926.64
市属	516	419	1366.40	1345.66
区属	2798	2466	728.81	1313.44

从层级来看，2019 年举办科普（技）竞赛次数最多的是区属单位，为 1271 次，比 2018 年减少了 708 次，占北京地区科普（技）竞赛举办总次数的 63%；中央在京单位科普（技）竞赛举办次数比 2018 年增加 101 次，市属单位科普（技）竞赛举办次数比 2018 年增加了 273 次（见图 1）。

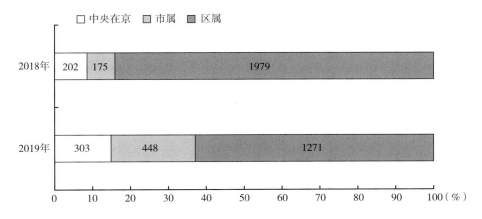

图 1   2018～2019 北京地区各层级举办科普（技）竞赛的次数及所占比例

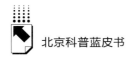
2019 年参加科普（技）竞赛人次最多的为中央在京单位，为 3271.65
万人次，占北京地区参加科普（技）竞赛总人次的 95%；比 2018 年的
10281.09 万人次减少了 7009.44 万人次（见图 2）

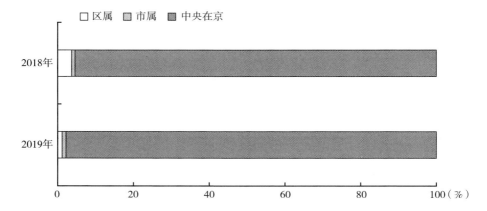

图 2　2018～2019 年北京地区各层级举办科普（技）竞赛的参与人数及所占比例

四　科普供给需求均衡发展建议

通过对科普供需匹配现实存在问题的分析，可得出科普供给侧改革的三
个主要目标。

一是提高科普供给效能。"十四五"时期科普事业需要进一步提高科普质
量，全面提高科普同科技融合，加强面向专业人士的深度科普，面向普通公众
的高交互、高参与科普和面向青少年的前沿科普，进一步实现科学思想在社会
各行业广泛传播，做到科学精神成为公民获取资讯，指导生活与劳动的准则。

二是进一步推动科普产业化发展。科普供给的高级化，一方面需要持续
的财政资源投入，不断提高科普产品、活动、场馆质量；另一方面需要适应
科普的不断深化与科普受众群体的不断分化，增加科普手段、形式、渠道的
个性化展示方式。以规划方式进行科普资源建设难以满足科普的多元化需
求，需要吸引各类企业进入科普产业，实现科普多元化供给，充分利用企业

的灵活性，在新媒体渠道上建立一系列即时交互、便捷沟通、灵活多样的科普服务及产品，实现政府投入为主、科普产业补充的科普供给局面。

三是提高科普供需匹配程度。科普需求和科普供给是一个动态变化与再平衡的过程。随着北京公民科学素质在"十三五"时期上升到了一个新高度，科普文化产品需要不断更迭，引入最新科研成果所形成的科普文化产品，应根据社会普遍的审美水平提高和接受方式变化，改善科普文化产品的展现形式。随着碎片化阅读和线上互动成为公民获取资讯的主要方式，科普活动应通过虚拟仿真、平台化建设等方式，实现线下资源与线上资源整合，传统媒体与互联网媒体主体融合，进而提高科普供需匹配程度，最大限度提高优秀科普资源的公众接受程度。

参考文献

［1］ 张绘：《我国科普投入产出效率分析与政策调整：基于 DEA—Tobit 理论模型的判断》，《财会月刊》2019 年第 2 期。

［2］ 《规划纲要草案：为全面建设社会主义现代化国家开好局起好步》，新华每日电讯 2021－03－06（010）。

［3］ 李言：《创新发展　科技引领——记中国科协第十八届年会》，《科学家》2016年第 4 期。

［4］ 章志华、孙林：《OFDI 逆向技术溢出、异质性金融发展与经济增长质量》，《国际经贸探索》2021 年第 3 期。

［5］ 王先君：《平台型媒体情境下的科学传播》，山东师范大学硕士学位论文，2018。

［6］ 黄波：《多元供给机制下公共文化服务的主体困境及出路》，《青海师范大学学报（哲学社会科学版）》2018 年第 3 期。

［7］ 李陶陶：《科普供给问题探因与对策》，《三峡大学学报（人文社会科学版）》2018 年第 5 期。

［8］ 杨秋霞、贾雁岭：《公共服务满意度研究：一个文献综述》，《阿坝师范学院学报》2018 年第 4 期。

［9］ 陶贤都、周欢：《"科普中国"App 微视频的传播特色与发展策略》，《科学教育与博物馆》2020 年第 6 期。

［10］ 刘琦：《供给侧结构性改革对国内科技馆建设的启示》，《科技视界》2019 年第 20 期。

B.4
北京科普事业信息化建设进展及其效果

苗润莲　毛维娜　李　鹏*

摘　要：　科普信息化建设是北京市信息化建设的重要组成部分。随着
　　　　　信息技术的发展，北京市民对科学的需求越来越旺盛，北京
　　　　　科普信息化建设在内容以及形式等方面的发展面临新的挑
　　　　　战。北京市充分利用自身作为首都的政治和资源禀赋优势，
　　　　　建立科普事业发展的云平台、组织多种有特色的科普活动
　　　　　等，不断推动北京科普信息化建设，使北京科普信息化建设
　　　　　的成就在全国处于领先地位。本文对北京市科普信息化建设
　　　　　过程中所存在的问题进行了剖析，并提出相应的改进与完善
　　　　　措施。

关键词：　科普信息化　科普传播服务体系　信息孤岛　科技创新

一　引言

　　信息化的概念最早起源于 20 世纪 60 年代，由日本人类学家梅棹忠夫提出。1967 年日本科学技术和经济研究团队正式提出了信息化（Information-alization）的概念，随后这个概念很快就风靡日本、中国等东亚国家。虽然

---

*　苗润莲，博士，北京市科学技术情报研究所研究员，博士后合作导师，主要研究方向为科技
情报、区域发展战略、科技传播；毛维娜，北京市科学技术情报研究所助理研究员，主要研
究方向为科技政策及大数据分析等；李鹏，北京科技报社首席记者、评论员，主要研究方向
为科学发展与科学传播、传播媒介与信息传播、文化科技创意产业等。

梅棹忠夫已于 2010 年去世，但他所提出的信息化概念，已经成为日本、中国等一些国家产业政策、企业实践的核心概念。信息化的概念之所以在我国很快流行并且得到各个层面的高度重视，主要是因为通过信息技术的使用，可以大幅提高个人及社会组织多方面的行为效率，降低投入成本，有效推动社会经济进步。

1997 年 4 月，国务院批准召开第一次信息化工作会议，对信息化和国家信息化定义为："信息化是指培育、发展以智能化工具为代表的新的生产力并使之造福于社会的历史过程"。"信息化代表了一种信息技术被高度应用，信息资源被高度共享，从而使得人的智能潜力以及社会物质资源潜力被充分发挥，个人行为、组织决策和社会运行趋于合理化的理想状态"。而实现信息化就要不断构筑和完善开发利用信息资源、建设国家信息网络、推进信息技术应用、发展信息技术和产业、培育信息化人才、制定和完善信息化政策等多要素为一体的国家信息化体系。

进入 21 世纪以后，我国信息化建设的进程不断加快，信息化的触角已经延伸到社会经济的各个角落，不仅对人们的工作、生活、学习和文化传播方式产生了深刻影响，也大幅促进了国民素质的提高和全面发展。在这样的背景下，科普信息化建设在我国得到了快速的发展，成为衡量国家和地方社会发展水平和文明程度的重要内容和尺度，并成为推动我国科学传播和科普事业发展的重要力量。

科普信息化是依赖计算机技术、通信技术和互联网技术等手段，开展的大量与科学传播与科学技术普及有关的工作和活动。随着科学信息技术的持续发展，科普信息化建设将继续大力推动科学技术传播和科技知识及其应用的普及，并有望在这一过程中扮演着越来越重要的角色。

怎么才算是科普信息化建设呢？用一个比较通俗的说法，现在的科普信息化建设就是要利用互联网等信息技术的形式，让科技知识在网上和生活中流行，缩短科学理论与公众认知之间的距离，实现科学技术与广大社会公众的"亲密接触"。科普信息化最为核心的目标是大力提高公民的基本科学素质，让广大社会公众了解一定程度的科学理论和方法，树立起科学的思想，

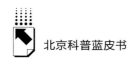

让科学精神贯穿于自己的工作、学习和生活之中，并培养出具有使用科学思维和手段解决实际问题的能力。

多年来，北京市不断推动科普信息化建设工程，其充分利用首都的区位优势，统筹协调多方面的力量，融合配置社会资源，在科普信息化建设上取得了巨大的成就。这种进展不仅为北京市的社会经济发展和科技创新中心建设打下了很好的基础，也提供了巨大的动力支持。

二　北京科普信息化成就概述

1998 年，北京市科协开始筹备网络信息系统的建设，并于 1999 年 9 月 13 日正式开通了"北京科普之窗"，这个在因特网上建立的科普性网站，设有多个栏目，包括科学博览、科技前沿、科学长廊等。网站页面设计新颖，栏目众多，内容丰富，不仅成了首都展示科普文化的一个新舞台，也成为科学传播的新窗口。

此后，北京市科普信息化建设的步伐开始加快。2000 年 12 月 1 日，北京市科学技术协会网络中心正式成立，科普信息化建设工作得到更好的支撑。2002 年 4 月 21 日，北京市第一条科普宽带网在西城区二龙路社区服务中心正式开通，社区居民可以十分方便地浏览"北京科普之窗"等科普网站。2005 年 9 月 1 日，中国互联网协会网络科普联盟组织的"第一届全国优秀科普网站及栏目评选活动"中，"北京科普之窗"荣获了优秀科普网站奖。

在早期的科普信息化建设中，北京市科协及其他相关机构和单位在摸索中前进，不断总结自身发展的经验，同时积极借鉴国内外其他一些地方的经验和做法，为后来的高速发展打下了良好的基础。

近年来，经过各方面的协同努力，北京市在推动科普信息化的工作方面取得了多方面的成就。

（一）政府发挥主导引领作用，完善科普传播服务体系，推动科普信息化平台建设

北京市是我国的科技创新高地，高科技企业与人才众多，科普信息化工

作的推动不仅具有得天独厚的优势，也是支撑北京市科技创新、国家科技创新战略的重要保障。因此，多年来北京市委及各级科协组织一直将科普信息化作为工作的重要内容，并全方位予以推动。

1. 加强信息化平台和服务体系建设

随着互联网和移动互联网的发展，科普信息化平台建设变得越来越重要，为了更好地推动科学技术的传播和普及，北京市相关科普单位将科普信息化平台建设作为工作的重要内容。

北京市科协一直在强力推动北京市的科普信息化建设，不断完善市科协科技人才库、科技论文库、科普资源库、金桥工程项目库等基础数据库。按照统一规划、共建共享原则，逐步建立市科协、区科协、市学会（基金会）互联互通的科协团体信息资源共建共享平台。另外，北京市科协积极推动科技工作者联系联络平台建设，该平台具有智能化、高效化以及精准化特点。根据统一标准、共建共享的原则，建设时充分考虑了从资源建设、技术服务等业务领域优化与科技工作者的交流以及互动机制，为推动科学传播和科普事业发展储备了丰富的科技工作者资源。

2. 打造完善的科学传播及科普网络体系

完善的科学传播体系和科普网络体系是推动科普信息化的重要保证。充分发挥北京科技报社、北京日报等在京主流媒体及科普传播和科普专业媒体的阵地作用，促进传统媒体与新兴媒体的融合发展。同时北京市科协通过举办年度科学传播人颁奖活动、在网上征集科普创客相关活动，不断发现、使用和培养新时代的信息化科普人才。此外，在北京市科协的积极支持和推动下，北京市积极动员和引导社会各方力量参与科学传播事业。

2011 年，由北京市政府投资建设、北京市科学技术协会承建的大型公益性科普网站——蝌蚪五线谱正式上线，该网站主要为公众特别是青少年提供智能、高效的网络科学文化服务。随后，北京市以蝌蚪五线谱网站为引领，以手机 App 终端、社区数字科普视窗、楼宇电视、地铁公交电视为延伸，共同组成新媒体传播网络体系，进行全天候在线知识推送和用户互动，实现科普资源的有效共享和再利用。

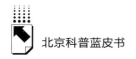
3. 推动科普信息的基础及平台设施建设

这些年，北京市科普信息的一些重要基础设施建设也取得了很大的进展。譬如，北京科学中心数字科技馆项目建设竣工，馆内的数字展厅利用多媒体的表现形式以及数字化的手段和技术，在创新创意上做足文章，不断优化科学技术传播的形式和内容，这种激发好奇心的项目设置，有利于吸引更多的学生加入自然科学、工程科学和技术学科的研究当中。

首都科学讲堂经过 10 多年的发展，已经成为北京市科学传播和科普的一个王牌栏目。该讲堂从 2007 年开始，充分利用北京知名专家众多这一得天独厚的资源优势，以演讲的形式打造出了以"明星专家和系列演讲"为特色并具有公益性质的全民科普活动。该科普活动每周一期，线上线下一体融合式发展，围绕市民、未成年人、白领、公务员、农民等群体普遍关注的热门科学技术知识，邀请专家作讲座，同时注重科学思想、科学方法和科学精神的传播，受到了大众的欢迎，参与的科学家也越来越多。

北京科学中心自 2014 年筹建以来，坚持深入贯彻落实习近平总书记关于"科技创新、科学普及是实现创新发展的两翼"的战略思想，立足北京实际，着眼国际一流，围绕北京是国家首都和全国政治中心、文化中心、国际交往中心、科技创新中心的战略定位，顺应世界科技场馆发展需求，以建设与北京城市发展战略地位相匹配的科普新地标为目标，不断推动基础设施、信息化平台、传播渠道建设以及科学传播与科普活动的发展，成为北京市科普信息化发展的一个至关重要的阵地。

（二）社会性力量发挥主观能动性，丰富科普信息化建设内容，推动科普传播全民化

北京市科普信息化一个非常显著的特点是以民营机构为代表的社会性力量的崛起，它们成为北京市科普信息化建设的重要生力军，其中以北京果壳互动科技传媒有限公司为代表。北京果壳互动科技传媒有限公司是一家致力于面向公众倡导科技理念、传播科技内容的企业，也是著名科普公益项目"科学松鼠会"的实体支持机构。此外百度、腾讯等互联网巨头在推动北京

科普信息化方面也做出了不可替代的贡献。

2015年7月，中国科协与百度双方共同发布了首个《中国网民科普需求搜索行为报告》后，百度百科、百度指数、百度地图等产品积极参与科普信息化建设。北京科技报社也与百度合作，共同建设完善更为权威的百度科学词条，并利用百度的平台和渠道进行科普文章、视频等科普作品的传播，取得了良好的社会效果。

在"互联网＋科普"的概念下，腾讯也积极投身于科普事业，腾讯QQ、微信基本上覆盖了中国绝大部分的人群，变成了科普的重要阵地。大量的科普内容、科普活动通过QQ、微信推送，广泛覆盖各类人群，它们还能够通过后台云计算、大数据和个性化的分析，了解用户兴趣点，进行有针对性的科普。

从某种意义上讲，随着社会经济的发展和社会性科学传播与科普力量的崛起，未来社会性力量在科学传播与科学技术普及中的作用也变得越来越重要，它们已经成为北京市科普信息化发展不可忽视的重要生力军。

（三）国家级机构发挥带头示范作用，打造科普信息化前锋矩阵，加速首都科普信息化建设

北京聚集了大量的国家级机关、事业单位、高校等机构，一些国家级机构打造的由科学传播与科普平台构成的科普信息化前锋矩阵，引领着首都科普信息化建设。

1. "科普中国"品牌掀起新形式的科普浪潮

自2014年起，中国科协开通"科普中国"栏目，该栏目以推动实施"互联网＋科普"为目标，依托现有的传播渠道和平台，将科普内容信息化，使科普形式多样化、智慧化，将公众关注度作为新的评估标准，提高了我国科普服务能力和水平。这项工作的开展，对北京市科普信息化工作起到了很大的推动作用。

"科普中国"开通后，迅速开展多方借力合作。2014年11月与新华社签订"科普中国研发与传播基地"共建协议，以"科普中国"标识、"科普

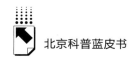

中国研发与传播基地"以及新华网建设的"科技前沿大师谈"栏目的开通为标志,开启了我国科普信息化建设的新航程。近些年,北京市科协及其他有关科普力量通过与"科普中国"多方面的合作,对北京市的科普事业发展也起到了良好的推动作用。

2. 人民网扛起"健康科普"大旗

为让广大社会公众及时了解健康领域的前沿和权威资讯,推动健康知识传播,为中国科学普及事业发展助力,人民网健康频道专门开设了"健康科普"栏目,使之成为我国健康领域科技传播的一个重要方阵。

2016 年 4 月,人民网成立专门的科普部,专项专人负责科学知识的传播。还成立了内容与栏目策划、活动组织、专家审核等专业团队,推动健康科普的专业化,效应不断扩大化。

从 2016 年 4 月起,人民网正式接入"科普中国",将科普内容建设作为网站建设的重要组成部分。随后,在中国科协的指导下,人民网专门开设"科普中国,健康中国"频道,为广大网民提供权威、专业的医学领域相关知识。截至目前,人民网健康频道仍然是我国广大公众获取权威健康资讯的最佳平台之一。

长期以来健康领域一直是伪科学和其他不当信息传播的重灾区,不少社会公众深受其害。人民网带头正本清源,扛起"健康科普"的大旗,为其他一些媒体起到了良好的示范作用。

3. 中国科技新闻网打造科技类新闻网站头部平台

2020 年 4 月,中国科协直属的国家一级学会——中国科技新闻学会主办的中国科技新闻网正式上线运行。中国科技新闻网定位为中国科技类新闻网站重要平台,它将聚合全国官媒新闻资讯,逐步实现全网络资讯、客户资源共享,达到对信息快速、联动、广泛、高效地传播与推广,并致力于打造国家级权威新闻传播、存储与交流的云平台,助力我国科技新闻传播、科学知识普及事业的发展。

中国科技新闻网集科技新闻传播与科学技术的普及于一身,不仅是一个科技信息的窗口,也是科学传播与普及的一个重要平台。北京市作为我国的科技创新第一高地，也是科普信息化平台建设的最大受益者之一。北京的一些国家级机构构成的信息化矩阵能够对北京的科普信息化起到很好的带动作用，从而进一步推动北京市成为全国科普信息化建设的高地。

三　北京科普信息化的典型性做法

科普信息化建设是一项战略举措，对于建设创新型国家、推动科技全面发展、提高全民科学素质具有重大意义，正是因为北京市不遗余力地推进科普信息化建设，使得在 2015 年北京市公民具备基本科学素质的比例达到 17.56%，超额完成了北京市《关于深化科技体制改革加快首都创新体系建设的意见》中设定的"2015 年公众科学素质达标率超过 12%"的目标。在科普信息化的道路上，北京市近年来多方探索和尝试，涌现出了一些典型的做法。

（一）构建起云科普平台，实现科普资源共享

1. 搭建起大众网络传播平台

北京市科协积极支持建设"蝌蚪五线谱"、"科学加"等具有特色的科普信息化平台，不断整合和挖掘科协系统内外的优质科普资源，拓展科普内容获取渠道，优化传播方式和方法，并搭建新的大众化的网络传播平台，为提高公民基本科学素质提供支持。

随着科学技术的发展，信息传播的方式和渠道也在发生变化。要让科普取得较好的效果，就得及时针对这种变化改造或者搭建新平台，开展相应的科普活动，现在不管是 Web 网站、App 应用，还是微博、微信公众号、抖音等，都成了科学传播的重要渠道，利用这些渠道和平台，可以让科学知识随时随地进入百姓生活。

2. 科普信息化平台在各区遍地开花

除了建设市级平台，北京市各个区也在筹建一些具有本区特色或者优势的科普信息化平台，为本区居民提供一些基本的科普服务。譬如在科协系

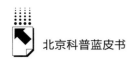
统，朝阳区科协建立了"爱想象科学空间"微信公众平台，海淀区科协建立了"乐学中关村"公众号，大兴区科协建立了网络数字科普馆，延庆区科协建立了"延庆科普"微信订阅号等，这些信息平台也成为北京信息化科普方阵的重要组成部分。

科普服务有共性，也有地方特色，北京市在科普信息化的过程中两者有效结合，所以收效更为显著。

3. 用好社区这个最小"细胞"

社区是社会组成的最小单元，也是最小的"细胞"，能否抓好社区科普工作，关系到科普信息化的成败。为了有效推动科普信息化进社区，北京市科协每年在全市科普示范社区中选取一些试点社区，配送多种科普信息化基础设施，提升了试点社区的信息化科普能力。除此之外，这些社区也利用一些信息化科普设施自己组织各类科普活动，并引进大、中、小学生一起参与，既丰富了老年人生活、锻炼了年轻人的参与意识，也在很大程度上推动了科普知识的普及。

（二）以典型活动为龙头，推动科普效应扩散

1. 科学流言榜，成为专业的辟谣平台

网络谣言作为一种社会公害，传播速度快，影响范围广，社会危害大，损害公众合法权益，扰乱社会秩序，甚至影响社会稳定，危害公共安全。百度数据显示，每年要处理可能涉及虚假信息的用户求证请求数量超过 30 亿次，如何帮助网民更好地识别流言并及时对这些虚假信息进行辟谣，是民心所向、法治要求，也是让科普知识有效传播的必要手段。

在这样的背景下，由北京市科学技术协会、北京地区网站联合辟谣平台、北京科技记者编辑协会共同主办的"科学流言榜"正式发布，作为一个每月发布科学信息的权威的辟谣平台，多年来为老百姓答疑解惑，安定人心，传播着正确权威的科学知识。

2. "科学答人"，用答题的形式传递知识

进行科学传播与普及，好的形式才能收到好的效果。北京科技报社与中

国科协科普部合作共建的科普趣味竞答项目"科学答人"是面向全国的大型网络科普知识互动竞答活动，用答题的形式传递知识的内核，贴近公众生活，在保证科学性的同时注重提高趣味性和互动性，让公众在娱乐中就可以了解更多的科学知识和方法。

"科学答人"的参与方式非常便捷，公众可以通过"科学答人"微信号、微博、App 参与答题，利用碎片化时间了解生活、学习和工作中的科学知识，答题中遇到困难，还可以通过"分享帮帮答"模式，请朋友帮忙完成任务，也可以同时邀请朋友参加竞答，一起传播科学。

自 2015 年开办以来，"科学答人"已经建立了规模庞大的题库，涉及科学观念与方法、数学与信息、物质与能量、生命与健康、地球与环境、工程与技术、科技与社会、能力与发展等各个领域，为了保证题目的科学性和准确性，"科学答人"还经常邀请院士专家参与出题和审题。"科学答人"充分利用现代信息技术，实现线上线下一体化，成为科普信息化建设与发展的一个经典案例。

3. 搭建科普时尚新平台，满足年轻人科学需求

在科普信息化的过程中，北京市非常注重以新的形式来满足年轻人的科学需求，不断发现、挖掘、资助培育具有创新性的科普内容、形式和手段，积极关注年轻人尤其是青少年新媒体手段和平台，推动科普人才队伍和科学传播内容与之密切结合，大力发展特色化、个性化和时尚化的科普传播平台，推动互动体验，深受广大年轻人的欢迎。

北京科普新媒体创意大赛就是一个典型的例子，这个大赛 2007 年开始创办，最早叫做北京科普动漫创意大赛，因为活动形式新颖，参与性强，很快就吸引了一大批粉丝。为了进一步扩大活动的影响力，吸引更为广泛的群体参与，2013 年，该活动升级为北京科普新媒体创意大赛，活动内容更加多样化，漫画、动画、短视频等作品形式都可以参赛。近年来，该大赛不仅吸引了国内几十所高校的学生及众多专业选手参加，还吸引了来自俄罗斯、乌克兰、伊朗等 20 多个国家和地区的选手参赛。可以说，这个平台为全球的年轻人参加科学传播搭建了非常时尚的展示平台。

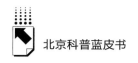
（三）开展信息化培训，推动农村科普信息化平台建设

农民群体是科普的重点人群之一，因为文化水平的限制，农民的基本科学素质水平不高已经成为社会经济发展的阻碍。北京市科普机构通过广播电视网、计算机互联网以及移动互联网等方式，大力推动农民基本科学素质建设，培养新型职业农民，着力提升远郊区农村留守人员特别是农村妇女的科学素质，取得了很大的成效。

近几年，北京市继续加大农村科普信息化建设的力度。因为信息基础设施薄弱，农村科普信息化建设一直是一个薄弱环节，但这也是一个必须要补起来的短板。随着移动互联网和智能手机在农村的快速普及，这种情况有了很大的改观，也为推动农村科普信息化平台的建设提供了最为重要的支撑。北京市相关单位和机构审时度势，及时针对农村居民开展信息化培训，搭建渠道和平台，引导大家积极融入网络生活，关注权威科学的信息。并且通过线上和线下相结合的方式，科普效果更加显著，让科普工作成效出现了跃进式的变化。

北京市大力整合面向农村的信息服务资源，大力推动智慧乡村的建设。移动互联网、物联网、北斗导航等先进技术被广泛应用于农业生产，促进了农村经济的发展。在这些硬件、软件资源的支持下，农村地区的科普信息化建设上升到了新的高度。

四　科普信息化发展新趋势

（一）新科技发展对科普信息化的内容和形式提出更高要求

信息技术的发展不断加速，随着大数据、云计算、5G等新技术的出现，人们的生活、工作和娱乐方式也在发生改变，这对科普信息化的形式和内容都提出了更高的要求。譬如，图像和视频在移动通信中所占比例和社会影响越来越大，移动互联网在数字科普中的应用变得更加广泛，针对手机网民的科学传播与科学技术普及将变得更加重要。而随着物联网、云计算与人工智能的继续发展和应用的普及，科学传播与科学技术普及的形式也将变得更加多样化。这就迫切要求从科普和科普信息化的观念上创新。一些学者认为，科普不仅仅是科学普及，也是科学技术的普及和应用。因此科学传播和科普要从大科学普及入手，引导大众关注国家战略升级，关心重点科学领域；同时，也要坚持以应用为主的科普信息化，让民众从科普内容的应用上有所收益，才能进一步推动科学知识的普及和科普数字化工作建设。

与此同时，要不断推动科普信息化人才培养模式的创新，试点建立数字科普创新孵化实验室，重点进行科普信息化人才的孵化；要探索科普信息化产业模式创新，培育科普信息化的新产业或示范项目，推动科技创新成果的展示、宣传、推广，促进新兴产业发展。

近几年"互联网＋"已经成为一个时兴词语，深入到我们社会和经济生活的各个领域，并对社会经济的发展起到了很大的推动作用。当前，科普工作与科普产业发展也都离不开"互联网＋"。只有从多个方面融入互联网，让"互联网＋"在科普工作和科普产业中实现紧密融合、多元化发展，科普事业才能快速上升到一个新的发展阶段。

随着大数据产业迅猛发展，我国也迈入了大数据时代，科普信息化建设也有赖于大数据技术的发展。未来，在大数据的支持下，不管是在广度还是深度上，科普信息化建设都将上升到一个全新的高度。

虚拟现实（Virtual Reality，简称 VR）也是科普信息化的重要技术支撑。因为虚拟现实是利用计算机信息技术等当前高新科技模拟产生出的能够呈现出三维空间的虚拟世界，使用者进入场景以后不仅可以获得良好的体验感，还能与之产生互动，具有很好的信息传播效应。随着计算机与网络技术的突飞猛进，在虚拟仿真、数字娱乐、教育培训等各种领域，虚拟现实已被广泛应用。

目前，北京盛开互动科技有限公司设计研发出的虚拟现实数字科技馆系统，可以将实体科普场馆的建筑与展品高精度仿真，使用者可以在线虚拟漫游，并能与每件互动展品进行逼真的虚拟互动，使用者之间还可在线互动交流，实现了真正意义上的科普活动上网。这种互动虚拟现实数字科技馆系统

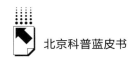

在逼真度、互动性、体验性及丰富性等各方面，已达到国内领先水平，也是"互联网＋"模式科普信息化的积极创新。

（二）新冠肺炎疫情推动北京科普信息化加速

新冠肺炎疫情成了人类社会当前共同面临的巨大灾难，给人类带来了前所未有的挑战。在疫情面前，有关传染病及疫情的有关科学传播和普及至关重要，在现代信息技术的支持下，互联网、移动互联网、广播电视网等多种信息渠道及时传递有关信息，传播科学知识，破除有关谣言，为疫情的防控做出了重要贡献。同时，因为疫情的原因，人们的工作模式、生活方式也发生了很大的变化。也正是在这样的背景下，科学的传播方式发生了很大的变化，科普信息化发展也呈现出加速的态势。譬如2020年的北京科学嘉年华，一大亮点就是"云端科学嘉年华"，开辟了以"云端"科普展、直播嘉年华、科学讲堂汇、奇趣科学游、青少科普说等为主要内容的网络科普融合平台。本次活动首次借助互联网云端技术，以新奇有趣、寓教于乐的全新形式，能够让公众足不出户就能够体验到科学之美，随时畅享"云端"科普的新乐趣。

可以预计，在新冠肺炎疫情的间接推动下，北京的科普信息化发展将会变得更加深入，不管是在广度还是深度上都会如此，这也是当前社会发展的显著趋势。随着现代信息技术的飞速发展，科普信息化变得越来越重要。一方面，现在人们获取信息的主渠道已经变成了网络平台和移动网络平台，尤其是以手机为载体的移动网络平台更是成为信息传播的主阵地，科普的一些内容和方式必须向这些网络平台迁移才能取得更好的效果；另一方面，物联网、人工智能（AI）/VR（虚拟现实）等前沿技术的发展，也为科普信息化的发展提供了更为充分的保障。

五　北京科普信息化的问题和建言

近些年，北京市科普信息化快速发展，取得了有目共睹的成绩，科普信息化的成就也为北京市实施创新驱动发展战略，推动北京市科学技术发展，推动产业升级改造和全面深化改革奠定了坚实基础。但科普信息化的过程中依旧面临着一些需要改善的问题。

（一）科普相关项目建设与社会需求结合度不高

在科普信息化的一些项目建设中，没有与社会需求密切结合导致一些项目的建设缺少人气，没有起到很好的传播效应，有的甚至最后不得不黯然收场。譬如从 2002 年 11 月开始，北京市有关方面累计投资 7000 万元运营的"数字北京信息亭"项目，当时信息亭设计得"高大上"，只要在上面点击，就能够免费查阅到北京市众多衣食住行等多方面的信息，因此 617 台信息亭在北京的主要公共场所开通运行后，给北京市民和外地游客提供了很大的方便，也受到了不少人的欢迎，但是没有过多长时间，它们就被冷落下来。如今时过境迁，已经老化、破旧的信息亭不仅无人问津，有的甚至被当成了垃圾站点和垃圾广告张贴亭。其实在北京科普信息化建设的过程中，不管是硬件工程，还是软件项目，这样的例子都不在少数。

我们必须深刻认识到信息技术是个快速发展的领域，相关技术的变革和迭代都很迅速，推动信息化建设的巨大挑战是往往某个项目刚刚建设不久、还没有来得及充分发挥作用，科学传播与普及的一些阵地和渠道已经随着受众的偏好发生变化。但是我们需要注意的是，市场化力量常常具有更为敏锐的嗅觉，科普信息化建设要充分发挥市场机制的作用，让市场检验项目的优劣，适度支持具有前景的项目，我们不能为了建设而建设，从而避免一些不必要的损失。

（二）信息孤岛的存在让科普效果受到制约

信息孤岛是指相互之间在功能上不关联互助、信息不共享互换以及信息与业务流程和应用相互脱节的应用系统及这类现象。在北京市科普信息化建设的过程中，条块分割、部门、行政级别等一些限制和影响，导致很多科普项目、科普栏目各自为政，难以在传播上形成集合效应，从而影响到科普的效果。

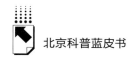

在推进北京科普信息化建设的过程中，做好科普资源、科普信息的共享和联通必须被予以重视，做好科学传播平台搭建和建设，竭力打破信息孤岛的限制，让更多的单位、机构、其他社会组织以及个人加入能够共享的科普信息化建设中。北京市作为首都，拥有大量的国家级资源，北京市在推进科普信息化建设的过程中，也要加强对这些信息资源的共享。

（三）信息化科普人才的匮乏制约科普信息化的发展

尽管这些年来我国涌现了大量的信息技术人才，北京市作为中国信息科技的高地更是信息人才的集聚之地，但是在信息化科普方面同样存在很大的短板，其主要的问题是很多信息化方面的人才不懂科学传播与科普，而很多科学传播人才在信息化手段方面却常常存在很大的欠缺，尤其是如何将科普内容与信息化手段结合起来，更是很大的短板，导致国内科普网站的同质化较为严重，这对我国科普信息化建设是非常不利的。

加强信息化时代背景下新型科普内容创作人才队伍的建设。分门别类地对热门或者重要领域的科普创作者加以针对性的引导和培养，使他们可以将科学知识和原理通过大众"听得懂"、看得明白的通俗语言和方式进行传递。一方面是对现在的科普作者、科学记者加强信息技术方面的培训，使之能够不断适应科普信息化发展的形式，另一方面，则是不断推动各种新型技术领域的人才加入科学传播与科学技术普及队伍中，对他们加强科学传播与普及专业能力方面的培训，让这类人才也能够成为科普信息化建设的重要内容生产者。此外，还要推动和支持更多高校开设信息化相关的科普传播课程，支持高校开设科学传播或者科普的专业课程和选修课，推动更多科普人才的培养，推动科普信息化的长足发展。

（四）众多新媒体科学传播的科学性、权威性偏低

各种新媒体形式的出现，为科学传播带来了极大的便利，推动了科普事业的发展，但是很多渠道和平台传播内容的科学性与权威性偏低。例如 微信作为传播科学信息的核心途径之一，可以通过朋友圈分享模式，让一些信

息迅速裂变，如果传播的科学信息出现严重偏差，就会出现巨大的负面效应。事实上，一些影响巨大的流言及谣言正是因此产生。

解决之道是，高度重视对新媒体科普资源的开发，打造具有影响力的权威信息平台，扶持和支持热心参与科学传播的科研工作者群体、专业科学传播机构、科学记者及其他可靠的科普内容生产者，在新媒体平台发声并进行科普内容的传播，实现多渠道、多路径、多手段不断加强公众科学认知，使相应领域的科学知识在传播效应中居于绝对的主导地位。

（五）民间的信息化科普力量还有待充分挖掘

民间的信息化科普力量已经成为我国科学传播与科普的重要生力军，其与市场密切结合，及时跟踪和关注民众的需求，北京市不仅涌现出果壳网等这样的企业，也涌现出了一大批擅长信息化科普的人才，但民间信息化科普力量还远远没有迎来春天，民间的力量还有巨大的发展空间。

因此，需要支持和鼓励更多的民间力量进入科普信息化的道路中，可以采取一些政策和举措对相关的公司和个人予以鼓励，对做得好的企业和个人予以表彰和资金鼓励。各级科普协会要充分借助市场优势，探索有可持续发展的科普项目和运营机制，以便更好地满足社会发展需求。

（六）先进科学信息的国际科学传播依旧是短板

北京市科普事业发展"十三五"规划要求，搭建国际交流平台，拓展国际学术交流平台，建设海外科技人才交流平台，以及建设国际合作联盟。这些举措在推动国外先进科学信息的科学传播方面起到了重要作用，但是语言障碍、网络限制、组织实施薄弱等多方面的因素，导致国外先进科学信息的科学传播依旧是短板。

当前，北京市的科普信息化建设需要进一步推动国际科普资源联盟的建设和发展。积极推动首都科普资源联盟对接北京市科协及其他有关单位的海外科普资源，建立涵盖欧美科技发达国家、周边国家及共建"一带一路"国家和地区的国际科普资源联盟，开展双边和多边合作，积极参与国际重点

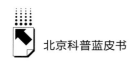

科学传播活动。此外要进一步组织专业的机构和力量，推动国外尤其是西方发达国家的最新科学技术在国内的科学传播与普及。

当前，如何将科普信息化建设落到实处，以及如何加快科普信息化建设进程是北京市科普信息化建设过程中面临的主要问题。我们需要对北京市科普信息化建设过程中所存在的问题进行剖析，并提出相应的应对措施，从而更好地发挥出科普信息化建设的作用与价值。

六　总结

进入 21 世纪以来，北京市以首都的独特优势，在科普信息化建设的道路上取得了丰硕的成果。随着物联网、云计算、人工智能、5G 技术及大数据的发展，科普信息化建设变得越来越重要，但在具体建设发展中，由于信息化建设的复杂性、系统性较强，科普信息化建设的难度依旧较大。要想进一步提升科普信息化建设效果，必须重视对思想认知的提升，将信息化建设理念全面融入信息化建设中，突出科普信息化建设的重要性，进而提升信息化的建设成效。

北京是全国科技创新中心，对全国起着引领作用，也是正在建设的全球科技创新高地。不管是形成全国高端引领型产业研发集聚区、创新驱动发展示范区和京津冀协同创新共同体的核心支撑区，还是成为具有全球影响力的科技创新中心，成为引领世界创新的新引擎，并支撑我国进入创新型国家行列，都需要北京的科技创新体系更加完善。在科技创新体系中，科普信息化也是至关重要的环节，北京市只有充分发挥自身多方面的优势，正视目前的问题和短板，才能使之成为国际科技创新中心建设的重要推动力量。

参考文献

［1］杨文志：《科普信息化建设是什么?》，https：//www.sohu.com/a/24073436_

115402，2015 年 7 月 24 日。

［2］《百度联手中国科协开启"智慧＋科普"新航程》，https：//tech. huanqiu. com/ article/9CaKrnJNCy0，2015 年 7 月 21 日。

［3］余晓洁、傅双琪：《中国科协牵手腾讯打造"互联网＋科普"》，http：//www. gov. cn/xinwen/2015 – 04/30/content＿2855893. htm，2015 年 4 月 30 日。

［4］钟艳平：《多位专家齐聚新华网探讨科普信息化项目建设》，http：//www. xin huanet. com/2019 – 03/22/c＿137915575. htm，2019 年 3 月 22 日。

［5］余清楚：《积极推进科普信息化建设》，《科技导报》2016 年第 34 期。

［6］钟艳平：《中国科技新闻网正式上线运行》，http：//finance. people. com. cn/n1/ 2020/0427/c1004 – 31690393. html，2020 年 4 月 27 日。

［7］北京市科协：《北京市公民具备基本科学素质的比例达到 17. 56％》，《北京科协年鉴（2015）》。

［8］郭宇豪：《百度联合北京市科协发布 2017 年度十大"科学"流言榜》，http：// www. techweb. com. cn/internet/2018 – 01 – 08/2626593. shtml，2018 年 1 月 28 日。

［9］聂传清：《北京举办科普新媒体创意大赛》，https：//www. sohu. com/a/13647 6003＿119038，2017 年 4 月 26 日。

［10］张鲁豫：《关于加快科普信息化建设进程的对策与建议》，《科技经济导刊》 2018 年第 26 期。

［11］燕三义：《关于大数据时代下规划管理信息化的建设思考》，《科技创新与应 用》2017 年第 13 期。

B.5
北京市增设科学传播专业职称 及其对科普人才队伍建设的影响

王可骞 王大鹏*

摘 要： 人才建设是各项事业壮大发展的基础，科普人才队伍建设的
情况关系着科普事业所能达到的高度。本文阐述了科普人才
的定义，分析了科普人才队伍的现状和发展历程，同时探讨
了科普人才队伍建设的重要性。科学传播专业职称系列的设
立对于我国科普事业发展具有重大的推动作用，2019年北京
市在全国首先增设了科学传播职称系列，并在当年对科学传
播高级职称进行了评审，具有重要的社会意义和影响，这一
举措在全国范围内起到了引领示范作用，带动了其他地区开
展科学传播职称评价工作,为科普事业的发展做出了重要的实
践探索。

关键词： 职称体系 科学传播 专业设置 人才培养

　　创新是推动国家发展和社会进步的第一动力，人才又是创新能力的第一
资源，科技创新是创新体系的核心所在。在国家发展过程中，只有社会具备
了强大的科技实力和杰出的创新能力，才能实现全民所期待的社会主义现代

---

* 王可骞，博士，北京科普发展中心副研究馆员，主要研究方向为科学传播；王大鹏，中国
科普研究所副研究员，主要研究方向为科学传播理论与实践、媒体科学传播、网络科普达
人等。

化伟大目标和中华民族伟大复兴的梦想。一个国家的科学土壤是否肥沃，取决于社会科学文化氛围的浓厚与否，取决于全民科学素质的高低，也取决于科学教育能力的强弱。改革开放后，随着国力不断增强，党和政府开始下大力气推动全民科学素质提高，科普事业进入蓬勃发展的新阶段。科普事业是以人为核心开展工作，除了广大受众，各类科普工作者是引领科普事业发展的重要角色。在不断提高全民科学素质过程中，需要更多更优秀的科普工作者。加强国家科普人才建设需要不断创新机制体制，扩大科普人才来源，增加科普人才培养途径，拓宽科普人才发展空间，营造人才成长的良好环境，不断优化管理保障制度，才能推动科普事业的蓬勃发展。

一 科普人才队伍概述

（一）科普人才的界定

科学技术传播和普及工作简称"科普"，是相关组织、机构或者个人通过多种多样的方式和途径来提升社会各类人群所需要具备的关于科学知识、科学方法、科学思想，以及科学精神等个人基本科学素质涵养的活动。科普人才是指具备一定科学素质和专业技能，从事科普理论研究和具体实践工作，通过个人或组织机构开展相关工作，在科普领域做出积极贡献的劳动者。

科普人才的来源涵盖了社会工作的很多领域，人员组成类型丰富，没有严格行业领域区分，属于职业类型和专业背景高度交叉型的工作领域。一般来说，根据从事科普事业的职业化程度可以分为专职科普人才和兼职科普人才；根据所从事工作的类型可以分为科普管理组织人才、科普资源开发人才、科普理论研究人才、科普宣传推广人才等；根据工作服务的主要对象和内容可以分为农村科普人才、城镇社区科普人才、企业科普人才、青少年科普人才等；根据科普人才所在学科和行业领域，可以分为自然科学科普人才和社会科学科普人才，以及更详细的学科门类人才；根据科普人才达到的专

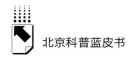

业水平和层次，可以分为高端科普人才和中低端科普人才；另外根据从事科普活动的参与度，又可以分为科普显人才和科普潜人才，也就是显而易见的科普人才和潜在的科普人才①。

各类科普工作者汇集起来在科普事业中形成一股强有力的建设力量，同时根据不同的地域、不同的行业领域，不同科普的目标和要求又形成了一支支不同类型的科普人才队伍。随着科普事业的发展，科普人才队伍呈现出不断壮大的趋势，参与科普工作的人员组成类型不断丰富，越来越多元化，需要更加重视，不断增强科普人才队伍的建设能力。

（二）科普人才队伍建设的重要性

我国科普事业的发展水平与科普人才队伍建设情况是紧密相关的，无论专职科普人才，还是来自各行各业的兼职科普人才，其建设发展状况都受到国家政治、经济、文化等社会因素的影响。

中国古代科技曾有过辉煌的历史，可是达到一定程度后便停滞不前，无法再取得更大的突破，当西方现代科技传入后，才有了新的发展，同时也产生了科普的萌芽。明末至晚清的两次西学东渐热潮，将西方科学著作译介至中国，使知识阶层接触到了西方的思想。到了 20 世纪初期，新文化运动开始高举民主与科学的大旗，提倡"德先生"和"赛先生"，大力传播新思想、新理论和新科学，推动了国民思想进步和民间科学传播，在中国社会产生了广泛而深远的影响。中国共产党成立后，在根据地建设时期就非常注重向人民开展科普工作，破除封建迷信思想，提高百姓文化水平，促进物质和精神活动，把开展"自然科学大众化运动"当成一项重要的革命工作。新中国成立后，我国科普事业也进入一个全新时期，开始系统化、建制化地全面发展，科普人才队伍也真正进入有序发展，不断壮大的阶段。1949 年，文化部设立科学普及局负责科普工作。1950 年，成立"中华全国自然科学专门学会联合会"（简称"全国科联"）和"中华全国科学技术普及协会"

---

① 任福君、尹霖等：《科技传播与普及实践》（修订版），中国科学技术出版社，2018。

（简称"全国科普"）两个组织。1954 年，"国家发展自然科学和社会科学事业，普及科学和技术知识，奖励科学研究成果和技术发明创造"被写进我国第一部宪法。① 1956 年全国第一次职工科普工作积极分子代表大会召开，表彰了 1000 多名开展科普工作和热爱学习科技的知识分子，被认为是中华人民共和国成立以后第一次科普高潮到来的重要标志。1958 年，中国科协在全国科联和全国科普基础上成立，成为党和国家联系科技工作者的纽带组织，科普工作是科协的主要任务之一，在科协等机构的组织下全国科普人才队伍迅速壮大，包括华罗庚、李四光等著名科学家都积极参与大众科普。1978 年 12 月 18 日，随着具有重大历史意义的党的十一届三中全会的召开，我国进入改革开放时代，"科学技术是第一生产力"成为全国人民的共识，并成为社会发展的指导思想之一，社会政治、经济、科学、文化等各领域飞速发展，科普事业也进入新的繁荣发展时期。1994 年，第一个科普纲领性文件《关于加强科学技术普及工作的若干意见》发布，标志着科普工作被提升到国家战略的高度，文中尤其提到"建国 45 年来，在广大科技、教育、文化工作者，特别是科普工作者的辛勤努力下，我国的科普工作取得了令人瞩目的成就，科普事业有了长足的发展，科普组织网络日益健全"②，体现出科普工作者的重要性。进入 21 世纪后，2002 年，《中华人民共和国科学技术普及法》首次正式颁布实施，标志着科普工作的任务、属性、各类机构组织和公民的权利与义务等内容在工作中有了法律依据，鼓励个人参与科普工作，保障科普工作者利益，并要对做出贡献的科普人员给予奖励；2006 年，国务院颁布了《全民科学素质行动计划纲要（2006—2010—2020 年）》（以下简称《纲要》），同时成立了全民科学素质工作领导小组，这又是我国科普事业发展的一个里程碑事件，显示出党和政府在创建社会主义现代化强国过程中，对全面提高科学素质的重视程度，公民科学素质建设工作成为一项国家行动。同时《纲要》也强调了人才队伍建设在科

---

① 《中华人民共和国宪法（1954 年）》（1954 年 9 月 20 日第一届全国人民代表大会第一次会议通过）。

② 中共中央、国务院：《关于加强科学技术普及工作的若干意见》，1994 年 12 月 5 日。

普事业发展中的重要作用。在科普事业发展过程中，要以科普理论和实践两方面工作积累的经验来指导科普人才队伍的建设，通过专业化、多样化等不同的路线来丰富科普人才队伍的建设路线和渠道，为国家提高全民素质提供有效保障和支持。不仅加大专职科普人员规模，还要扩大兼职科普人员和科普志愿者的来源，大力吸收科学技术领域的专业人员参与科普事业发展，不断从高校和科研院所中开发热爱科学和公益的人才组建高端科普志愿者队伍。推动教育部门加强科学传播和普及学科专业的设置，通过各种形式为科普机构和场所培养专业化人才。建立有效的科普人员专业能力培训体系和交流平台，建设高素质的类型丰富的科普人才队伍，有效带动我国全民科学素质提升。

（三）科普人才队伍建设的情况

面向全社会开展科普工作需要大量优秀科普人才作为事业的有力支撑，包括各类专职和兼职科普人才。科普人才是历史上各时期最先进最前沿的科学成果的转化者，是关于科学的知识、方法、思想和精神等"四科"内容的传播者，从这个层面来说，对科普人才水平的要求并不低，必须是拥有一定专业技能、具有创新能力的人员。2016 年我国科普人才总数约 185.24 万人，对于拥有 960 多万平方公里国土、14 亿多人口的泱泱大国，科普人才的数量还远远不够[1]。相对于《中国科协科普人才发展规划纲要（2010—2020 年）》，预期 2020 年全国科普人才总量达到 400 万人，其中专职 50 万人，兼职 350 万人，还有很大的差距。

科普人才队伍是科普事业稳步发展的关键，对于北京来说，与首都地区丰富的科技和科普资源相比，科普人才建设的滞后明显制约了科普事业发展。表现在几个方面：一是总量不足，截至 2015 年，北京市共有科普专兼职人员 48263 人，占全国总数的 2.35%，在全国 31 个省区市中排名第 19，低于 6.63 万人的全国平均水平，其中科普专职人员 7324 人，少于上海市的

---

[1] 李群等：《中国公民科学素质报告（2017~2018）》，社会科学文献出版社，2018。

8090 人，全国排名第 15 位。二是结构失衡，以北京科学中心为例，其功能定位是"展教结合，以教为主"，比传统科技馆对人员素质、结构的要求要高。但实际上目前该中心高学历、高职称工作人员所占比例很低，而薪资水平又很难吸引和留住高层次人员，对长远发展形成了很大制约。在相关调研中，普遍反映的情况包括科普人员在系统、在单位"不入流""没有职业前景""得不到支持"，科普事业发展的人才基础薄弱等。大力发掘和培养科普工作者，尤其是专职科普工作者，成为目前北京以及全国科普领域特别需要解决的问题。为解决这些问题，需要进一步加大人才培养的力度，加强与高校在科普人才培养方面的合作，拓宽人才来源渠道，解决总量不足问题。同时还要提升科普人员的素质能力，解决结构不优问题。最后要强化科普人员的身份认同，畅通职业成长渠道，提高福利待遇，解决内生动力问题①。

社会科普人才总量短缺的一个原因是人才培养体制和机制不完善不健全，没有形成一套系统完整的科普人才培养体系。科普工作虽然主要面向大众，但要高水平、高质量地完成，需要科普工作者拥有非常优秀的能力。科普事业是一项涉及多方面专业技术的行业，需要复合型知识结构的人才。专业人才培养首要途径是高等专业教育，从学科层次开展，系统化进行培养。我国目前科普人才体系建设的瓶颈之一，就是关于科普的高等教育学科专业设置不完善。在目前最新的《普通高等学校本科专业目录》中，并没有科普或者紧密相关的专业设置，也就是说从本科和研究生的教育领域来看，虽然科普专业教育已经初步开展，但是专业定位还不明确。目前，在我国高校中，中国科学技术大学的"科技传播与科技政策系"可以作为代表，在传播学专业基础上设置了"新媒体与科技传播"本科专业，以及相关的硕士、博士点，其他如中国农业大学、复旦大学、清华大学、北京大学、北京师范大学等高校，以传播学、哲学、教育学等专业为依托，也开辟了科学传播和普及相关的专业方向，但是学科专业基础不够清晰，不能形成规模效应和一

---

① 北京市科学技术协会：《北京市科学技术协会关于落实蔡奇同志调研指示要求加快形成科技创新与科学普及"比翼齐飞"格局的请示》，2018。

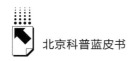
定的影响力①。除此之外，社会认知度、认可度以及重视程度的不足也是重要的原因。以上这些因素体现在实际社会中，表现为制度上存在很多不完善的地方，例如，无法为科普人才在工作中提供相应的职称系列支撑，以至于无法有效评价、激励和使用从事科普工作的专兼职人才，影响了科普事业更高层次的发展建设。

二　专业技术职称系列对科普事业建设的作用

（一）职称系列的发展和作用

职称制度是我国评价和管理专业技术人员的基本制度，从新中国建立开始，经过不同时期的发展和完善，已经成为众多专业领域行业人才队伍建设的重要评价体系，尤其在推动专业技术人才队伍建设上被证明是一套行之有效的措施，在专业技术人才的队伍凝聚、职业发展和事业激励上起到了系统性、持续性的组织支撑作用，具有十分重要的社会意义。当然随着社会环境的发展，职称制度也要与时俱进不断完善，以不断满足各行业事业和人才发展的需要。2016年中共中央国务院印发《关于深化职称制度改革的意见》，强调职称系列制度改革的必要性。目前，我国社会建设将进入一个新阶段，人才建设同样要坚持新发展理念，以党管人才为首要原则，按照人才成长规律选拔人才、培养人才和使用人才，根据人才所从事的职业特点进行分类，保障人才评价机制的科学规范，建立客观公正的专业技术人员评价体系，促进我国专业技术人员职称评定系统不断走上科学化、规范化、社会化的道路。党中央和国务院关于深化职称制度改革的意见发布之后，人力资源和社会保障部会同各行业主管部门，进一步推进了多个领域系列的职称改革工作，包括发布工程、会计、翻译、文物博物、船舶、艺术、体育、自然科学

---

① 任福君、张义忠：《科普人才培养体系建设面临的主要问题及对策》，《科普研究》2012年第1期，第11～19页。

研究，乃至民营企业等专业技术人员职称制度改革的指导意见。2020年新冠肺炎疫情发生后，人社部还发布了关于做好新冠肺炎疫情防控一线专业技术人员职称工作的通知，贯彻落实习近平总书记关于疫情防控系列重要讲话精神，进一步突出品德、能力、业绩导向，更好地发挥职称评价"指挥棒"作用，鼓励和引导专业技术人员积极投身疫情防控一线，体现了职称制度在管理指导人才建设发展中重要的人才评价"指挥棒"和风向标作用。

（二）职称系列设置对科普事业的意义

在创新型国家建设的背景下，科普事业进入了蓬勃发展时期，逐步形成了一个具有自身特色的行业类型，对于科普人才有了更多迫切需求，促进科普人才建设逐步走上规范化、制度化和学科化的道路，科普作为一个持续发展中的大众行业，一旦具备了自身的职称评定体系，也就能为科普从业者提供良好的职业制度保障，使得其中的专兼职科普人员可以通过职称评价体系证明其专业技术水平和能力，得到社会更多的认可，提高各类人才的科学传播热情和积极性，对科普事业发展产生有力的推动作用。

科学传播职称评定办法的出台，也可以促进科普专业的学科建设，为将来更多高校建立科普相关专业，乃至科普专业进入国家高等学校专业目录都有极大的助推作用。在创新驱动发展战略指引下，市场在资源配置中起到了决定性作用。社会对于科普的需求，决定高校有必要增加科普专业学科设置和人才培养力度，为今后高等科普人才教育的内容指明了方向。

三 北京地区科学传播职称增设的意义和影响

（一）北京地区科学传播职称的增设情况

公民科学素质是推进北京科技创新中心建设的基础和支撑，本地科普人才队伍建设又是促进全民科学素质提升的保障。为了进一步为科普人才队伍建设创造更好的发展环境，2018年，北京市委和市政府结合当前本地科普事业发展情况，以党中央和国务院发布的《关于深化职称制度改革的意见》为基础，出台了北京市《关于深化职称制度改革的实施意见》，为本地科学传播职称增设提供了政策保障，其中特别强调要在国家对职称系列的总体布局下，根据各项事业发展的需要，优化调整本地原有的职称专业目录，增加社会急需的相关专业的职称设置，破除职称评定以论文、奖项等内容为评审依据的局限，全面执行内容类型更加丰富的代表作评审制度，申报人员可以根据自身的实际情况，选择最能代表自己能力和水平的工作内容填报为代表作参与职称评审。鉴于科普事业对于社会发展的重要意义，为满足社会对于科普工作者专业技术评定的需求，北京地区新增设了科学传播等职称专业。

2019 年 5 月，北京市人力资源和社会保障局和北京市科协共同发布《北京市图书资料系列（科学传播）专业技术资格评价试行办法》等政策，首次增设了科学传播职称，标志着北京市的科普事业在科普人才建设工作中的职称评定体系取得了突破性进展，为各类科普从业人员的事业发展提供了有力支持。北京市将科学传播专业职称纳入图书资料系列，分为研究馆员（正高级）、副研究馆员（副高）、馆员（中级）、助理馆员（初级）等四个层级。在职称评价过程中，推行以"代表作"为主的评审制度，同时采用分类评价标准。代表作的内容形式根据申报人的主要工作内容而定，理论工作方面，可以是专业研究论文或研究报告，也可以是决策咨询报告；实践工作方面，可以是应用型课题报告、活动策划方案、教育活动的教材教案以及科普相关专利等代表成果；管理工作方面，可以是参与制定的政策类文件等。另外按职业属性和岗位职责设立职称，科学传播专业不仅包括自然科学传播，还包括社会科学传播。在此基础上，申报的专业方向分为三类，包括科学传播研究、科学传播内容制作，以及科学推广普及等，具体来说，科学传播研究方向覆盖了从事科学传播相关规律研究的专业技术人员，侧重科普理论研究人员资格评定；科学传播内容制作方向侧重科普实践工作，从业人员可以通过撰写或编译著作、开设科普专栏、设计科普或科教课程、创作科普剧本等方式制作优秀科普内容产品报名参评；对于科学推广普及方向，最重要的是整合各类科普和科技资源，面向各类社会受众开展各种传播活动，其中就涉及参与组织、策划、运营、宣传、培训、讲解等任务的科普专业技术人员。

职称评价办法发布后，为了让更多的科普工作者获得这个信息，北京市人力资源和社会保障局和北京市科协进行了大量的社会宣教工作，引起了很大的社会关注。2019年8月，北京市首次科学传播专业技术职称评审工作启动，首年评审以高级职称为主，评审专家依据分类评价标准对申报人员的品德、能力素质、业绩水平、实际贡献等方面进行综合评议，确定申报人副高级、正高级专业技术资格。2019年11月，经过网上申报、现场审核、专家答辩、评审委员会投票表决等环节，最终评选出北京市首批75人（正高级研究馆员职称人员15名，副高级副研究馆员职称人员60名）的科学传播高级职称人员，并向全社会公示，这也是全国首批获得科学传播专业职称的专兼职科普工作者。北京市科学技术协会为此专门于2019年底召开"北京市科学传播人才队伍建设与科普事业创新发展报告会（暨全国首批科学传播专业高级职称证书颁发仪式）"，向社会进一步宣传和推广北京市新增设的科学传播职称系列，在会上，与会的一些科学传播高级职称获得者代表进行发言，肯定了这次北京市科学传播职称的增设和评定工作对自身科普事业发展的重要性和及时性，展现出职称评定体系对科普人才事业发展的推动作用，促进了科普人才工作的积极性，以及增强了科普工作者的责任感和担当力。北京市科协在市委市政府的指导下，组织落实了北京市科学传播专业职称评审的具体工作，并在工作中发现此次职称评审工作中，申报人员无论在学历水平、年龄层次、个人专业背景，以及所在单位等方面都显示出具有一定规律，符合高级人才成长特点。① 2019年科学传播职称评审申报参加评审的人员来源多样，涵盖了各类博物馆尤其是科技类博物馆，科研院所等事业单位，学协会等社会团体和组织，以及在京的各类科学传播相关的企事业单位，包括北京科学中心、首都博物馆、北京天文馆、北京动物园等科普场馆，还有中国科学技术出版社有限公司、光明网传媒有限公司、北京果壳在线教育科技有限公司等科学传播类企业，以及来自中国科学院、北京市农林

---

① 北京市科学技术协会：《75人获评全国首批科学传播专业高级职称》，2019。

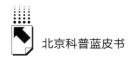

科学院、北京市科学技术情报研究所等科研机构的专业技术人员，这标志着北京市科普人才队伍建设已经迈入了一个崭新的发展阶段。2020 年，将继续进行科学传播专业高级职称的评审工作，同时增加中级、初级职称的申报和评价工作。中级、初级职称拟通过考评结合方式进行，但由于新冠肺炎疫情的影响，2020 年中级、初级科学传播职称暂时通过申报材料专家评议方式进行。

（二）北京地区科学传播职称增设的社会影响

1. 科学传播职称增设体现了政府的创新建设

党中央在《关于加强和改进党的群团工作的意见》中指出，群团组织要坚持与时俱进、改革创新，把握时代脉搏，适应社会发展变化，尊重基层首创精神，不断推进群团工作和组织建设理论创新、实践创新、制度创新，始终与党和国家事业同步前进。针对北京市科普工作存在的一系列问题，北京市科协推动并参与组织北京地区科学传播专业职称的增设和评审，体现了响应党中央《科协系统深化改革实施方案》中提倡各级科协及其所属学协会拓宽参与公共科技服务渠道，及时了解、准确把握政府职能转移趋势，扩大有序承接政府职能转移工作的要求。科协作为联系科技工作者的纽带，有责任有能力承接起社会科学传播职称评审的职能，为党和政府强化科普专业人才队伍建设，增强各类科普人才的工作合力，不断完善专兼职科普工作者的职业发展路径。北京市科学技术协会推动本地区科学传播职称的增设工作，体现了科协在坚定不移推动本系统深化改革，积极打造科技人才成长的"助推器"过程中的坚定步伐，在全国起到了促进科普事业发展的表率作用。

2. 科学传播职称增设将不断丰富科普人才储备

科普是一项跨行业跨领域跨专业的事业，对于各类科普人才来说，从事科普工作中，需要经常面对行业认定、资格能力评价、晋升途径、收入福利等众多问题，且都不容易解决，导致科普人才职业发展经常出现瓶颈。北京市出台科普职称评定的做法，就是从人才科学评价的角度给科普从业人员建立起社会认可的能力资格认证制度。科普事业的特点决定了其工作方式和产品的灵活性，人才评价的标准也要有所创新。如果参评人从事科普规律研究，那么可以用项目课题、著作论文的成果来参评；如果从事科普内容制作，可以用文章书籍、教材教案、脚本剧本等成果来参评；如果从事科学普及推广工作，可以用项目报告、策划方案等成果来参评，真正做到不唯学历、不唯资历、不唯论文的要求，根据职业属性和岗位职责，按照"干什么、评什么"的原则来进行评定。科学传播职称评定可以提高科普工作者工作热情和积极性，将促进更多的人才进入科普领域成为专业科普工作者。另外，科普职称系列增设后将有利于推动科普工作者在事业发展和收入水平上的进步和平等。

3. 带动了其他地区科学专业职称系列建设

习近平总书记多次谈到，当前世界正经历百年未有之大变局，发展是第一要务，人才是第一资源，创新是第一动力。全球局势的快速变化要求中国不仅仅是一个大国，而且要成为世界强国。强起来要靠创新，创新要靠人才。建设科技创新中心城市，深化职称制度改革正逢其时，以此为契机增设科学传播职称专业，是科普事业在改革进程中的突破性创新，这一举措不仅会提升北京地区科普工作能力，不断推进北京地区科普工作创新发展，还会给全国的科普事业发展带来深远的影响。2019 年 9 月，紧随北京市科学传播职称评审工作之后，天津市在借鉴北京市经验基础上，公布了《2019 年度天津市科学传播专业职称评审工作方案》和《天津市图书资料系列科学传播专业职称评价标准（试行）》，与北京市基本采取相同的评价标准。伴随着天津市 2020 年"全国科技工作者日"主场活动，有 25 名科普工作者首次取得天津市高级和中级科学传播专业职称证书，标志着从 2020 年开始，科学传播专业职称评价工作正式纳入天津市职称评审工作体系。首批科学传播职称评审通过人员具有以下特点：首先，人员所在单位类型多样，覆盖面广，包括科教场馆、中小学校、科研院所，以及相关企事业单位；其次，获评人员基本来自科学传播和普及一线工作岗位；再次，学历水平高，大学本科及以上学历的人员占所有人员的 92%，其中具有硕士以上学历的占 24%；最后，年龄层次分布合理，45 岁以下人员占 52%，凸显年轻科普工作者在

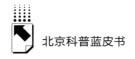

科学传播工作中的主力军作用。另外,根据京津冀三地人社部门协议,科学传播职称评价结果采用三地互认模式,适用于专业技术人员在三地间流动过程中的职称晋升、岗位聘用、人才引进、培养选拔、服务保障等领域①②。

(三)科普事业中职称系列设置的未来发展

参与科普工作的人员除了科技馆、博物馆以及科学中心等科教场馆的员工,还有社会上各类科学、教育、文化和传媒等企事业单位,以及涵盖社会部门行业、政府机构和企事业单位的相关单位和人员,可以说科学传播和普及是一项涉及多部门的综合性事业,涉及众多领域和学科专业,在尚未形成一个成熟的学科门类和行业类型的基础上,科普职称专业类型还需要进一步调整细化,以贴近实际工作的内容和性质。进一步从科教场馆角度来看,其中工作人员存在众多不同类型,包括场馆运营管理人员、科技辅导讲解专职人员、活动资源策划开发人员、素材内容研究撰写编辑人员、后勤服务保障人员等。以科技辅导员为例,"图书资料馆员系列"或者"工程师系列"都不太契合其日常以讲解辅导等教育活动为主要内容的工作岗位,在长期发展方面存在一定程度的不协调之处。中国科技馆内部曾针对这个问题进行过探索,对于更适合科技辅导员岗位的专业技术职称问题,参照教育系列,在馆内设置了"讲师"职称系列,包括助理讲师、讲师、高级讲师、教授级高级讲师等四级,分别对应初级、中级、副高级和正高级四级职称,参评申报的内容除了论文、著作、研究成果,还增加了和辅导员内容相关的课程活动组织实施、授课、教学课时等,解决了职称和工作内容关联度不高的问题,精准了职业定位。同时,职称评审的方式方法也将进一步完善,综合专家评审、以考代评、考评结合等方式,在评审内容上更能反映科普工作跨领域跨学科工作模式多元化的特点,更公正公平细致地衡量科普从业者的工作能力和水平。

---

① 张璐:《我市颁发首批科学传播专业职称》,《天津日报》2020 年 5 月 31 日。
② 陈曦:《建设科普人才队伍,天津市评出首批科学传播专业职称》,《科技日报》2020 年 6 月 2 日。

四　总结

当前世界科技水平在多方面已经达到一个新的高度，网络技术蓬勃发展，信息传播方式日趋多样，人们学习新知识、获得新思想的途径越来越丰富，沟通和交流的手段也日新月异。党的十九届五中全会以来，我国社会建设已经进入新的阶段，贯彻新发展理念，坚持高质量发展，构建新社会格局，解决新的社会矛盾成为各领域工作的主要方向。

保障国家良好的建设发展，需要不断提高全民科学素质，几十年来，我国科普事业取得了长足进步，但是还不能够完全满足公众对于科技软硬件内容产品的需求，各部门在已经取得的科普事业成就的基础上，还需要继往开来，创新完善科普事业工作格局，加强科普人才队伍建设规模和质量。

全国各地区大众科学素质水平不平衡，不同地区在科普事业发展过程中都有自身影响因素，北京市科协是北京地区科普事业发展的主要推动力量，经研究总结，北京地区在科普事业建设中主要存在"三个不平衡"。第一个不平衡是重视科学知识，但轻视科学方法传授。科学知识、科学方法、科学思想乃至科学精神几方面是互相关联的有机体，只有将几个方面融合在一起，才等于真正掌握了科学的精髓，可以得心应手地处理各种实际问题。第二个不平衡是重视科普内容，但轻视科普形式。日常开展科普工作没有把握好内容与形式的辩证关系，再好的科普内容如果没有好的科普形式做载体，也无法有效传播出去。科技在不断进步，大众欣赏水平也在不断提高，科普形式也要不断创新，满足时代的需要。第三个不平衡是重视组织科普活动，但轻视研究科普方法。一直以来，在推动科普工作中，各级组织和机构推出了大量科普活动，虽然取得了一定的成效，但由于对科普理论的研究不够重视，科普活动缺乏先进理论指导，不能与时俱进，而相关科普理论研究也常常和实践脱节。科普工作的核心还是人，解决存在的问题，最终还是需要在党和政府的领导下，通过发挥各类优秀科普人才的智慧并通过具体行动推动事业进步。科普人才队伍建设要从人才的发掘、培养、评价、管理、服务、

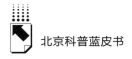

保障等多方面开展工作。在当前情况下，科普事业尚未形成一个明晰的学科体系，要大力发展科普事业，就需要不断完善制度，健全从业标准和规范，推动其成为一个大众认可的职业领域，从而在人才队伍建设上有了明确的目标。科学传播职称的设立，是科普工作职业化道路上的一个重大突破，科普人才通过职称评价体系，获得了有效证明个人能力和水平的标准，在相应工作岗位上有了上升通道，在参与科普工作时有了收入标准和保障。北京市在全国率先增设科学传播专业职称，将有效促进北京地区科普人才队伍建设的快速发展，提升科普才队伍建设的规模和质量，激发出科普工作者的奋斗热情，加快北京地区全民素质建设的速度，同时起到模范带头作用，推动全国科普事业向前发展。

高质量发展篇

High-quality Development Reports

B.6
高效推进北京地区科研成果科普化

王大鹏　黄荣丽*

摘　要：　北京拥有丰富的高校、科研院所科研成果资源，对这些科研成果进行科普转化能够丰富北京地区科普资源体量，对于激发科技创新，提升公民科学素质等具有重要价值。本文从科研成果科普化的概念、意义入手，梳理了我国科研成果科普化的有关政策法规，并围绕北京地区科研成果科普化的现状、存在的问题，从价值导向、政策供给、平台搭建、人才培养、产业培育和榜样引领六个维度提出了针对北京地区的未来发展建议。

关键词：　科研成果　科技资源科普化　科普资源

---

* 王大鹏，中国科普研究所副研究员，主要研究方向为科学传播理论与实践、媒体科学传播、网络科普达人；黄荣丽，中国科普研究所研究实习员，主要研究方向为科普资源建设的理论与实践、科学传播理论与实践。

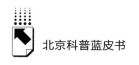

一　概述

习近平总书记在两院院士大会上提出"科技创新、科学普及是实现创新发展的两翼，要把科学普及放在与科技创新同等重要的位置"。科学研究与科学普及之间天然是相辅相成、相互促进的关系，科学普及能够推动科研成果的推广、转化，深入大众，培育科学文化，推动科技创新，科研成果更是科学普及最重要的源头。原中共中央政治局委员、国务委员刘延东也在不同场合强调指出，加强公民科学素质建设"要建立科研与科普结合机制"，"加强科教资源的科普转化"，"要发动广大科研人员开展教育、培训和主题科普活动"；"各地要结合本地实际，积极探索建立科研与科普结合的有效机制"。

应该说科研成果作为重要的科技资源，是科技人力资源在一定的研究范围内或项目中利用科技财力资源、科研设施等研究条件，并且通过各种研究方法而取得的创造性成果，它是科技资源的智力化体现。而提及科研成果的科普化，必须要从科技资源科普化的问题开始，因为科研成果是科技资源的重要组成部分，科研成果科普化是科技资源科普化的题中之义，科技资源科普化也不能脱离科研成果科普化，甚至从某种程度上来说，科研成果科普化是科技资源科普化最集中、最重要的体现方式。

（一）科研成果科普化的概念

不同研究人员对于科技资源的理解和定义不同，但总体上应该包括用于支撑科技事业发展的人力、物力、财力等科技投入资源，也包括论文、专利、专著、科技创新产品和人才等科技产出资源，同时包括投入和产出过程中的环境资源，如扶持科技发展的制度政策、崇尚科学的文化等。应该说，科技资源的科普化是一个系统工程，需要政府、市场和公众的共同参与，从而实现政府引导、社会参与、共同建设、共同分享的大科普格局。科技资源的科普化既是促进公众理解科学、提高公民科学素养的重要途径，也是促进科技事业发展的基础，更是提升国家科普能力的必要措施。通过促进科技资源科普化，能够有效地提升一个国家的科技实力，促进科普和科学传播的发展，更能够带动社会资本的增值，促进文化软实力的进一步增强。任福君认为，科技资源科普化，就是拓展和延伸科技资源的功能，扩大科技资源的应用范围，把丰富的科技资源转化为丰富的科普资源，更好地服务于公众科普活动，让公众更好地理解科学。

科研成果作为科技资源的重要组成，包括科研论文、图书、报告、专利以及产品等多种产出形式，是科学知识、科学方法、科学思想和科学精神最直接的体现，也是最适合进行科普转化的第一手素材。随着科学技术的发展，产出的科学成果越来越交叉化、专门化、精细化，大量的科研成果仅仅能够在特定的行业与专业领域内流通，或者一经发表（生产）便被束之高阁，无人问津。这其中不乏大量适宜进行推广和运用的优秀成果，不应被搁置。要让这些科学成果走向大众，就需要科普的作用发挥，然而以科研论文为代表的科学成果的呈现方式只能被科研共同体内部的少数人员接触和理解，大众很少会去翻阅科研论文、专利说明书这一类学术文档，外行人员更是难以理解，这就需要在科技成果资源的基础上繁荣科普创作，以科研成果为源头，吸收新理念，借助新形式，采用新手段，将科技成果转化为大众喜闻乐见的科普作品，包括但不限于科普文章、科普视频、科普报告、科普图书、科普展品、科普游戏等。因而，我们认为，科研成果科普化就是将科研论文、专利、专著、学术报告以及科研产品通过通俗易懂的方式转变成公众易于接受的科普内容，从而让科研成果发挥出更大的价值和作用。

（二）科研成果科普化的意义

科研成果科普化是把科研成果转变为可以被广大公众理解的科普内容，它并不是让科研成果丧失原有的功能，而是进一步将科研成果跃升、提炼、凝聚成易于传播与扩散的科普资源，给科研成果赋予新的内涵和功能，将传统上的"不发表就出局"转变为"不传播便出局"，将科研人员智慧的"私藏品"拿出来与社会共享。

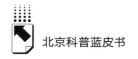

对科研成果的科普转化，能够扩大科研成果的覆盖范围和受众面，同时丰富科普内容，打通从科研成果到科学普及的"最后一公里"。科研成果科普化可以最大化科研成果的价值，实现资源转化的乘数效应，总体上来说，科研成果科普化的重要性包括但不限于以下几个方面。

1. 丰富科普资源体量，促进公民科学素质提升

从某种程度上来说，科研人员阅读科研成果的频率和数量都在下降，甚至很多科研人员也是通过媒体报道等形式了解本领域和其他领域的科研进展的，这也表明科研成果科普化具有不可替代的重要作用。正因为当下大量的科研成果仅仅能够被极少数的专业人士所接触或者因其高度专业化而使得它们无法被普通公众所理解，这不能不说是一种资源的浪费，毕竟每年出现的大量科研成果仍然在科学文献资料库中被"束之高阁"，甚至很多成果在发表多年后都没有获得同行的应用，成为"沉睡"成果。但是，基于这些成果的科普内容再生产，能够诞生出更多的优秀科普资源，丰富我国的科普资源体量和种类，让公众有更多的机会接触优质的科普资源，从而更好地理解科学，提升公众的科学素质。

2. 反哺科技创新，推动科技进步

通过对科研成果的科普转化，能够及时有效地让更多的民众接触到最新的科学内容，了解最新的科研进展，让科学研究成果真正地走入实际的生产生活，推动公众理解科学以及科学研究，从而进一步在全社会形成崇尚科学、尊重科学和支持科学的氛围，推动鼓励创新的科学文化形成，增强自主创新能力，培养更多的科技后备人才，继而反哺科技创新，推动科技进步。

3. 推进科研与科普一体两翼的平衡

从科研经费与科普经费的投入比例来看，当下我国明显存在重科研、轻科普的情况，如2018年全国共投入研究与试验发展（R&D）经费19677.9亿元，而科普经费筹集额为161.14亿元，人均科普专项经费仅有4.45元。科普经费的投入比例远远低于科研经费的投入，仅占科研经费投入的0.82%。除经费投入比例失调之外，在科研人员与科普人员的比例方面也存在着严重的失衡。有关调查显示，2018年，按折合全时工作量计算的全国

研发人员总量为419万人年。而根据2018年的科普统计数据，2018年全国专职科普创作人员仅有1.55万人，专职讲解人员仅有3.29万人。在科研与科普的投入及人员数量上实现平衡显然短期内缺乏实际操作可能性。因此，利用科研成果做好科普转化，也是一定程度上将科研投入转化为科普投入，促进科研和科普平衡的重要途径。

二 科研成果科普化的有关政策法规统计分析

党和国家有关部门一直以来十分关注科技资源（包括科研成果）的科普转化问题，并且以法规、文件、通知、意见等形式出台了系列的政策和要求，以期推动科技资源的科普化。

2006年11月30日，科技部等七部门联合发出《关于科研机构和大学向社会开放开展科普活动的若干意见》，为充分发挥科研机构和大学在科普事业发展中的重要作用，促进科研机构和大学的科技资源拓展为科普资源提出了开放科研设施、场所等12条详细的意见。除此之外，新中国成立以来我国出台的相关科技科普文件中也有诸多涉及科技资源科普化的内容，包括推进科技设施资源、科技人才资源、科技成果资源等的科普转化，如开放科研实验室、鼓励科研人员开展科普、在科研项目中增加科普任务等，具体见表1。

表1 新中国成立以来涉及科技资源科普化的相关文件

文件名称	颁发时间	与科技资源科普化相关内容
《中共中央、国务院关于加强科学技术普及工作的若干意见》	1994年	要充分利用现有资源,调动社会各方面的力量,广泛、深入地开展科普工作,使之逐步走上群众化、社会化、经常化的轨道。在继续发挥各级科普专业队伍主力军作用的同时,要鼓励和支持全社会共同参与,齐抓共管。 各科技机构、大专院校和科技工作者要积极投身于科普事业,通过举办公开讲座、开放实验室、参观等多种方式进行科普宣传,积极发挥宣传、教育职能。要鼓励从事科技工作的专家、学者,特别是院士、老科学家走向社会,到青少年中去,带头宣讲科技知识。

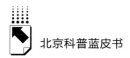

续表

文件名称	颁发时间	与科技资源科普化相关内容
《中华人民共和国科学技术普及法》	2002 年	科学研究和技术开发机构、高等院校、自然科学和社会科学类社会团体,应当组织和支持科学技术工作者和教师开展科普活动,鼓励其结合本职工作进行科普宣传;有条件的,应当向公众开放实验室、陈列室和其他场地、设施,举办讲座和提供咨询。 科学技术工作者和教师应当发挥自身优势和专长,积极参与和支持科普活动。 企业应当结合技术创新和职工技能培训开展科普活动,有条件的可以设立向公众开放的科普场馆和设施。
《国家中长期科学和技术发展规划纲要(2006—2020 年)》	2006 年	建立科研院所、大学定期向社会公众开放制度。在科技计划项目实施中加强与公众沟通交流。繁荣科普创作,打造优秀科普品牌。鼓励著名科学家及其他专家学者参与科普创作。
《关于加强国家科普能力建设的若干意见》	2007 年	推动全社会参与科普作品创作,既要引导文学、艺术、教育、传媒等社会各方面的力量积极投身科普创作,又要鼓励科研人员将科研成果转化为科普作品。 国家科技计划项目要注重科普资源的开发,并将科技成果面向广大公众的传播与扩散等相关科普活动,作为科技计划项目实施的目标和任务之一。对于非涉密的基础研究、前沿技术及其它公众关注的国家科技计划项目,其承担单位有责任和义务及时向公众发布成果信息和传播知识。
《中华人民共和国科学技术进步法》	2007 年	利用财政性资金设立的科学技术研究开发机构开展科学技术研究开发活动,应当为国家目标和社会公共利益服务;有条件的,应当向公众开放普及科学技术的场馆或者设施,开展科学技术普及活动。
《国家中长期科技人才发展规划(2010 ~ 2020 年)》	2011 年	鼓励和促进公共科技传播人才队伍建设,培育专业化的科普创作和展教人才队伍、提高创作水平,建立科研机构、大学和企业面向公众开放、开展科普活动的制度,鼓励和支持科普志愿者队伍发展,充分发挥其生力军作用。
《国家科学技术普及"十二五"专项规划》	2012 年	促进科研与科普的紧密结合。研究制定在国家科技计划项目中相应增加科普任务的办法与措施。依托国家重大科技项目开展科普活动,推进国家科技计划项目科普创作试点。 积极倡导科技工作者、技术能手参与科学教育、传播与普及,促进科学前沿知识的传播。开展博士科普使者行动,支持在校大学生和研究生参与科普志愿者服务。
《全民科学素质行动计划纲要实施方案(2016 ~ 2020 年)》	2016 年	建立科研与科普相结合的机制。继续落实在符合条件的国家科技计划项目中增加科普任务,将科普工作作为国家科技创新工作的有机组成部分,提高科普成果在科技考核指标中所占比重。完善国家科技报告制度,推动重大科技成果实时普及。中科院、工程院的院士专家带头向公众开展科普活动。

续表

文件名称	颁发时间	与科技资源科普化相关内容
《"十三五"国家科技创新规划》	2016年	推进科研与科普的结合。在国家科技计划项目实施中进一步明确科普义务和要求,项目承担单位和科研人员要主动面向社会开展科普服务。推动高等学校、科研机构、企业向公众开放实验室、陈列室和其他科技类设施,充分发挥天文台、野外台站、重点实验室和重大科技基础设施等高端科研设施的科普功能,鼓励高新技术企业对公众开放研发设施、生产设施或展览馆等,推动建设专门科普场所。 鼓励和引导众创空间等创新创业服务平台面向创业者和社会公众开展科普活动。鼓励科研人员积极参与创新创业服务平台和孵化器的科普活动,支持创客参与科普产品的设计、研发和推广。在科技规划、技术预测、科技评估以及科技计划任务部署等科技管理活动中扩大公众参与力度,拓展有序参与渠道。
《"十三五"国家科普和创新文化建设规划》	2017年	完善国家科普基础设施体系,大力推进科普信息化,实施科普基础设施建设工程,依托现有资源,因地制宜建设一批国家科普示范基地和国家特色科普基地,充实拓展专业特色科普场馆和基层科普基础设施,提高科普基地的教育、服务能力和水平,支持和推动有条件的科研机构、科研设施、高等学校和企业向公众开放,开展科普活动,提高科普基本服务能力和水平,建立国家科普基地评估评价机制和指标体系。

除了国家层面的相关文件,各地方也出台了相关文件为推动当地的科技资源延伸拓展为科普资源提供支持。如2014年9月,《广东省社会科学普及条例》颁布并实施,提出推动社会科学普及资源的公开和共享,鼓励社会力量开展科学普及信息化工作,以此提高社会科学普及能力。2016年广东省科协印发了《广东省科协科普发展规划(2016~2020年)》,提出要着力加快科普资源的开发和共享,促进广东省科普信息化建设。2016年发布的《浙江省科普事业发展"十三五"规划》也提出要"有序开放重点实验室、科研场所等,推动优质科技资源科普化"。2020年10月发布的《浙江省提升全民科学文化素质行动计划(2020—2025年)》提出"统筹发挥各类科普阵地资源作用,发动学会、高校、科研机构等在新时代文明实践中心广泛开展实用技术推广、青少年科技活动指导、卫生健康服务、应急安全技能培训等活动,促进公众理解、接受、应用现代科技,养成科学健康文明的生产

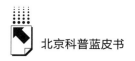
生活方式"。北京市则早在 1998 年出台的《北京市科学普及条例》中就提出"适宜向公众开展科普宣传的科研机构、高等院校和企业的实验室或者生产车间等应当有组织地向社会开放";"申请进行市级科技成果鉴定或者申报科技进步奖的科技人员在提交科技成果的同时,应当提供介绍该成果或与该成果相关的科普文章,在鉴定通过或者获奖以后,以多种形式向公众进行宣传"。2016 年发布的《北京市"十三五"时期科学技术普及发展规划》的重点任务中明确要"促进高端科技资源科普化。重点推动高校院所、大型国有企业、军队、武警的大科学装置、重点实验室、工程实验室、工程(技术)研究中心以及重大科技基础设施的科普化……围绕中关村科学城、怀柔科学城和未来科技城等重大科技工程,建设一批首都重大科技成果展示平台。推动将科技成果面向广大公众进行宣传普及列为科技计划项目考核指标,鼓励非涉密的国家级和市级科技计划项目承担单位,及时向社会发布研究进展及成果信息。结合重大科学事件、科研成果、社会热点等开展科普活动,着力推进科技计划项目开发科普资源"。《北京市全民科学素质行动计划纲要实施方案(2016~2020 年)》中也指出要"发掘利用高等学校和科研院所科技教育资源";"充分利用中央在京科技资源,为公民科学素质建设服务。推进高等院校、科研院所和大型国有企业的实验室面向社会公众开放"。2020 年 1 月 1 日起施行的《北京市促进科技成果转化条例》中也有"向社会公布科技项目实施情况以及科技成果和相关知识产权信息"的条款。

三 北京地区科研成果科普化现状,问题与解决方式

(一)北京地区科研成果科普化现状

北京作为全国科技创新中心,科研相关实体体量庞大,北京市科学技术委员会网站公布的信息显示,截至 2020 年 12 月 13 日,经认定的北京市重点实验室 457 个,经认定的北京市工程技术研究中心 312 个,经认定的北京

市企业科技研究开发机构 360 家，北京市众创空间 15 个，大学科技园 29
个，在京地区科技企业孵化器 65 个，北京市国际科技合作基地 396 个；北
京科创企业 19111 家，经认定的高新技术企业 27416 家，经认定的技术先进
型服务企业 84 家，首都地区科技新星 1921 人，首都地区科技领军人才 270
人。除了市属资源，更得天独厚地拥有最为丰富的中央在京资源，诸如北京
大学、清华大学以及中国科学院等众多在全球具有影响力的高校院所、重点
实验室。北京目前已经形成"三城一区"的科学创新布局（中关村科学城、
怀柔科学城、未来科学城和北京经济技术开发区）。2020 年 9 月 19 日，"自
然指数—科研城市 2020"发布，北京继续在全球科研城市中蝉联第一，且
与国内外城市形成了密切的科研合作网络，其全球城市间科研合作关系排名
也进入全球前 10 位。作为全国科技创新中心，在对科研的投入上，北京也
是十分"舍得"，近十年（2010～2019 年）来 R&D 经费投入强度均居全国
第一位，维持在 6% 左右的水平（详见表 2）。

表 2　北京近十年（2010～2019 年）研究与试验发展（R&D）经费及其投入强度

年份	研究与试验发展(R&D)经费 （亿元）	R&D 经费投入强度 （%）
2019	2233.6	6.31
2018	1870.8	6.17
2017	1579.7	5.64
2016	1484.6	5.96
2015	1384.0	6.01
2014	1268.8	5.95
2013	1185.0	6.08
2012	1063.4	5.95
2011	936.6	5.76
2010	821.8	5.82

在每年千亿元级别的投入支撑下，产生的科研成果资源自然也浩若繁
星。如北京市 2018 年全年专利申请量与授权量分别为 21.1 万件和 12.3 万

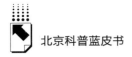

件，有效发明专利24.1万件，全年共签订各类技术合同82486项，技术合同成交总额4957.8亿元。2019年专利申请量与授权量分别为22.6万件和13.2万件，分别比上年增长7.1%和6.7%。年末拥有有效发明专利28.4万件，增长17.8%。全年共签订各类技术合同83171项，增长0.8%；技术合同成交总额5695.3亿元，增长14.9%。

科技为民，科技发展的目的是改善人类生活，面对如此庞大体量且不断更新的科研成果，需要高效推进其转化，服务于生产生活，实现科研成果价值最大化。北京地区怀抱丰富的科技资源，在科技资源的科普转化上也一直高度重视并进行着不断探索，将丰富的科研成果以多样化的形式呈现绐公众，成为科普资源最为丰富的城市之一，且一直保持着平稳、健康的发展态势。根据2017年全国科普统计数据，2012年以来北京地区科普场馆逐年增加，到2017年拥有中国科技馆、北京科学中心等123个500平方米及以上的科普场馆，科普画廊3414个。2017年举办各类科普（技）讲座、展览、竞赛、实用技术培训7万余场，吸引受众近1.2亿人次。在大众科普宣传上北京地区也保持着领先地位，2017年出版科普图书4241种，科普期刊117种，图书种数占据全国科普出版图书种数14059种的30.17%，出版册数也占据全国的37.05%。2020年由中国科普作家协会组织评选的中国优秀科普期刊入选的50本期刊中也有近半数主办单位在京。对于科普经费的投入也位居全国各省区市前列，2017年北京地区全社会科普经费筹集额约为26.96亿元，占全国科普经费筹集额160.05亿元的16.84%，全年经费使用额为23.40亿元，占全国科普经费使用额161.36亿元的14.50%。2018年和2019年全国科普统计数据显示，2018年全国人均科普专项经费为4.45元，2019年为4.70元，而2018年北京人均科普专项经费已达到54.32元，远远超出全国平均水平，位列首位。

在丰富的科技成果资源支撑和领先全国的经费扶持下，北京地区在科研成果的科普转化上相较其他地区也表现优异，诞生了中科院物理所、科普中国等一系列在京科普品牌。除了中央在京单位的诸多成果，北京更是点亮了属于自己的诸多首都品牌，呈现出"首都科普"新名片。首都科技创新成果展，围绕"四个中心"城市战略定位，搭建的集展览展示、创新活动和宣传推广于一体的创新成果展示平台，模拟科学研究的思维过程，展示最新科研成果，是以科学普及和科技展示促进北京全国科技创新中心建设的创新品牌；北京科学中心有机融合科学传播、科技教育、科技展示三大功能，成为北京科普新地标；"京科普""蝌蚪五线谱""科协频道"等网络平台将最新科研成果进行信息化呈现，创造出千万级传播量。在科学传播人才的培养上，北京也率先增设科学传播专业职称，保障科普专业人才的长效发展。

（二）北京地区科研成果科普化存在的问题

虽然北京地区在科研成果的科普转化上取得了不错的成绩，2018 年北京市公民具备科学素质比例达到 21.48%，但也与全国其他地方一样呈现出许多共性的问题，主要表现为以下几点。

一是科研成果科普转化不及时，大量科普资源有待挖掘。北京作为全球科技成果资源最为丰富的城市之一，每年发表的科研论文、获批的科研专利以及生产的科研产品不计其数，然而这些科研成果大都止步于科研共同体内部，并未"出圈"，诸多科研成果的传播量仅限于寥寥可数的论文下载量。如 21 世纪以来热门的计算机学科，其中文顶级期刊《计算机学报》自 1978 年创刊以来下载量排名第一的论文为发表于 2013 年的《网络大数据：现状与展望》，截至 2020 年底也仅有 76000 余下载量，被引 1200 余次，而微信公众平台每天诞生的原创 10 万 + 阅读量文章就已经有 200 多篇。这些付诸大量投入的科研成果被"束之高阁"，幸运的能够在有特定需求的时候被"挖"出来，剩余的便被湮没于历史中，而现有的大量科普作品却依然不断在"炒冷饭"，能够反映最新科研进展的优秀科普作品少之又少。这些科研成果由于作者本身、所在单位对科普转化的不重视，以及整体科研成果科普转化意识的缺乏，科研人员缺乏科普转化能力、科研人员与科普人员比例失调等多种原因没有发挥科普服务大众的功能，形成了一定程度上的资源浪费，因而都亟须探索有效途径，进行再次"激活"。

二是科技工作者的参与度不高，开展科普呈现出"四不窘态"。学术资

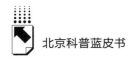

源是优质科普内容的重要来源，科技工作者无疑是最为了解其科研成果的群体，是天然的科普"发球手"，然而科技工作者在真正面临开展科普工作时却呈现出不愿做科普、不屑做科普、不擅长做科普和不敢做科普的"四不窘态"。即使部分科技工作者认识到科普工作的重要性，也呈现出"只戴帽子不穿鞋"的状态，虽然意愿很强，但是行动力弱。这与社会整体科学文化氛围尚需营造，对科学普及的重要性认识不足，科研人员开展科普工作无法受到职称和绩效核算的认可，甚至被认为是不务正业，以及科研人员缺乏开展科普的专业化能力、缺乏开展科普的专项经费等多种因素密切相关。

三是科研成果转化呈现零散性、随意性和重复性特征。零散性表现为时间上的零散性和空间上的零散性。诸多围绕科研成果的科普解读或举办的科普活动仅限于一时或一地，并没有形成常态化。如每年科技活动周或全国科普日等主题科普活动日对外展示的科研成果，公众只能在特定时间到特定地点去走个过场。随意性表现为转化内容、转化方式以及转化渠道的随意性。科研人员或者所在单位觉得某项成果可以科普转化，抑或某段时间公众有针对特定的科普内容的需求，便开始以可操作的方式和可触及的渠道聚焦其一主题的成果进行转化，缺乏对科研成果转化和科普资源库的整体布局。重复性表现为某些受公众欢迎或具有一定市场价值或结合社会热点的科研成具存在大量围绕其进行开发的科普内容，内容重复性高，造成资源浪费，反而一些需要进行科普转化的重点、核心领域却存在优质科普内容的短缺，普通大众难以了解到其最新研究进展，出现科学进展超越公众想象的现象。

四是促进科研成果科普化的渠道不明，缺乏保障机制。实现好科研成果向科普资源的转化需要保障信息传播的全流程畅通无阻。科研成果科普亿无非两种途径，一是科研人员自身开展科普工作，二是由专业科普人员对科研成果进行科普转化。这两种方式解决的都是信息传播的源头问题，有了专业的科普内容转化人员还需要解决信息的传输问题，保障大众能够通过最为便捷的渠道获取到最新的科普内容。然而通过对北京地区一些热衷于开展科普的科研人员的调查发现，他们开展的科普都面临着如何触达受众的问题，大多数只能参加一些临时的短期科普工作，比如受邀开展一场科普讲座，自行开展科普时大多存在缺乏渠道平台的问题。此外，由于开展科普缺乏一定的制度保障、激励措施和相应的物质回馈，科研人员开展科普工作仅凭一腔热血难以持续输出。专业化科普人员或社会化科普团队也缺乏与科研人员合作对接的渠道，需要创作相应的科普内容时却很难找到对应领域的专家。此外，由于科普的商业盈利能力相较于其他产业并不具备优势，且在税收等政策层面缺乏落地的措施，也大大降低了社会化团队加入科普行业，转化科研成果资源的积极性。

（三）北京地区科研成果科普化的未来发展建议

科普作品作为一种以科学知识为主要支撑的文化产品，对满足人民群众精神文化需求，提升公众科学素质，激发民族科学梦想和创造力具有重要作用。促进科研成果科普化是丰富科普资源总量，提升科普资源质量的基础保障。北京地区拥有最为丰富的科研资源，自然也应该在其科普化上领先全国乃至全球，成为科技资源科普转化的范例城市。高效推进北京地区的科研成果科普化最重要的是了解和解决生产者、传播者和接收者三方的需求，为此，可考虑从价值导向、政策供给、平台搭建、人才培养、产业培育和榜样引领六个维度发力，具体可从以下几个方面入手。

一是加强价值引导，繁荣科普原创。促进科研成果科普化首先要从意识层面提升对科普工作的认识，理解科研成果科普转化的重要价值和接受科普服务、获取科普知识的重要意义。要传播正确的科普价值观，树立从事科普工作的理想信念，在科技工作者及其他从事科研成果科普转化的人群中间形成"想做科普""敢做科普""乐做科普"的氛围。在社会群体中营造积极主动寻求科普服务，获取科普知识的氛围。同时，科研成果是科普产品的灵魂来源，繁荣科普原创能够很大程度上促进对现有科研成果的充分挖掘，提升科普作品的质量，让转化出来的科普产品"有温度"，被大众接受和喜爱。此外，提升科普奖项的权威性和影响力，对原创优秀科普转化作品进行奖励并给予重点推介，让做好科普成为一种荣誉。

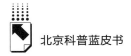

二是提供政策制度保障，鼓励在科研项目中增加科普任务。各级政府及相关科研管理机构、科研产出重点单位可制定相应的措施、办法鼓励和支持在京教师、科技工作者结合本职工作开展科普活动、创作科普作品，将科研成果转化为科普产品。对具有科普价值的科研项目，应在项目立项时提出科研成果科普化的要求并给予相应的支持。对获得科技成果奖励或者科研重点、重大项目以及社会急需的科研成果组织专业团队进行重点科普转化。针对性解决科研工作者在开展科普工作时遭遇的政策制度障碍，同时给予优秀的社会力量参与科研成果科普转化一定的政策制度扶持。

三是整合平台与资源，畅通科普产品供给与获取渠道。科研人员开展科普工作具有一定的独立性，梳理与整合北京地区现有科普供给平台，打造权威发布平台，并向科研人员和社会大众推广，能够让基于科研成果转化而来的科普文章、科普图书、科普视频和科普讲座高效便捷地获取相应的传播渠道，抵达相应的科普受众。通过对现有科普资源的梳理，制定科普产品标准，组建科普资源库，能够避免科研成果的重复开发，造成资源浪费，发现科普资源缺口，提高科研成果科普转化的价值。

四是培养科研成果科普转化人才，提升科研人员开展科普的专业能力。科普是一项专业技能，需要掌握多学科综合知识，高效促进北京地区科研成果科普化离不开对科普专业人才的培养。可通过鼓励在京高校开设科普专业能力提升公共课程或者举办相应的讲座等培养科研成果转化的后备人才，鼓励高校学生将自身、所在实验室和学校的相关科研成果进行科普转化。针对高校、科研单位等的科技工作者可通过举办科普专业能力提升培训班、开发科普培训在线课程包，并组织相应的科普实践等提升其科普专业能力。

五是鼓励社会力量投入科普，促进科普事业产业双轮驱动。科研成果的科普化要想长期可持续发展并且能够及时满足社会需求，必须要保障从事科普"有利可图"。探索科研成果科普转化的社会化模式，引入社会资本办科普，鼓励市场主体与科研人员合作，组建"科研人员 + 专业队伍"的科普转化模式，能够提升科普产品和服务的社会化供给能力，丰富科研成果科普化的渠道和形式，促进科研成果及时高效地抵达受众。同时"科普获利"

能够带来正向反馈，提升转化的积极性，促进产业发展，弥补其以公益事业模式发展中的不足，给科研成果科普化加入"活力因子"。

六是打造标杆，建立示范。挖掘和扶持一批在科研成果科普化方面成效突出的在京单位、团体和个人，研究和梳理其开展成果转化的方式方法，挖掘具有可操作性的具体举措，形成针对北京地区的示范和引领全国的示范，对示范单位进行重点推广，让其他科技工作者、科普从业者能够有样可循，有例可参。同时，树立标杆能够起到带头作用，激励和引领对现有科研成果资源的挖掘和对后续科研成果的开发，也能够发挥拥有丰富科技成果资源的北京地区在全国的科普转化示范作用。

总　结

人口素质对于经济社会的可持续发展具有密切相关的作用。高质量的人口素质是实现由人口大国向人口强国转变的关键环节。科学文化素质作为人口素质的重要组成部分也是推动经济社会转型升级，实现可持续发展的核心要素。近年来我国在科技创新领域不断取得突破，科技创新工作成就斐然，产生了大量的科技创新成果，对这些科研成果进行充分的挖掘开发，使其转化为实用性的生产生活产品和服务，同时衍生出普惠大众的科学知识、方法、思维等精神文化价值，能够助力实现科技创新与科学普及同步进入"快车道"，协调发挥好"两翼"作用，真正达成"两翼齐飞"，实现经济社会发展与国民科学素质的同步跃升。

同时北京作为首都，享有得天独厚的资源优势，拥有大量的高素质人才，能够便捷地获得诸多科普产品和服务，而我国一些地方县市科普资源缺乏，公众很难接触到优质科普产品和服务，导致一些落后迷信思想的渗入，高效促进北京地区的科研成果科普化能够形成更多的优秀科普资源进行对外输出，促进科普资源的区域平衡，推进科学知识获取的地域平衡，增加群众偶遇科学的机会，缩小不同地区人群之间的科学知识鸿沟，促进社会和谐均衡发展。

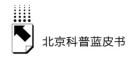
总的来说，以科研成果科普化为着力点，带动与促进科普的整体繁荣，对于社会各方面发展都具有不可估量的重要价值，实现北京地区科研科普高效科普转化这一目标也离不开全社会的共同奋斗，需要相关部门与社会大众共同整合资源，发挥合力，协同推进。

参考文献

［1］中国政府网：《刘延东强调：努力提升全民科学素质整体水平》，2011年8月30日。

［2］黄荣丽、王大鹏、陈玲：《新时期科技资源科普化的未来路径思考》，《今日科苑》2020年第9期。

［3］张学波、吴善明：《广东省科技资源科普化现状及对策研究》，《科技传播》2018年第10期。

［4］周海鹰、田甜等：《浙江省科技资源科普化对策研究》，《科技通报》2018年第6期。

［5］张九庆：《关于科技资源科普化的思考》，《山东理工大学学报（社会科学版）》2011年第1期。

［6］曹再兴、谢华：《新形势下推进科技资源科普化的几点思考》，《科技管理研究》2012年第2期。

［7］胡庆华：《科技资源科普化之一瞥》，《科技创新导报》2013年第15期。

［8］刘玲利：《科技资源要素的内涵、分类及特征研究》，《情报杂志》2008年第8期。

［9］任福君：《关于科技资源科普化的思考》，《科普研究》2009年第4期。

［10］李国忠、蒙福贵、赵忠平：《科技资源科普化的实践与思考》，《大众科技》2011年第7期。

［11］中国政府网：《2018年全国科技经费投入统计公报》，http：//www.gov.cn/shuju/2019-08/30/content_5425835.htm，2019年8月30日。

［12］中国科普网：《科技部发布2018年全国科普统计数据，一图看懂这份成绩单!》，http：//www.kepu.gov.cn/www/article/dtxw/84160b8e156846448fdf572aeee5a3e6，2019年12月25日。

［13］新华社：《我国研发人员总量连续6年稳居世界第一位》，http：//www.gov.cn/xinwen/2019-07/23/content_5413519.htm，2019年7月23日。

［14］中国新闻网：《解读最新全国科普统计数据》，https：//www.chinanews.com/

cj/2019/12 – 25/9042907. shtml，2019 年 12 月 25 日。

[15] 数极客：《微信公众号 10w + 文章数据报告》，https：//www. shujike. com/zixun/195484. html，，2019 年 9 月 27 日。

[16] 李媛：《打通学术资源科普化"最后一公里"——科研成果向科普资源转化的观察与思考》，《改革与开放》2019 年第 11 期。

B.7
北京科普进社区绩效评价模型构建

郝 琴 邓爱华 王睿奇*

摘 要: 科普工作的重点在基层、在社区。本文以通州、昌平、东城三个区为样本,从科普投入和产出两个维度建立北京科普进社区绩效评价指标体系,并通过专家调查问卷法及社区科普重点任务确定指标权重。绩效评价模型包括投入和产出两部分,投入部分是基于资金投入的总量和需求,产出部分是社区科普效果、科普内容、科普渠道的综合得分。建议评价模型在应用时,依据社区人口和资金规模等分档开展绩效评价和比较分析,提升科学性和可比性,为规划社区科普工作、提升科普投入效率提供决策参考。

关键词: 社区科普 绩效评价模型 专家打分法

　　我国建设科技强国,科技创新是核心,公民科学素质的大力提升和普遍提高,是国家创新能力的社会基础。在我国从科技创新大国迈向世界科技强国的征程中,公民科学素质的作用不容小觑。全面推进科技创新,需大力提升全民科学素质,科学普及工作作为关键抓手就必须得到足够重视。2002年颁布的《中华人民共和国科学技术普及法》提出"加强科学技术普及工作,提高公民科

* 郝琴,北京市科技传播中心副研究员,主要研究方向为科技传播与普及;邓爱华,北京市科技传播中心副研究馆员,主要研究方向为科技传播与普及;王睿奇,北京市科技传播中心研究实习员,主要研究方向为科技传播与普及。

学文化素质"，从立法的角度确立了科普的重要性。习近平总书记多次指出要把科学普及、科技创新放在同等重要的位置，还指出"没有全民科学素质普遍提高，就难以建立起宏大的高素质创新大军，难以实现科技成果快速转化"，而"弘扬科学精神，普及科学知识"则是党的十九大就科学普及再次提出的要求。由此可见，科学普及的重要意义日益凸显，科普工作是提高公民科学素质、增强自主创新能力的重要基础。北京建设全球科技创新中心，科普工作同样重要，科普工作不仅要跟上创新、服务创新，更要推动创新。

科普工作的重点在基层，社区作为社会的基本单元，其科普建设水平对于反映一个国家、地区的科普能力有着较大的代表性。《全民科学素质行动计划纲要实施方案（2016～2020）年》中指出，"广泛开展社区科技教育、传播与普及活动，切实加强社区科普工作，深入实施基层科普行动计划，推动社区科普工作蓬勃发展。激发社会主体参与科普的积极性，面向社区提供多样化的科普产品和服务"。中国科协、财政部联合实施了"基层科普行动计划"，开展"科普示范社区"创建活动。北京科学技术委员会以科普专项为依托，基于各区区位优势和产业特色，遴选东城（中央核心区）、通州（城市副中心）、昌平（未来科学城）三个特色区，精准立项推进北京科普示范社区建设，旨在以社区为重点、以科普为手段，积极培养树立一批社区科普工作先进典型，以点带面深入推进科普进社区的广泛开展，促进北京科普公共服务提质。

目前，由于缺乏一套完整的北京科普进社区绩效评价指标体系，且鉴于不同社区的地域特征、经济水平、公民科学素质基础不同，本文以通州、昌平、东城三个区为样本，建立北京科普进社区绩效评价指标体系，为科学制定社区科普政策，提升北京科普进社区服务能力，从而提升北京公民科学素质，助力全球科技创新中心建设。

一 构建北京科普进社区绩效评价模型的意义

（一）科学推进首都科普供给侧改革

科学评估北京科普进社区的绩效，深入分析社区科普工作现状和需求，

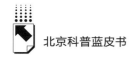

全面把握当前社区科普各项产品、渠道、设施和信息平台的总体数量和建设质量，有助于进一步推动科普资源向下向深发展，进一步提升社区科普的供给基本能力，加快各类科普资源向社区下沉，在更广泛的北京社区居民中弘扬科学精神、普及科学知识、传播科学方法，提升社区科普供给水平，推进首都科普事业供给侧结构性改革，为北京特色的社区科普提供决策参考依据。

（二）提升社区科普专项工作精准度

当前科普受众的接受习惯已经全面转向互联网、移动互联网媒介，为社区科普工作的开展提供了更快捷、有效的方法。如何构建科普社区网络平台，将科普工作与智能化、网络化、数字化等信息技术深度融合，推动科普信息化建设，将是社区科普工作面临的重要课题，也是科普进社区的重点内容之一。社区科普专项作为提升社区科普水平的重要手段，通过社区科普绩效评价，科学分析社区科普专项对社区科普提升的效果，提升专项支持精准度。

（三）提升社区科普公共服务能力

设计北京科普进社区绩效评价模型并计算综合评价得分，依托现有科普统计数据和调查问卷、专家打分等方式，获取现阶段社区科普人员、资金、活动组织和网络平台传播等数据和资料，对目前社区科普的供给基本能力、改革形势进行全面分析，为规划社区科普工作提供决策参考。这样一方面可以充分发挥社区作为基层组织在社区内的号召力，另一方面可以使社区科普更能满足区域性的特征和要求，更有针对性，提升社区科普公共服务能力。

二 北京科普进社区绩效评价的原则及影响因子

评估科普进社区的绩效，其主要目的是对社区供给、科普管理、科普政策等决策提供参考，因此，科普进社区绩效评价采用综合评估法，反映社区科普的总体规模、发展速度和主要发展方式。综合评估法是一种科学的决策方法，它采用系统化和标准化的方法，并使用某些数学统计知识来综合多个子指标，以对指标进行分类和获取，广泛用于社会发展问题定量分析中。在科普工作的评价指标体系中，许多学者和机构进行了研究，并较早地建立了国内科普综合评价指标体系。佟贺丰等（2008）从科普投入和产出两方面建立了科普力度评价体系，包括经费投入、科普传媒、基础设施、活动组织、科普人员五个方面17个二级指标；刘广斌等（2016）应用DEA评价方法分析评价2006～2013年我国科普投入产出效率；李卉等（2019）从规模和效率两个层面对地区科普能力进行实证评价与分析；任嵘嵘等（2013）构筑了地区科普工作评价体系，包括科普投入、科普人员、基础设置、科普创造及科普活动组织五方面23项指标。这些研究大多数将整个国家作为全面科普评估的对象，在特定科普问题上，尚缺乏细化资料开展综合评价。本文以社区为研究对象，构建科普绩效评估体系。

（一）社区科普进社区绩效评价的原则

1. 动态性原则

社区科普工作是一个动态过程，指标不仅要静态反映考核对象的发展现状，还要动态考察其发展潜力和趋势。因此，选取的指标要具有动态性，可以衡量同一指标在不同时段的情况，在较长的时间内具有实际意义。

2. 可量化原则

评价分析需要大量统计数据作为支撑，指标应可量化，且数据的真实性和可靠性至关重要。因此，应较多依托统计年鉴数据，确保数据来源具有权威性、准确性和连续性；或通过计算间接得到定量数据，以保证评价的科学性。

3. 层次性原则

指标要有层次性。综合评价指标体系可包括多个层次的指标，一般包括若干一级指标，各个一级指标分别设立多个子指标，形成不同的指标层，有利于全面清晰地反映研究对象。

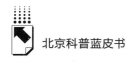

（二）北京科普进社区绩效评价的影响因素

1. 科普的实际效果

科普进社区绩效评价最终应当体现在实际的科普效果，即社区居民主观上对社区科普便利程度、科普内容、科普活动等的满意度；客观上社区居民参与科普的程度，以及实际公民科学素质的提升。

2. 科普内容的质量和数量

不同的宣传载体和方式直接影响到科学知识的普及效果，目前科普内容主要包括科普图书、科普期刊、科普电视电台节目、科普音像制品，以及科普微信、科普网站等新媒体。

3. 居民获取科普内容的渠道

作为普及知识、传播科学思想和科学方法的前沿阵地，科普设施在社会发展中发挥着不可或缺的作用。随着移动互联网的普及应用，新媒体在科普工作中的应用日益广泛，科普进社区应加强科普宣传渠道建设，包括科普网站的建设，开通手机、数字电视等科普终端服务，重视网站、微博、微信、手机 App、手机报等新媒体手段。

4. 科普投入

科普资金是科普人才队伍、活动组织、平台建设的基础推动因素，将社区科普建设资金投入变化纳入评价指标体系，能够合理体现社区科普绩效的提升状况。

三　北京科普进社区绩效综合评价模型的建立

（一）综合模型构建

北京科普进社区绩效评价模型从科普投入和科普产出两个维度进行绩效评价。科普属于公共服务，其投入主要依赖于政府财政资金和政府主导下的产业发展，财政支出是社区科普主要资金来源，资金投入直接体现了政府对社区科普的重视程度，需要将投入总量和人均投入一并纳入科普绩效评价中。

科普产出综合考虑了社区科普内容、渠道、效果三方面因素。

1. 科普效果

依托覆盖面广、传播性强的线上科普平台，突破时间、空间的限制，在全社区引发矩阵式基层科普传播风暴，充分普及科学知识，弘扬科学精神，引导公众将科学思维运用到生活中去，启发公众创新思维，促进公众喜爱科学、学习科学、使用科学，让讲科学、爱科学、学科学、用科学的科普效果成为衡量社区科普工作的重要指标。

当发生重大公共事件时，如传染病疫情、重大灾害等，社区能够用最快的速度向公众实时发布各类与重大公共事件相关的科普信息，使公众在第一时间掌握疾病预防、灾情防范、安全技能等必备科学知识，也是科普效果之一。

2. 科普内容

中国科协科普部、百度数据研究中心、中国科普研究所于 2019 年第二季度发布的《中国网民科普需求搜索行为报告》中指出：第二季度八个科普主题搜索份额环比增长排名依次是应急避险（62.2%）、气候与环境（48.1%）、航空航天（38.4%）、前沿技术（30.9%）、食品安全（27.4%）、健康与医疗（5.2%）、能源利用（2.9%）、信息科技（2.4%）。

社区科普建设必须通过对各类科普资源的整合，确保科普多形式、多角度覆盖全年龄段人群，同时为公众提供丰富的科普服务，社区科普平台将拥有科普学习、科普资讯、资源展示、用户培育、科普活动、社区通知等功能。

3. 科普渠道

社区科普需要以官方媒体作为权威内容渠道来源，通过图文、视频形成可在线阅读的文章，让公众通过阅读可以了解与科技、科普相关的各类时事要闻以及对各类流言的科学辟谣。能够在社区具备通畅的信息获取渠道，向各年龄段的社区公众展示应急避险、气候与环境、食品安全、健康与医疗、航空航天、前沿技术、能源利用、信息科技等资讯。

科普内容、渠道共同服务于科普效果，因此需要考虑通过社区渠道建设

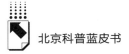

获取科普信息、参加科普活动进而实现社区居民的科学素质提高和整体满意度提高，在这里科普内容起到主要作用，科普渠道起到重要支撑作用。评价综合模型见图1。

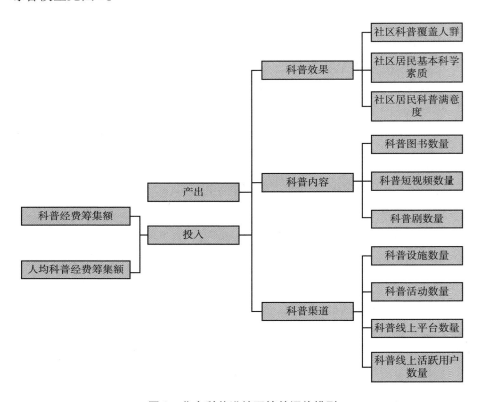

图1　北京科普进社区绩效评价模型

（二）指标体系建立

1. 社区科普投入指标

社区科普投入，需要考虑社区科普实际投入的资金，故采用科普统计年鉴中社区科普经费筹集额一项。此外由于社区面积、户数不同，需要考虑人均科普投入情况，故选取 b1（社区科普经费筹集额）、b2（社区人均科普经费筹集额）两项指标作为科普资金的二级指标。

表 1　科普投入指标

指标编号	指标名称
b1	社区科普经费筹集额
b2	社区人均科普经费筹集额

2. 社区科普产出指标

科普效果最终体现在社区居民上，但是科普受众范围广，人口众多，因此我们拟采用抽样调查问卷的方式，对社区居民基本科学素质进行测算，同时对当前社区科普满意度进行调查。此外通过对科普阅读量的统计，计算社区科普的覆盖度。因此形成 a1（社区科普覆盖人群）、a2（社区居民基本科学素质）、a3（社区居民科普满意度）三项指标来体现科普效果。

在科普内容上，三个科普社区项目建设了大量的科普多媒体资料和线下活动，故采用 a4（科普图文数量）、a5（科普短视频数量）、a6（科普剧数量）三项指标作为科普内容的代表。

科普渠道分为线上线下两方面，线下渠道选取《科普统计年鉴》中 a7（科普设施数量）、a8（科普活动数量）两项指标；线上渠道选取指标 a9（科普线上平台总数）、a10（科普线上平台活跃用户数量）两项指标。

表 2　科普产出指标

一级指标	二级指标
A1 科普效果	社区科普覆盖人群
	社区居民基本科学素质
	社区居民科普满意度
A2 科普内容	科普图文数量
	科普短视频数量
	科普剧数量
A3 科普渠道	科普设施数量
	科普活动数量
	科普线上平台总数
	科普线上平台活跃用户数量

注：其中部分指标需要开展抽样调查问卷或实地调研。

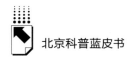

（三）指标权重确定

本文在确定社区科普工作评价体系各指标的权重时，首先向专家发放调查问卷来确定原始重值，然后根据社区科普重点任务进行适当调整。

研究中，专家来自科普理论研究、科普决策、科普操作等多个领域。拟定专家调查表后，将各指标按层次排列，邀请专家按重要度填写序号，以征询专家对指标权重的意见。汇总专家意见后进行统计分析，检查专家意见的一致性，放弃严重与其他专家排序意见不符的部分指标。最后进行数值转化，对应排序 1、2、3、4 分别赋值 40 分、30 分、20 分、10 分，计算出每张专家调查表下各指标的相对权重。

确定方法后，本报告邀请 20 位熟悉北京科普情况的专家进行打分，然后依次对一级、二级指标进行排序，将通过一致性检验的专家的指标排序进行数值转化，得出该专家权重打分，再计算各专家权重打分的均值。获得绩效评价中各级指标初始权重，见下式：

$$\begin{matrix} w_l \\ \vdots \\ w_{12} \end{matrix} = \left[\left(\begin{matrix} \sum_i^n Order_i^1 \times 40 + \sum_i^n Order_i^2 \times 30 + \sum_i^n Order_i^3 \times 20 \\ + \sum_i^n Order_i^3 \times 20 + \sum_i^n Order_i^4 \times 10 \end{matrix} \right) \Big/ n \right]$$

经进一步调整，权重详见表 3：

表 3　指标权重

维度	指标名称		
		一级指标	综合得分
	A1	科普效果	27.1243
	A2	科普内容	19.4333
	A3	科普渠道	24.589
产出		二级指标	综合得分
	a1	社区科普覆盖人群	10.452
	a2	社区居民基本科学素质	12.342
	a3	社区居民科普满意度	7.206
	a4	科普图文数量	9.826

续表

维度		指标名称	
产出	a5	科普短视频数量	6.257
	a6	科普剧数量	5.917
	a7	科普设施数量	5.487
	a8	科普活动数量	7.341
	a9	科普线上平台总数	4.625
	a10	科普线上平台活跃用户数量	4.547
投入		二级指标	综合得分
	b1	社区科普经费筹集额	19.231
	b2	社区人均科普经费筹集额	6.769

（四）绩效计算方法

北京科普进社区绩效评价模型包括投入和产出两部分，投入部分是基于资金投入的总量和需求，产出部分是社区科普效果、科普内容、科普渠道的综合得分。开展北京科普进社区绩效评价的基本公式如下：

$$社区科普绩效 = \frac{社区科普产出得分}{社区科普投入得分}$$

科普投入得分和产出得分的计算，以科普投入为例，社区科普经费筹集额、社区人均科普经费筹集额两项指标数量级差距较大，直接进行加权求和无法反映出投入各项指标的真实情况，因此首先对两项指标分别进行区间均值计算。例如对 2019 年甲、乙、丙、丁社区进行投入得分测算。首先计算社区科普经费筹集额的均值：

$$2019 经费筹集额均值 = \frac{甲经费筹集额 + \cdots + 丁经费筹集额}{4}$$

再用各个社区的该指标原始数据除以该均值，获得该指标的去量纲得分，例如社区甲 2019、2020 年的社区科普经费筹集额得分为：

$$2019 社区甲科普经费筹集额得分 = \frac{2019 社区甲经费筹集额}{2019 经费筹集额均值}$$

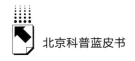

$$2020\ 社区甲\ b1\ 得分 = \frac{2020\ 社区甲经费筹集额}{2019\ 经费筹集额均值}$$

对两项投入指标进行加权求和，获得各个社区的投入得分：

$$2020\ 社区甲投入得分 = 19.231 \times 2020\ 社区甲\ b1\ 得分 + 6.769 \times 2020\ 社区甲\ b2\ 得分$$

同理，计算社区甲的产出得分后，可获得该社区年度科普绩效：

$$2020\ 社区甲科普绩效 = \frac{2020\ 社区甲科普产出得分}{2020\ 社区甲科普投入得分}$$

四　结语

2011 年以来，社区居民被列入全民科学素质行动计划重点人群，社区科普成为社会科普的主要阵地。北京市科委科普专项立项推进北京科普示范社区建设，将社区科普与社区服务体系、社区治理现代化对接，实现社区科普真正落地并创新发展。本文构建的北京科普进社区绩效评价模型在应用时，为提升科学性和可比性，可对社区进行分组，依据社区人口、资金规模等对社区分档，在同档内开展社区科普项目绩效评价结果的比较分析，并对社区科普工作在政策制度、工作模式、服务能力、活动开展等方面实现创新性发展提供决策支撑，促进社区科普工作的社会化、共享化、信息化，为提升北京科普工作整体水平服务。

参考文献

［1］ 佟贺丰、刘润生、张泽玉：《地区科普力度评价指标体系构建与分析》，《中国软科学》2008 年第 12 期。

［2］ 刘广斌、刘璐、任伟宏：《基于 DEA 的中国科普投入产出效率初步分析》，《重庆大学学报（社会科学版）》2016 年第 1 期。

［3］ 李卉、熊春林、尹慧慧：《基于规模与效率的地区科普能力评价研究》，《科技与经济》2019 年第 3 期。

［4］任嵘嵘、郑念、赵萌：《我国地区科普能力评价——基于熵权法 GEM》，《技术经济》2013 年第 2 期。

［5］章梅芳：《新中国城市社区科普历史回顾》，《科普研究》2019 年第 14 期。

［6］张丽：《"科学教育活动走出去"——科技馆进校园进社区模式探究》，《天津科技》2020 年第 12 期。

［7］娄巍岳：《对推进社区科普工作的调查与思考》，《科协论坛》2012 年第 12 期。

B.8
京津冀科普高效协同发展机制建设路径研究

侯昱薇　李　茂*

摘　要： 京津冀科普协同发展是建立京津冀地区长效合作、共同分享，具有多层次、宽领域特征的科普事业平台的现实选择，协同发展机制建设是京津冀科普协同发展的重要组成部分。首先分析京津冀科普协同发展机制建设的现状，分析其存在的问题与不足，利用制度经济学原理针对高效协同发展机制建设提出原则和思路，最后提出京津冀科普高效协同发展机制建设路径和相应的对策性建议。

关键词： 科普机制建设　制度优化　京津冀协同发展

一　引言

习近平总书记明确指出，科技创新、科学普及是实现创新发展的两翼，要把科学普及放在与科技创新同等重要的位置。"十四五"时期，科学普及事业发展将会迈上一个全新的发展阶段，在这个阶段，科普理念与实践将会实现双升级，公民科学素质显著提升，科普人才培养和科普平台建设力度将

---

* 侯昱薇，经济学博士，北京市社会科学院市情调查研究中心博士后，主要研究方向为国民经济、金融监管、绿色金融；李茂，经济学博士，北京市社会科学院市情调查研究中心副研究员，主要研究方向为互联网经济管理、国民经济、产业经济。

会大幅提高，组织管理机制也将逐步健全，科学普及将成为我国创新发展的重要推动力。

推动京津冀协同发展是党中央、国务院在新的历史阶段做出的重要决策部署和重大国家战略，是一项事关国家长远发展和人民福祉的重大决策。京津冀科普协同发展是贯彻国家创新驱动发展战略和"创新、协调、绿色、开放、共享"的发展理念，落实《京津冀协同发展规划纲要》，全面服务于"科技创新中心"的首都城市功能定位，切实发挥天津、河北重要作用，实现京津冀三地科普资源均等化的重要举措，其目的在于建立京津冀地区长效合作、共同分享，具有多层次、宽领域特征的科普事业平台。京津冀科普协同发展有助于改善三地科普资源不平衡状况，降低科普投入区域差异化水平，解决跨区域、跨系统、跨行业的科普资源开发利用政策体系不顺畅问题，对于实现京津冀协同创新、京津冀地区科普事业高质量发展，提升京津冀地区公民科学素质有着显著的实践意义。

本文首先分析京津冀科普协同发展机制（文中简称"协同发展机制"）建设现状，随后分析其存在的问题与不足，利用制度经济学原理针对今后京津冀科普高效协同发展机制建设提出原则和思路，最后提出京津冀科普高效协同发展机制建设路径和相应的对策性建议。

二 协同发展机制建设现状

随着科技创新在我国经济社会发展格局中的地位不断提升，我国科普事业进入快速发展阶段。2020年12月24日，科技部发布2019年度全国科普统计调查结果。数据显示，2019年全国科普专、兼职人员数量达到187.06万人，比2018年增加4.80%。从经费支出来看，2019年全国科普工作经费筹集额共计185.52亿元，比2018年增加15.13%。全国人均科普专项经费4.70元，比2018年增加0.25元。不仅如此，这些年来，全国科普场馆数量继续增加，新媒体科普传播格局迅速建立

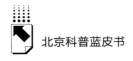
起来。①

在科普事业体制机制建设中，协同发展机制成为各级科普主管部门旳重点建设领域。2006 年，全面科学素质工作领导小组办公室与中国科协办公厅出台了《科普资源开发和共享工程实施方案》，该方案明确要求"建立全国科普信息资源共享和交流平台，为社会和公众提供公共科普服务"；2008 年，《中国科协科普资源共建共享工作方案》正式出台，该方案明确提出"统合科协系统内外优势力量，建立一个高效、稳定的科普资源物流网"，该方案还要求"地方科协、全国学会可参照中国科协直属单位资源开发工作，结合当地特色和自身特点及优势，有计划地开发科普资源，丰富我国科普资源的总量"。这些政策推进了科普协同发展进程，为京津冀科普协同机制建设营造了良好的制度环境。

2014 年以后，党中央、国务院制定的京津冀协同发展战略开始实施，京津冀科普协同发展被相关部门列入落实《京津冀协同发展规划纲要》的计划中，京津冀科普协同发展机制建设逐步推进（见表 1）。

表 1　京津冀科普协同发展机制建设一览

时间	建设主体	协同机制建设	主要内容
2016 年 12 月	京津冀三地科学技术协会	签署《京津冀科普资源共享合作协议》	明确工作联络机制、搭建三地科普资源共享平台，充分整合区域科普资源，组织科普产品开发，打造主题科普品牌，推动科普人才共同培育等。
2017 年 5 月	京津冀三地科学技术协会	签署《京津冀科协全面合作意向书》	推进三地科普产业对接，推动三地在科普项目、科普园区和科普人才培养方面开展合作，实现区域优势互补。
2017 年 6 月	北京市科委、天津市科委和河北省科技厅	开展京津冀科普旅游等产业活动	以旅游活动为抓手，实现京津冀科普资源共享，推动三地科普与旅游的有机融合。
2018 年 11 月	京津冀三地科学技术协会	签署京津冀三地科普企业战略合作协议	以科普企业为主体，加强企业在科普资源开发、科普产品研制、技术工艺提升、市场营销开拓等方面的协作和配合，共同提高市场竞争力。

---

① 《科技部发布 2019 年度全国科普统计数据》，http：//www.kepu.gov.cn/www/article/9313c99e217a4785a6790fde9a13480e，2020 年 12 月 24 日。

从现实情况来看，京津冀科普协同发展机制已经初步建立，协同发展机制框架基本成型，机制建设内容涵盖工作联络、资源共享、科普人才、科普产业、科普项目和科普园区等主要方面，注重三地在科普要素存量和增量上的特点，同时突出三地的优势互补，积极发挥科普企业在协调发展中的重要作用。京津冀科普协同发展机制建设将对京津冀科普事业高质量发展和京津冀科技创新产生深远影响。从国家层面来看，京津冀将成为中国科普事业发展的高地，全面带动我国科普事业高质量发展；从区域角度来看，京津冀科普协同发展机制建设对探索区域科普资源共享共建共创新的新机制，推动北京科技创新中心建设以及加快创新型国家建设等具有重要意义。

三 协同发展机制建设中存在的问题

一是协同发展机制虽然建立起来，但是运行效率还有待于提高。当前京津冀科普协同发展机制建设尚处在打基础阶段，制度基本框架初步成形。但协同机制运行还有很多需要磨合的地方，运行效率有待于提高。由于历史发展的原因，京津冀三地科普资源分布不均衡，科普工作方式方法还存在差别，造成了三地科普资源很多都没有充分利用，科普产品类型有限，资源共享平台区域间协调难度较大，协同发展机制运行效率还有待于提高[1]，协同发展机制实施效果也大打折扣。

二是协同发展机制不够细化，有一些具体制度需要进一步落实。京津冀三地签署了一系列的科普协调发展协议，但是目前还没有出台后续的推进落实方案。不同地区的配套政策体系建设力度也存在较大差异，相应的前瞻规划和过程管理尚处在空白阶段。不仅如此，协同发展机制建设中的资源整合制度、共建共享制度等落地实施进度较慢，执行中存在着各种现实难题和障碍。

---

[1] 相关研究也说明此类问题，具体参看李江辉、王宾《京津冀科普全要素生产率测算与分析》，《中国科技论坛》2019 年第 5 期，第 116～122 页。

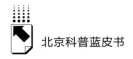

三是协同发展机制建设缺乏硬约束性制度。目前的协同发展机制内容多为引导性、支持性和鼓励性的制度，缺乏约束性、限制性的责任内容。这样造成制度"打折"执行，"折扣"落地。推进京津冀科普协同发展，必须加强配套硬约束制度建设，形成完备的执行责任体系，强化制度限制规范作用，把机制建设落到实处。从现实情况来看，当前京津冀科普协同发展机制建设中还缺乏这样性质的制度。

四是协同发展机制建设缺乏标准和规范。协同发展机制标准和规范建设没有及时配套实施，缺乏标准和规范就无法进行有效的监督和考核。科普协同发展不仅需要规范化的科普资源管理，还需要制定高标准绩效体系对参与主体开展考核，这样才能更好地明确不同阶段各个参与主体的基本责任和任务完成情况，更好地推进协调发展制度实施。

四 高效协同发展机制建设原则

从制度经济学角度来看，京津冀科普高效协同机制建设属于制度优化范畴。制度优化是指在已有制度的基础上，根据外界形势的变化和制度演进的实际要求，针对已有制度中的问题、矛盾、不足、缺口和薄弱环节开展建设、补充、完善工作，以期提高制度体系合理化程度，提升和强化制度效力。在给出高效协同发展制度建设原则之前，我们需要利用制度经济学知识去分析京津冀科普协同发展机制的几个基本方面，厘清制度优化的基本机理（见表2）。

因此，我们根据以上几个基本方面出发，提出如下的制度建设原则和思路：要与党和政府宏观社会经济建设相适应，与我国"十四五"时期科技创新发展指导思想和理念相适应。要以习近平总书记系列重要讲话为指引，以改革创新为动力，加大制度设计力度，提高制度供给水平；进一步修订完善现有制度，盘活现有存量；本着适度超前的思路，实现增量创新；倒逼改革，推动制度创新；更加注重京津冀科普资源均等化和优秀科普资源下沉，更加

表2　京津冀科普高效协同发展制度建设的基本方面

基本方面	主要内容	主要表现
动因	制度安排存在着不均衡现象,潜在利润大于制度变迁的成本,通过制度变迁可以实现帕累托改进。	京津冀科普高效协同发展制度建设的基本动因是当前制度体系存在着各种矛盾,效率有待于提高,难以满足现实需求,从而产生制度变迁的原动力。
主体	第一行动集团	京津冀三地科普事业主管部门有着京津冀科普协同发展这一共同目标,可以形成稳定的受益预期。
路径	强制性＋渐进式组合	科普主管部门通过行政手段和法律手段引入实现制度变迁,实施增量改革,保留和完善已有制度的同时,不断引入新的制度。
利益集团	第一行动集团内部的"子集团"	渐进式改革是一种倾斜式、增量的改革,它不可能同时给所有参与者和群体带来好处,而只能给一部分人和群体首先带来改善。这一部分人或群体将成为推动制度变迁的重要子集团,各级部门应正视这些子集团的重要作用,确保子集团推动的制度变迁要朝着帕累托改进的方向前进,不能固化某些"子集团"的既得利益。
路径依赖	制度变迁有着巨大的"惯性"	克服路径依赖,充分总结近年来京津冀科普协同发展的经验,克服各种现实阻力。

注重提高科普产品质量和水平，实现京津冀地区科普高质量发展，显著提高京津冀地区群众科学素养，全力推进京津冀科技创新水平。

五　高效协同发展机制建设路径

（一）加强顶层设计，增补完善法律法规

需要加强制度环境建设，加强京津冀科普高效协同发展的顶层设计力度。《中华人民共和国科学技术普及法》颁布实施于2002年，为推动我国科学技术的普及工作发挥了重要作用。但该法发布至今已近20年，其中一些条款和规定不能跟上现实情况的变化。因此，建议对《中华人民共和国科学技术普及法》进行修订，既要明确科普主体的基本职责，也要鼓励、激励各级科普主管部门开展合作交流，以法律形式推动科普事业的协同发

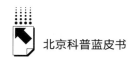

展，有效引领有关部门和组织开展科学普及工作，保障科学普及工作的推进。

（二）完善资源共享制度建设，提高资源使用效率

从总量上来看，京津冀地区科普资源规模较大；从类型上开看，京津冀地区科普要素种类齐全；从结构上来看，京津冀地区科普资源分布不均衡。因此，需要相关部门进一步完善科普资源共享机制，健全科普工作共建共享、互惠互利的政策制度支撑，打破科普资源的地域、行业、部门限制，再通过各种全新的技术手段和传播方式，充分挖掘现有科普资源的利用率，降低资源开发和科普产品生产成本，改变科普产品的供给范围和供给层次，提高科普资源跨地区、跨行业使用效率，从而实现高效协同发展。

（三）细化现有制度内容，推动相关制度落地实施

现有的协同发展机制已经初步成形，基础框架已经搭建起来，现在需要相关部门加大制度制定力度，细化相关政策，推动相关制度落地实施。建立健全三地工作联络机制，详细规定工作联络内容和责任分配情况；制定科普品牌产品研发计划，综合设计高质量科普产品；规划科普人才队伍培养工作，加大相关人才培育力度；实现科普信息互联互通，加快信息共享进程；系统梳理科普工作渠道，全面整合京津冀三地科普受众规模、结构和需求情况。

（四）制定协同发展考核指标，规范制度建设进程

构建京津冀科普协同发展考核指标体系，鼓励相关主管部门结合实际发挥主观能动性，以贯彻落实"十四五"发展纲要实现京津冀科普事业高质量发展为目标，在现有工作制度的基础上，大胆闯、大胆试，组织专家学者行业内人士以及科普产品受众开展研讨，探索总结出一套科学合理的考核指标体系，使之成为促进高效协同发展的"指挥棒"、"风向标"。在考核指标体系设计中，应当尤其注重设置与均衡发展、创新工作相关的指标，并提高其在整个考核指标体系中的比重，突出高效协同发展的目标。

（五）强调主体的责任担当，强化制度硬约束

三地各级科普主管部门是高效协同发展制度的设计主体、供给方和实施者，需要强化主体的责任担当，强化制度硬约束。要制定相关责任分配制度，实现制度施压和制度督促。高效协同发展机制建设中的具体主体责任，必须落细落小、求实求深；高效协同发展机制建设的重要目标和主要任务，必须要实现直接责任到岗到人。要促"精准问责"，厘清主体、严格程序，着力发现和解决责任不明确、不全面、不落实等问题。

参考文献

［1］李江辉、王宾：《京津冀科普全要素生产率测算与分析》，《中国科技论坛》2019 年第 5 期。

［2］马健铨、刘萱：《京津冀科普资源共建共享对策研究》，《今日科苑》2018 年第 8 期。

［3］李百华：《京津冀协同下科普基地资源利用及优化研究》，《科技视界》2018 年第 2 期。

［4］李军强：《基于智能手机的"京津冀"科普旅游平台开发与应用》，河北省石家庄市科信计算机技术服务中心，2017 年 12 月 22 日。

［5］彭砚淼：《京津冀绘制科普资源共享新蓝图》，《科技创新与品牌》2017 年第 1 期。

B.9
北京科普发展引领国际合作
交流的机制、路径与模式

徐海燕　谢苗廷*

摘　要： 对外合作与交流是促进科普发展的重要途径。北京具有开展科普对外合作与交流的基础与优势，包括：具有引领对外交流的硬件基础、一流的教育资源、专业技术人才和占比较高的科学素质公民、优异的对外科普交流平台条件以及成熟的科普推广机制。北京应根据国际要素特点，建设国际型科普共同体，拓展科普国际化的渠道，在展示中国经验中拓展科普国际化的道路，以扩大区域内循环为着力点，加强科普信息化建设，实施科普融合发展的"组合拳"，并且探索对外推广新机制。

关键词： 科普国际化　科普交流　北京

一 推动科普"走出去"是中国走向创新国家的关键环节

根据实现工业化和现代化的不同方式，世界上的国家可分为三类：资源型国家，主要依靠自身丰富的自然资源增加国民财富；依附型国家，主要依

* 徐海燕，法学博士，中国社会科学院政治学研究所研究员、硕士研究生导师，主要研究方向为中国政治、比较政治；谢苗廷，中国社会科学院大学政府管理学院，主要研究方向为国际政治。

附于发达国家的资本、市场和技术来实现自身的发展；创新型国家，依靠科技创新形成日益强大的竞争优势来实现发展。随着新时代的到来，科技创新日益成为现代化经济体系的重要支撑，是提升社会生产力和增强综合国力的重要力量。世界上许多国家都选择将科技创新作为提升国家综合国力和核心竞争力的有力武器，正积极向创新型国家迈进。纵观世界，那些把握科技先机、赢得优势的国家，都是科学基础雄厚的国家；那些能引领科技创新的国家，都是经济社会发展处于领先行列的国家。2020 年 10 月召开的十九届五中全会指出，中国已经进入全面高质量发展新时代，全方位加强科学技术普及教育，进一步提高民族科学素质，已成为持续增强国家创新能力和国际竞争力的基础性工程。因此，为了我国科普工作的推进，以及科教兴国战略和建设创新型国家战略的实施，需要在全社会广泛开展科学技术普及活动。这就要求我们站在经济社会发展全局、科技事业发展全局的高度来看待我们的科普工作。可以说，科普，并不高深，却是科技创新的重要基础和支撑；科普，虽不起眼，但与大国发展的成败息息相关。

（一）科普的发展和传播离不开对外合作与交流

任何一个国家的科技发展，都必须立足本国，放眼全球。一国不可能仅仅依靠本国的力量应对所有创新难题，因此深化加强国际科技交流合作是世界各国和地区提高自主创新能力和国际竞争力的重要途径。也就是说，科学普及与科技创新应该被赋予同等的重要性。这一判断有历史经验可循。17 世纪至 19 世纪初，正是欧洲知识与技术快速传播交流的阶段。当时企业家、科学家以及各类技术发明家之间的信息交换和知识流动，推动了那时候的新兴技术和产品向全社会渗透和扩散的进程，加快了科技革命和产业革命，也为新一轮的科技创新打下了良好的基础。

当今中国正处于全面深化改革的新时代，中国开始从站起来、富起来走向强起来的阶段。国家综合实力得到极大提升，十八大以来，中国提出了创新驱动发展战略，突出了科技创新作为提升社会生产力和综合国力的战略支撑的重要地位，必须将其置于国家发展全局的核心位置。2020 年 10 月召开

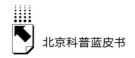

的中国共产党第十九届五中全会公报提出，中国要于 2035 年基本实现社会主义现代化，其中就包括"关键核心技术实现重大突破，进入创新型国家前列"。科普作为科技创新的基础性工程，更需要有国际视野、国际观念、国际境界、国际胸怀。中国科普走出国门，以更加开放的姿态与世界各国加强联系与合作，是必然的发展趋势。对当前中国而言，让科普面向世界、面向未来，可以起到"一石三鸟"的作用。

1. 可以及时把握科普前沿，及时掌握科普发展工作的新理念与新方法

有助于我们了解、研究发达国家参与科技框架计划的情况及项目申请技术诀窍，有效跟踪、了解和研究国际科技合作状况、趋势和重大问题，参与国际科技合作重点项目政策规划、计划的制定工作，拓展在重大科学议题上的科普发展与传播合作机制，积极融入科技国际合作业务；承担国际科技合作现状和重大问题的研究，提出国际科技合作国别政策、区域政策以及重点合作领域政策的建议。

2. 科普"走出去"也是知识流动和技术扩散的一种方式

可以把我国提高全民科学素质建设的新做法、新经验、新成效进行总结和推广，进一步提高世界整体民族科学素质，为我国在国际舞台展现与宣传中国特色科学文化、为世界科普工作提出中国智慧与方案提供机遇，也能彰显中国作为责任大国的道义和担当。

3. 科普"走出去"可以与世界科技组织建立长期的合作伙伴关系

便于我们研究世界各国特别是发达国家科普工作的模式、机制、效果。有利于我们从国情出发并借鉴他人的经验，充实自身有关科普的理论和实践，对科普的本质和意义形成更深刻的认识，开拓科普工作思路，提高科普工作水平，也有助于构建起融合研究、创新、分享、传播于一体的，常态化的高端科普平台，发挥科普在科技强国建设、经济社会全面发展建设中的作用，为增强国家创新能力和国际竞争力、构建和发展中国特色科普理论与实践助力。因此，建立和完善科普发展和推广的长效制度，确保科普工作的实效性非常必要。

（二）创新型国家建设中科普"走出去"具有迫切性

相关资料证明，我国在走向创新型国家的过程中，已经取得了很大成就。2019 年，我国研发人员数量居世界首位。在研发经费、国际科技论文质量、被引论文数量方面均居世界第二位。成绩虽然令人欣喜，但正如十九届五中全会指出的，"高层次创新人才的培养上"存在不足，"创新能力不适应高质量发展要求"。当前，我国正处于从全面建成小康社会步入基本实现社会主义现代化的关键阶段，正面临着国内外两个方面的严峻挑战。

1. 人口老龄化与经济发展动力的挑战

新一轮科技革命和产业变革正在重构全球创新版图，不仅要依靠科技进步，更要依靠劳动者素质的提高。2019 年末，中国大陆总人口突破 14 亿。全年人口出生率降至 1952 年以来最低的 10.48‰，65 岁及以上人口占总人口的 12.6%。我国人口的老龄化意味着，我国经济社会快速发展所依赖的低成本劳动力带来的人口红利正在消失，必须转向依靠"教育红利"或者"人才红利"推动经济增长。对此，"必须把科技自立自强作为国家发展的战略支撑"，提升公众科学素质，实现人的可持续发展。

2. 我国应对关键核心技术创新能力挑战的需要

进入 21 世纪以来，根据世界经济论坛发布的《2019 全球竞争力报告》，在全球 141 个经济体中，中国排名第 28 位，跃居金砖国家之首，但是创新能力和商业活力的平均得分方面仍低于欧洲和北美地区。创新能力的不足，常常发生被别人"卡脖子"的事件。对此，习近平总书记指出，"不能总是指望依赖他人的科技成果来提高自己的科技水平，更不能做其他国家的技术附庸，永远跟在别人的后面亦步亦趋"。

核心技术创新能力不足，其根本原因在于基础研究的根基不深、基底不牢，缺乏源头活水，公民的科学素养是成为创新型国家的关键环节，这恰恰需要科普工作发力。这是因为，在走向科技创新国家的进程中，科普的发展与传播有助于公众培养对科技工作的兴趣，在全社会推动形成讲科学、爱科学、学科学、用科学的良好风气，提高公众的科学素质，建立从事科技事业

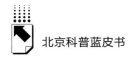

的意愿，提升科技能力，加速科技成果快速转化，从而在整体上推动社会主义高质量发展的能力。另外，科普的发展和传播还能够帮助公众理解政府在科技方面的重要政策和重大投入，支持国家的重大科技发展战略和重要科研行动。如果将科技工作看作一座金字塔，那么科技创新是塔尖，科普就是塔基。塔尖要出彩，关键在于塔基要牢固。如果塔基不稳固，那么塔尖也难以持久。因此，提高核心技术创新能力还需要夯实国家创新的基础，从根子上找原因，从源头上下功夫，要从完善发展科普的路径这一思路出发，发展科普事业，为掌握关键核心技术打牢基础、提供源泉，加快科技强国建设。实施面向世界科技前沿、经济发展和重大需求的创新驱动发展战略，加强重大科技攻关，让核心技术不再被"卡脖子"。

二 北京科普引领对外合作交流的基础与优势

当前，我国正处于实现两个一百年奋斗目标的历史交汇期，也是我国科普事业走出国门，对外交流工作迈向新征程的重要机遇期。我国当前已经是一个科技馆大国，科技馆的数量与场馆规模居世界前列。科普人员队伍规模有所扩大，专职人员构成持续优化。科普经费持续增长，科普场馆基建支出增加明显。科普场馆功能逐步优化，人员参与形式更为灵活多样。中国科普事业取得的重大成就，为北京对外交流提供了强大基础。可以说，北京在科普引领方面承担着多种角色：既是科普理论研究的探索者、社会科普活动的组织者、科普工作方案的提供者、科普资源平台的建设者，又是国际科普交流的推动者。在普及科学技术知识、倡导科学方法，传播科学思想、弘扬科学精神方面具有如下优势。

（一）北京科普具有引领对外交流的硬件基础

北京科普具有引领对外交流全方位、立体化、多层次的硬件基础。

据科技部 2020 年 12 月统计数据，2019 年，北京科普人员队伍规模、科普经费、科普场馆等多个指标数据均有所增长。相对于其他地区，全国科普日北京主场规模大，设施硬件强、科普氛围好。科普进校园、北京科学传播大赛等活动推广有力；北京科普创作出版专项资助资金雄厚。北京拥有学（协）会专家资源优势、科研院所科技资源优势、科普教育基地和科普场馆展览展教品资源优势、科技传媒宣传资源优势，以及新媒体信息化传播优势等。在科普信息化建设、科技馆体系建设、青少年科技教育、科普惠民服务、科普创作传播方面均具备全国先进水平，这些均为科普推广工作奠定了硬件基础。

（二）北京参与科普的平台条件

自中国科协、财政部印发《关于进一步加强基层科普服务能力建设的意见》后，"互联网＋基层科普服务"、创新众筹、众包、众扶等基层科普服务新模式、政府和社会资本合作（PPP）的基层科普公共服务供给新模式不断发展，为社会广泛参与基层科普服务提供了新的路径。在北京，社区 e 站数据建设、科普惠农 e 站联盟、物联网等前沿技术手段丰富着北京全区的科普体验活动；针对外来务工人员、留守儿童、妇女提供环保、健康、法律常识及相关职业培训正在有条不紊地开展；在城郊，正在实施的"新技术新产品下乡，优质农产品返城"双向服务不断提升北京各个区的科技氛围。中国科协主导实施的"中国流动科技馆"作为科学传播公益品牌项目，在如何促进全民科学素质提升，如何使用科学方法、传播科学思想、弘扬科学精神、展示科普公共服务方面不断积累经验。

与此同时，随着网络化科普传媒迅速发展，为科普传播方式带来了新的机遇与挑战。2014～2019 年，北京地区举办的科普（技）讲座、科普（技）展览、科普（技）竞赛逐年增多，网络化线上参与模式不断涌现，成为年度科普活动的亮点。网络化传媒迅速发展，为传统纸质科普出版物、科技馆、科学技术博物馆的数量带来了冲击，加之政府职能优化改革带来的机构撤并，部分公共场所（包括城市社区科普专用活动室等）的科普宣传设施数量下降，不少科技活动馆的用途开始多元化。在科技功用与文化、体育等功用合一的综合型定位下，科技场馆的数量减少，科技场馆

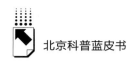
从单纯的展示功能向综合化多元化转型，从以线下科普为主逐步向线上、线下并存转型。

（三）北京拥有一流的教育资源和专业技术人才

北京作为中国的政治文化中心，拥有成熟发达的系统化的教育体系、先进的教育理念、完善的教育设施、优质的师资混合生源、高水平的专业技术人才、富有经验的科普工作者，以及科研机构、高端智库等诸多创新机构，不仅承担着国家级科技计划项目，而且承担着科普理论前沿研究、推广科普工作、提升人员科学素质等诸多重任，是全国科学普及事业发展的引领者。在人才培养方面，设立了全国优秀科技工作者、全国杰出科技人才、中国青年科技奖、中国优秀青年科技人才、中国青年女科学家奖等多个奖项。为拓展北京地区科学传播领域的专业技术人员的职业发展通道，2019年5月，北京市人力资源和社会保障局与北京市科协首次联合公布了《北京市图书资料系列（科学传播）专业技术资格评价试行办法》，率先在本市国有企业事业单位、非公有制经济组织、社会组织的专业技术人员中推行科普的专业技术资格评价制度，将其纳入图书资料系列科学传播的专业评审中，为科普工作者的职称开辟上升通道。2020年，北京市75名科普工作者成为中国首批拥有高级职称的科学传播专业人才，进一步提振了北京地区科普工作者的信心。

（四）北京具备科学素质的公民占比居前列

科学素质是公民素质的重要组成部分。公民的科学素质一般指了解必要的科学技术知识，掌握基本的科学方法，树立科学思想，崇尚科学精神，并具有一定处理实际问题、参与公共事务的能力。科学素质高低程度反映一个地区的科技基础和综合能力。我国自1992年起，通过制定公民科学素质的标准，以及开展公民科学素质调查，来全面了解公民科学素质发展状况和变化趋势。

我国公民科学素质目标最新规划规定，到2020年，我国的科学技术教育、传播与普及实现长足发展，形成较为完备的公民科学素质建设的组织机构、基础设施、保障条件、监测评估体系，公民科学素质在整体上有较大提高，具备科学素质的公民所占比例达到10%，国家迈入创新型国家的行列；到2035年，中国将基本实现社会主义现代化，公民科学素质建设能力有了长足发展，公民科学素质水平得到大幅提高，与创新型国家前列的要求相匹配；到21世纪中叶，公民科学素质建设能力取得极大发展，届时全体公民都将具备科学素质，达到世界领先的水准。

1992年至今，我国已经开展了十次公民科学素质调查，最新一次的调查结果显示，与本地区经济社会发展相匹配，北京地区具备科学素质的公民比例达到了21.48%，北京公民的科学兴趣、创新意识、学习实践能力、公众科普活动的参与度，均位居全国前列，已经远远超过了我国《全民科学素质行动计划纲要实施方案》中规定的10%的目标。表明北京公民科学素质水平已经进入快速提升阶段，不断缩小与欧洲、美国等国家和地区的差距。

（五）北京具有引领对外科普交流的平台条件

北京是中国首都，国际化的大都市，具备国际化居住和教育环境。北京拥有涵盖幼儿园、中小学在内的国际化社区教育服务体系，聚集了北京国际学校、北京市新英才学校等多个国际知名的文化交流平台，这些均为北京引领对外科普交流奠定了基础。

北京地区站位高，拥有最强的科技管理资源，对其他区域具有高端辐射与引领作用。在科普创作、科技传播渠道、科学教育体系、科普工作社会组织网络、科普人才队伍以及政府科普工作宏观管理等方面，可以有效发挥"创作一批""整合一批""征集一批"大量优质资源的作用，具有得天独厚的政策和物质资源支持。

北京是科普资源共建共享平台的构建者和主导者，有能力拓展国际科技资源的合作渠道，与世界其他国家和地区科普组织进行对接合作。驻于北京地区的科技部，拥有汇聚优质科普资源的能力，有动员各方优势资源入驻北

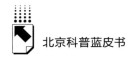
京的能力，承担着国内外科技合作领域内的会议及有关团组的组织及接待工作，统筹协调全国科协系统科普的信息共享和对外国际交流活动，是世界公众科学素质促进大会的承办者，是援外科普培训班和赴境外科普培训班的具体组织者，国际科技合作网英文网页以及重要对外宣传资料的翻译工作的主要承担者。具备对外推广、交流与合作的雄厚实力。为实现人的全面发展和经济社会可持续发展，更好地应对科技与人类社会发展的全球性问题，2018～2020年，中国科协成功邀请了世界科学素质建设领域的国际组织、政府机构、科技类非政府组织、科学传播行业组织或机构、大学及研究机构代表，以及科技、教育、工商界的管理人员、专家学者和知名人士。推动公众科学素质共商共建共享共促，争取各国政府支持，汇聚科技、教育、媒体、企业等各方和广大公众力量，搭建了国际交流平台和全球合作机制，推动实现联合国持续发展目标，促进科技与社会良性互动，为世界各国在开展科学教育、传播和普及方面的经验互鉴和资源共享创建了新的平台和合作机制。

北京拥有多个国际交流的平台。驻于北京的中国科学技术协会、中国科普交流中心同样也承担着组织科技工作者参与国家科技战略、规划、布局、政策、法律法规的咨询制定工作，以及建设中国特色高水平科技创新智库的工作；承担着开展民间国际科学技术交流活动，促进国际科学技术合作，发展同中国国（境）外科学技术团体和科学技术工作者的友好交往，为海外科技人才来华创新创业提供服务的工作。十八大以来，通过中国科技政策论坛、北京国际城市科学节联盟、科学节圆桌会议、中国创新50人论坛、北京国际科普方法研讨会等国际交流渠道，北京已经与100多个对口科技组织签署了双边合作协议和备忘录。

（六）北京拥有较为成熟的科普推广机制

北京在科普对外推广方面拥有较为成熟的激励、竞争、评价和监督机制，包括科普主题年活动机制、科普联动工作机制、流动科普设施社会化运行机制、国际开放交流共享机制等。2020年以来，中国科普推广的思维更为灵活，手段不断创新，主要包括以下方面。

1. 以年度主题、重点议题为契机推广科普交流

2020 年，中共北京市委宣传部、北京市科学技术协会、北京科普发展中心围绕着"新时代文明实践""京津冀一体化""抗疫科普"等主题，以举办科普推广、发展科普资源推介会，联盟年会等方式，展示科普资源的最新成果，最终实现科普资源的汇聚共享，融合发展，形成联动效应、品牌效应，提升科普资源整体优势。

2. 通过开展科技项目招标、竞标，提高全国各地区发展科普的积极性和开展科普活动的主动性和能动性

根据 2020 年 6 月制定的《北京市新时代文明实践基层科普行动实施方案》《北京市基层科普行动计划资金管理办法（2020 年版）》的相关规定，对具有示范引领作用的基层科普项目进行专项资助，增强基层科普公共服务能力，提升基层科普成效。

3. 通过发挥新型媒体的传播优势，构建全国科技馆微信联合行动联盟

随着信息化、网络化的发展，传统科普发展形势出现新的变化，实地场地访问量缩减，网络访问量增多，为北京科普发展提供了新的供给路径。2020年，北京科普搭上新型网络媒体的快车，积极利用广播电台、电视台、网络和新型媒体推广科普宣传教育，通过首都科普、北京科普微信公众号平台，宣传各项疫情防控精神，拍摄疫情防控和应急科普宣传教学片、科普短视频40 余个。在中国科技馆倡导下，全国 30 余家科技馆组成全国科技馆微信联合行动联盟，共享科普资源，共建宣传推广渠道，并推出首个面向全国青少年的大型线上科普竞赛活动"全国科学实验 DIY 挑战赛"，全国科技馆共筑网络阵地，共享科学防护科普资源，共建宣传推广渠道，宣传保障科普服务。

4. 通过中国流动科技馆项目推广发挥科普影响力

从 2017 年 10 月开始，中国科技馆以国际巡展的方式，推动科普事业的共赢。中国流动科技馆"一带一路"国际巡展已经在缅甸、柬埔寨、哈萨克斯坦完成巡展任务，在配发展览资源，建立巡展站，服务公众方面积累了大量经验。2020 年还探索建立了国际科技馆能力建设高级工作坊、海峡两岸科学传播论坛等品牌项目。

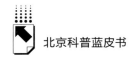

总之，北京科技资源丰富，科普产品供给数量多、质量好、层次高，北京科普"走出去"有十分便利的条件和独特的环境，从而具备引领国际合作交流的优势。

三 北京科普引领对外交流面临的挑战

当前，北京科普引领对外交流面临的挑战应从两个方面来解读。

（一）从差异化的视角看，北京科普要发挥引领作用，还必须继续在夯实实力上下功夫

随着科普的稳步发展，科普工作取得巨大的优势，但与西方发达国家相比，北京科普推广的硬软件设施、科技储备、综合能力与发达国家有一定的差距。在一定程度上存在着科普基础设施数量不足，部分科普场馆设施陈旧，展示技术手段落后，科普功能单一；多媒体推广科普功能发挥得不够充分，电视节目中科技类节目所占比例偏低；创作、采编、策划、理论研究等方面的高水平科普人才缺乏。在科普领域还面临整体科普创新能力相对较弱，科普管理经验不足，缺少具有全球视野和国际水平的科普推广人才和高水平推广团队，融入全球科普创新网络能力不强，对科普发展规律有待于深化、科普体系有待于健全，掌握全球科技竞争先机不够及时等诸多问题。当前，从科普发展引领国际化的成效看具有一定的"内卷化"特征。主要表现为，北京与国外在科普方面的交流活动次数虽然逐年递增，但在科普推广的形式和内容上依然较为单一，科普图书的对外交流合作中，引进科普图书数量多，但原创出版少，科普产业国际资本合作体量小，科普合作形式较为简单，亟须加快培育北京的科普品牌、提升科普国际影响力。

（二）从2020年看，北京科普在对外交流推广上存在不确定因素

2020 年，突如其来的新冠肺炎疫情，为北京科普带来"走出去"的挑战。受到新冠肺炎疫情的影响，全国科技馆、博物馆陆续闭馆，中国流动科

技馆赴尼泊尔、巴基斯坦国际巡展工作无法正常进行，科普大篷车等流动科普设施无法正常运行，对北京科普引领国际合作交流造成了障碍。

当前，北美与西欧等发达地区是世界领先的科学普及条件最好的地区，是全球关键技术供应链中不可或缺的环节。2016年以来，美国和西南欧、中东欧地区都不约而同地选出了民粹总统，其选举策略和政策纲领阻碍了全球化进程，其施政策略已成为对他国施压、干涉乃至进行霸凌的工具。不仅在资本主义体系内演化成为国家意识形态"选边站"对外偏好政策，更将这一意识形态的鸿沟引申为不同国家意识形态的对立。全球经济衰退、世界贸易摩擦加剧，北京科普发展受到新冠肺炎疫情和欧美国家掀起的"逆全球化"思潮的影响，科普对外合作交流链条面临着"断链"、"缩链"、"弱链"的危险。以美国为首的西方发达国家在全球寻找"意识形态"合作者，加剧了对中国全方位的围堵。2019年11月，在由美国智库国家亚洲研究局（NBR）提交的名为《部分脱钩：美国应对与中国经济竞争的新策略》的第82号报告中，不仅鼓吹"中国威胁论"，还谋划了详细的未来美国从与中国经济方面部分"脱钩"逐步升级为全面"脱钩"的战略路径。包括进一步缩紧对中国部分进口商品的限制、减少国家技术向中国的传播，对中国商品、资本和人员向美国的流入设置壁垒，与这些同步进行的是，大力投资本国创新科技与教育事业、加强贸易和投资关系、畅通发达国家间的信息共享，加强对中国的技术围堵。这表明，美国在现有秩序下企图通过在贸易、资本、核心技术、人才流动等诸多方面跟中国划清界限，达到其遏制中国发展的目的。美国著名智库——新美国安全中心于2020年10月发布的《规划应对中国的跨大西洋路线》一文中，提出了美欧一起强化协调遏制对华的四大领域的战略，即在技术、投资、贸易和治理方面对中国进行围堵。这里最关键的还是美欧在技术领域的协调，贯穿于其中的实际还是"技术脱钩"的思路。主要表现为，美欧联合起来协调技术出口控制，和中国进行数字基础设施特别是5G领域的竞争，以及联合进行技术封锁。美欧要汇总中国技术转让的各种数据，以便形成有效监控，美国推动美欧协调最核心的内容在于"技术脱钩"，以形成遏制中国的技术优势。更为严峻的是，美欧方面的协调，

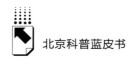

不仅仅是限于美欧之间，还要扩大到日本、澳大利亚甚至是印度等国家，以形成现代科技对中国的打压和围堵。

从以上分析看出，美欧对中国的"脱钩"政策，对北京科普引领国际化的路径制造了障碍。为此，北京应该未雨绸缪，做好积极应对。

四　北京科普发展引领国际合作交流的机制、路径与模式

面对北京引领科普对外交流的不利因素，北京作为国际化大都市，在进行科普对外引领方面，应坚持世界命运共同体的理念，以全球视野谋划和推动科技创新，时刻注重防范化解重大风险。拓展科普在新媒体新业态的传播方式，加强大数据技术应用，开展科普信息化等研究，探索科普创作规律，提出具有前瞻性、指导性、创新性和实践性的战略思路，注重科普供给和科普需求之间更为精准对接，完善国际组织章程，建立专题网站，汇集各组织合作项目资源信息，健全工作信息报送和工作经验交流手段。注重科技后备人才培养，为北京科普对外国际合作交流提供持续动力。立足已有的世界公众科学素质大会，改进和完善各项工作协调、共享机制。此外，还应该在以下方面发力。

（一）结合国际要素特点，焦距国际型社区，增加科普国际化的渠道

北京作为中国的首善之区和新的国际交往中心，在城市核心区建设中，北京拥有和谐宜居为前提的国际化社区建设的条件。作为国际化的大都市，北京境外人士多，定居户数比例大。在城市社区方面，容易形成安全便利的人居环境，融合亲和的区域文化，来自世界各地不同国籍的人们聚居或工作、交往，从而组成多个和谐宜居的国际化社区。在这些社区中，人员国籍多样化、文化多元化、需求高端化的特点，恰好也是中国科普"走出去"的另一个重要载体。即在加快推进国际化社区建设、创造"和谐宜居"城

市的同时，将科普融入国际化社区的公共服务体系和提供公共产品供给中，在提升国际化公共服务水平的同时，探索科普"走出去"的空间内涵和路径经验。可以通过发挥基层自治组织的积极作用，组织开展多样化联谊活动，搭建本地居民与外籍人员科技交流平台，并在活动中积极融入中国元素、北京特色、科普要素等，加强科普传播力度和效果，以更广泛的层面提供便利的涉外科普服务，最终为探索科普"走出去"的有效途径提供了一个理想场域，为科普"走出去"提供中国智慧和中国方案。

（二）在展示中国经验中拓展科普国际化的道路

2020 年伴随疫情蔓延，各国疫情防控实践实际是世界各国执政党的治国理念、决策机制、领导水平和组织能力的展示，是政治体制是否具有优势的大考。同时，突如其来的新冠肺炎疫情也给科普工作出了一道加试题。口罩该怎么戴？手该怎么洗？最细微的问题饱含着最急切的渴望。与无知战斗、与谣言赛跑，全世界都在期盼着科学的声音。中国成为防控新冠肺炎疫情最为成功的国家，中国经验受到世界瞩目。以此作为路径，在战略上应把控机遇，在展示中国经验的同时，围绕服务新冠肺炎疫情防控的问题，开展应急科普宣传，动员社会各方力量，发挥科技工作者专业优势，用好科技馆体系，讲好中国故事，积极主动配合有关部门和地方加强疫情防控，丰富科普资源，加强精准传播。

（三）以扩大区域内循环作为引领国际合作交流的着力点

在遭受以美国为首的西方发达国家"脱钩"政策威胁的同时，中国也正在与越来越多的世界上其他国家和地区构建起双边命运共同体。在亚太地区，多国已就打造周边、亚太、中国—东盟、中国—非洲、中国—阿拉伯国家、中国—拉丁美洲命运共同体达成共识。在全球领域，坚持树立人类命运共同体意识，深入参与全球科普创新治理，主动创议全球性科普议题，夯实包括网络空间、生态安全以及卫生健康在内的多方面、多层次共同体的建设，提高我国科普创新的全球化水平和国际影响力。

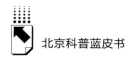
（四）以信息化为新时代科普工作赋能

科普信息化是国家科普体系走向世界以及现代化的重要手段。新的科技革命的蓬勃发展，互联网大数据的运用，人类已进入一个高度开放共享、互联互融的互联网时代。公众阅读模式、获取信息方式、参与科普方式等都发生了根本变化。这就要求我们认真理解互联网时代"人"的特点，把握互联网时代传播规律，加速对传统科普进行革新，加快推进科普信息化，冲破传统技术、观念、体制、机制的约束，帮助塑造互联网时代全新的科普行为方式。推动传统科普内容向更加可视化、形象化和移动化的方向发展，促使科普传播方式由传统媒体向全媒体转变。除此之外，还需以新兴数字技术来促进新型科普服务形态的发展。

如果说，中国在第一次、第二次工业革命中落后了，那么在网络互联大数据时代，中国无疑已经搭上了新一轮科技革命高速发展的快车。面对突如其来的新冠肺炎疫情，北京科普各业务部门，包括北京科协、北京科学中心、科学教育场馆、科普博物馆、北京急救科技馆等群策群力，积极响应，主动作为，奋勇争做科学知识的传播者、社会舆论的引导者，充分发挥数字媒体平台作用，丰富线上科普活动，积极回应社会关切的问题。以此为经验，必须充分利用我国在数字化上跻身全球第一方阵的有利条件，深入推动我国经济产业数字化、智能化转型，使我国得以在新的更高水平上重新塑造科普资源配置格局。深入实施科普信息化建设工程，探索整合现有资源，加强与电视、网络、报刊等主流媒体合作，扩大和提升科普平台传播覆盖面和影响力。打造"科普中国"品牌，支持"自主生产＋平台化运营"模式，发挥好科普中国、数字科技馆和"一体两翼"科协组织科普平台作用，丰富科普服务产品供给。动员学会、科研院所、科普大V等社会各方入驻科普中国，吸引汇聚社会优质的科普资源。加大投入，推动建立激励机制，对优秀科普作品给予支持和奖励。加大科普专业设施设备的供给，强化后台技术支持，精准还原科普线下实景，提升效果。将科普"一对一"形式升级为"一对多"的课堂新形式，打破数量、地域、环境限制，助力实现科普教育资源的共享普惠。

（五）实施科普融合发展的"组合拳"，探索对外推广新机制

主要包括以下几种方式：（1）优化国家科技规划体系和运行机制，探索和完善科技创新体制机制。目前，科普图书已经纳入国家科技进步奖的范围之中，将来还要研究进一步扩大范围，把科普展品教具也逐步纳入其中。（2）完善激励机制，激励一线科研人员积极投身科普工作。深入推进科技体制改革，革新科技项目组织管理方式，实施"揭榜挂帅"等制度。（3）推进重点领域实现项目、基地、人才、资金等要素一体化配置。（4）促进科技评价机制和科技奖励项目的完善和优化。（5）推崇并发扬科学精神和工匠精神，塑造崇尚创新的良好社会氛围。（6）依托"一带一路"建设推进科普工作。以企业为载体，同共建"一带一路"国家开展科普合作与交流，在对外基建和供给过程中，推进科技化、现代化，带动共建"一带一路"国家走向科技创新联盟和科技创新基地的创新之路。在具体路径上，实施科普推广的多元化机制。针对不同国家、不同公众、不同层次的需求，建立分层科普体系。第一层是实用型，普及实用科技知识，促进人的生活和工作质量改善。第二层是公民型，让公众理解和运用科学，民主地参与公共决策过程。第三层是文化型，引导公众树立科学精神、崇尚科学文化，引领科普引领的精准、及时、高效供给。（7）充分发挥制度和组织网络优势，从国家科技计划项目中提炼科普资源，并将这些资源转化为公众易于了解和掌握的科普作品和科普知识。加强科技开放合作，研究创设面向全球的科学研究基金。谋求从多方面促进国际科技创新合作，以创新科普供给服务方式为对外合作注入强大动能，高效精准投送科普资源，增强中国科普的吸引力。

参考文献

［1］中国共产党第十九届中央委员会：《中国共产党第十九届中央委员会第五次全体会议公报（2020年10月29日中国共产党第十九届中央委员会第五次全体会

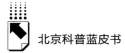

议通过)》，新华社 2020 年 10 月 29 日。

［2］冯华、喻思南：《中国科技进步贡献率已达 59.9%》，人民网，2020 年 10 月 21 日。

［3］中国共产党第十九届中央委员会：《中国共产党第十九届中央委员会第五次全体会议公报（2020 年 10 月 29 日中国共产党第十九届中央委员会第五次全体会议通过)》，新华社 2020 年 10 月 29 日。

［4］熊柴：《老龄少子化加快——中国人口报告》，2020 年 6 月 23 日。

［5］《2019 年全球竞争力报告》，中国经济形势报告网，2019 年 10 月 10 日。

［6］习近平：《习近平谈治国理政》第 1 卷，外文出版社，2018。

［7］中国科普研究所：《第十次中国公民科学素质调查结果公布》，中国科普研究网，2018 年 9 月 18 日。

［8］SPECIALREPORT#82 NBR by Charles W. Boustany and Aaron L. Friedberg：THE NATIONAL BUREAU OF ASIAN RESEARCH：PARTIAL DISENGAGEMENT A New U. S. Strategy for Economic Competition with China，NOVEMBER 2019.

B.10
"十四五"北京科普事业高质量发展的主要方向及关键领域

摘　要：　高质量发展是"十四五"期间北京科普发展的主题。在新形势下，北京科普高质量发展面临着专业化程度需要进一步提高、社会化方式有待进一步扩大、精准服务有待进一步加强等挑战。在"十四五"期间，需要面向全球科技创新中心的建设要求，明确未来进一步提升公民科学素质的具体任务，以加速科技要素流动和科技知识传播，为创新驱动发展提供公民科学素质基础。通过不断提高科普事业发展质量，加强关键领域科普，实现北京科普的高质量发展。

关键词：　科普　高质量发展　"十四五"

一　引言

技术创新和科学普及是实现创新和发展的两翼。面对百年未有之大变局和突如其来的新冠肺炎疫情，北京正在积极贯彻科普新发展理念，加快实施构建"内外双循环"，并专注于改善全球资源分配、科技创新资源、引领高端产业、开放枢纽门户的"四个功能"，努力成为原创科学的发源地，这对

* 刘涛，博士，河北科技大学信息管理系讲师，主要研究方向为经济预测与评价、科技产业政策。

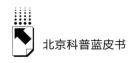

北京"十四五"期间提高公民的科学素质，加强科学普及，提出了更高的要求。

二　科普事业高质量发展的内涵

高质量发展是"十四五"期间北京科普发展的主题。"十四五"时期是我国开启全面建设社会主义现代化国家新征程、向第二个百年奋斗目标进军的第一个五年。在"十四五"规划中，国家进一步明确了高质量发展的基调与改革创新的路线，将创新驱动发展战略和"满足人民群众对美好生活的向往"高度关联，为"十四五"期间科普事业发展指明了方向。"十四五"期间科普发展应进一步聚焦科普质量提升，以持续产出优质科普产品、科普活动，优化人才队伍，贯彻新发展理念，以适应新形势下科普事业发展的主要矛盾。这是促进全面发展，平衡发展，满足人民改善生活的需要的集中体现。高质量发展的本质是围绕质量和效率的发展，它是从"有""有多少"转变为"好"和"好不好"的发展。促进包括科学普及在内的各种经济和社会事业的高质量发展，是适应我国发展新变化的必然要求，也是当前和今后规划科学普及工作的基本指南。发展理念是发展行动的先驱。应当以新的发展阶段为基础，贯彻新的发展理念，培养高素质公民群体，加大高素质人才的全面供应，加快构建科普事业高质量发展的新模式。提供优质的科普服务和高水平的科普专业人才。

高质量发展要求科普必须在社会中形成强大的科学氛围，让科学思想与科学精神推动北京形成科技资源不断产出、转化，公民科学素质不断提高，进而带动全国科学素质加快提高的循环体系。让"双创"真正具备高素质公民群体基础。

三　科普事业高质量发展重点领域

科普资源的丰富与完善是北京"十三五"期间科普的主要成就之一。北京的科普工作为提高市民的科学素质，提供高质量的科普服务，创造一系列高质量的科普内容与科普场馆，积极推动资源共享和新渠道建设做出了重要贡献。"十四五"期间科普发展的重点领域之一是在现有资源基础上进一步提高资源整合能力，通过科普基地联盟、创作联盟等形式将科普设施扩展到各类科研机构、高校和科技场所，并涵盖创新创业中心、社区科普场所等，建立复合型科普资源综合利用机制。努力在"十四五"期间形成以城市科学普及基地、科普场馆为主体，社区科普场所为基层单位，高校和科研院所为补充的科普资源利用体系。

"十四五"期间科普事业发展的主要矛盾已经从科普产品、活动、场馆总量不足转化为科普事业发展同社会科普需求不匹配，科普需求出现结构化矛盾的问题。随着高质量科普理念的提出，原有的面向中小学生为主的科普基础设施需要进一步升级改造，形成面向全年龄科普、全行业科普的高端复合型科普事业。在"十三五"末期，北京市共建设有科普基地 344 个，在科普基地中包括了面向青年创业者的创新实践工作站、社区科普创新机构，此外还有提供科普基础服务的科普基地以及示范性的科普场所。以北京科技馆为代表的在京科技馆、科技博物馆展品、活动水平不断提高，北京科技馆目前全球流行度排名第六。

在经济需求上，人民群众从满足基本生活的要求转变为全面发展和财富增长，在精神文化需求上，公众希望了解和使用科学技术发展最新成果，改善自身工作、生活、健康的要求日益强烈，对中国传统文化科普、社会科普、深度科普等新型科普需求日益凸显。根据人民网论坛开展的问卷调查，交通安全、医疗保健、食品安全、社区生活和教育科学的科普是当前人民群众最为关切的科普领域，这是"十四五"时期科普工作开展的出发点。坚持以人民群众需求为主导，以提高公民整体科学素质为目标，弘扬科学精神，传播科学思想，是"十四五"科普事业的落脚点。

四 "十四五"期间北京科普高质量发展面临的挑战

科技工作是一项高度专业化的工作，随着科学研究不断深化，不同学科

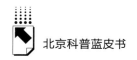

间的隔阂不断加深，科普是面向公众传递最新科研成果的媒介，要求科普工作者要进一步根据不同学科门类进行专业素质提升。当前科普人才的专业门类体系建设落后，大量专业科普工作者实际上是"全科"科普工作者，在进行科普再创作、深加工等方面受到专业化程度的制约。"十四五"期间进一步推动科普事业迈向高质量发展，需要在科普事业发展规划上，进一步根据科学技术发展重点和学科体系，提高科普专业化程度。

科普产业化发展仍然处于初级阶段。以财政投入建设科普场所，传媒机构仍然是科普服务的主要提供方式，社会化科普和科普产业化发展水平仍然有待提高，当前科普产业化仍然以科技型企业的产品介绍、科技产品会展等方式向公众推动。具备大型有影响力的产业化科普平台仍然缺失。此外参与科普的企业同国家级科普活动的衔接机制不畅，科普展教具企业应用新技术能力欠缺，科普产业盈利方式尚不明确，以2021年3月知乎网美纽交所上市股价下跌事件为例，科普平台类企业的盈利模式、同公共科普服务的交互方式都需要从机制设计上开展探索。

服务科技创新的科普精准对接缺位。建设全球科技创新中心是"十四五"时期北京经济社会发展的重点任务，在创新驱动发展的浪潮下，重点发展科研领域和大科学装置的应用需要开展针对性的科普业务，以此推动科技成果转化应用，消解公众对科学研究投入的疑虑。系统性地根据北京科技发展的产业结构和趋势，建立专门面向各级政府部门、创业青年及交叉领域科学家、资本市场的科普业务，以科普促进科技要素流动，通过专业科普，实现资金要素、人力资源要素在科技创新中发挥更加合理的作用，让专业化科普成为政府开展创新驱动发展战略的引导手段。

五　"十四五"期间北京科普事业高质量发展的思路和建议

促进北京科普高质量发展，必须紧跟全球科技创新中心战略部署和"十四五"期间公民素质行动计划的最新精神，培育科学素质与创新文化，全面调整科普事业重心，改善科普发挥作用的渠道和方式，持续跟进科普重点人群的科学素质发展水平，这需要提高科普在创新发展中的作用，推动科普迈向重点领域和重点人群的深水区，改善科普文化产业的吸引力和拓宽科普传播渠道。

（一）提高科普在创新发展中的作用

首先，要注重实践技能的培养，提高创业者对前沿科学的了解，以青年科技工作站、创新工厂、创业园区等为场所，通过创新创业技术培训和科普场馆参观等方式，吸引青年创业者以动手实践的方式，实现科普工作促进青年创业者参与创新实践活动。提高青少年科学技术教育，增强青少年学生的科学思维、创新意识和实践能力，帮助年轻学子建立持续获取科技知识的能力。其次，必须集中精力提高政府公务员和企业管理人员的创新能力，以提高城市高端产业发展速度，并为企业雇员、白领工人、高级技术工人和城市农民工组织各种创新主题活动，激活科技产业、科普、劳动技能培训的三重科普就业促进功能。将科学精神与企业家精神紧密联系，在社会上倡导科技工作者参与企业研发，创办企业，企业参与科技创新，全体市民积极应用科技成果开展创新的社会氛围。加快促进低文化程度群体科学素质的提高，完善农村地区科普科技服务，扩大社区科普渠道，推动科普发挥促进健康生活、高效工作的作用。让科普成为人民群众精神文化生活的必需品。

（二）提高科普产品吸引力

以前沿科技的探索过程和成果为主要内容，以传播科学思想、科学精神乃至科学道德为主要目的，是科学家和公众高度参与的科普形式。培育专职科普团队，吸引自然科学、文化、艺术等各学科人才参与科普工作，培养兼具科学素养、文化素养和审美能力的专职科普队伍，确保科普工作向专业化发展。加强科学家的科普主体地位，在内容策划和创作过程中，以科学家为主体，拓展内容的广度和深度，将科普不断从"基础科普"向"高端科普"推进。充分利用现代传播技术和传播渠道，通过互联网、电视、纸质媒体、

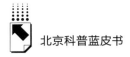

户外媒体等多种媒体形态，以图文、视频、音频、实地展演等多种媒介形式，实现在任意时间、任何地点、任意终端向公众传播科普内容，从而不断提升高端科普品牌的知名度和影响力。

其次，创建受欢迎的科普产品。需要大力支持原创科学内容，如科幻小说、科幻戏剧、科幻电影、科普展览教具、科普活动课程等。推进中华优秀传统文化同国家先进科技成果高度结合，为社会提供更多的优秀文化产品与科普产品。以文学、绘画等艺术形式与数字展示技术相结合，实现科技文化联动传播。扩大科普品牌影响力。全面增强科普作品在各类媒体渠道的覆盖度，提高放映、播放、展示、置顶时间，使公众在消费文化作品同时，获取前沿科普知识。

（三）拓宽科普渠道

科普信息化是国家科普体系走向世界的现代化重要手段。新科技革命的蓬勃发展，互联网大数据的运用，形成高度开放共享、互联互融的互联网时代格局。进一步丰富科普渠道，扩大科普活动的品牌效应，策划并举办一批具有一定影响力的科普品牌活动，加大社会参与科学普及的热情，重点加强科学普及的高精度服务。

在网络互联大数据时代，以新的经济社会形态变化为契机，北京科普各业务部门应当充分发挥数字媒体的平台作用，丰富线上科普活动，积极回应社会关切问题。充分利用我国在数字化方面跻身全球第一方阵的有利条件，深入推动我国经济产业数字化、智能化转型，使我国得以在更高水平上重新塑造科普资源配置格局。

参考文献

［1］中共北京市委组织部：《全国科技创新中心建设认识与实践》，北京出版社，2019。

［2］张士运等：《创新生态视角下的科学普及》，科学出版社，2019。

［3］周荣庭、徐永妍：《全媒体时代在线科普展览应用模式研究》，《自然科学博物
馆研究》2020 年第 6 期。

［4］董全超、李群、王宾：《大数据技术提升科普工作的思考》，《中国科技资源导
刊》2016 年 3 月。

科普品牌篇

Popular Science Brands Reports

B.11
北京国际科技创新中心建设高水平
新成果展示与展望

王 伟　刘玲丽　李 杨　张 熙*

摘　要： 北京的科技基础雄厚、创新资源集聚、创新主体活跃，近年
　　　　来不断加大基础研究，提升原始创新，强化关键核心技术攻
　　　　关，科技创新综合实力显著增强，每年产生大量科技成昊。
　　　　本报告以北京国际科技创新中心建设高水平新成果的科普工
　　　　作为视角，分析科普工作与北京国际科技创新中心建设的关
　　　　系，阐述科技创新中心建设高水平新成果展示的特征、发展
　　　　现状以及在推广科技成果、培育创新市场、提升创新能大等
　　　　方面的重要意义和未来展望。北京应拓展科普主体类型，优

---

* 王伟，北京市科技传播中心科普部副主任（主持工作）、副研究馆员，主要研究方向为科技
传播、科普管理与科普政策；刘玲丽，北京市科技传播中心助理研究馆员，主要研究方冋为
科学技术普及、科普管理；李杨，北京市科技传播中心助理研究馆员，主要研究方向为科学
技术普及、科普管理；张熙，北京市科技传播中心助理研究员，主要研究方向为科学技冖普
及、科普管理。

化科普人才结构、创新科普内容和形式，加快构建网络化、数字化、智能化的科学传播新格局，以适应北京国际科技创新中心建设的战略需要。

关键词： 北京国际科技创新中心　科技成果展示　科普创新

引　言

"科技创新、科学普及是实现创新发展的两翼，要把科学普及放在与科技创新同等重要的位置。"这是习近平总书记多次强调和指明的科普发展方向，也反映了科技创新与科学普及的内在联系与规律。加快北京科普转型升级，让科普之翼与科技创新比翼齐飞，既是现实问题，也是理论问题。在北京建设国际科技创新中心的过程中，科学普及如何支撑科技创新、建立起宏大的高素质创新人才大军、为科技进步打下深厚持久的社会基础，这是北京国际科技创新中心建设的重要任务。

一　北京国际科技创新中心建设高水平新成果展示的意义

当前，北京国际科技创新中心建设加快推进，原始创新能力持续提升，基础研究和应用研究不断强化，部分优势领域创新水平由跟跑向并跑、领跑跨越，取得天机芯、新型基因编辑技术、马约拉纳任意子等世界级重大原创成果，建设人工智能、量子、脑科学等新型研发机构，在5G移动通信、新能源汽车、装备制造等领域涌现新技术新成果。在北京建设国际科技创新中心背景下，科普工作要把握世界科技发展和全球创新网络中的功能定位，为科技创新提供动力和支撑。

（一）推广科技成果和培育创新市场

北京建设国际科技创新中心，除了要拥有一批世界一流科研机构、大

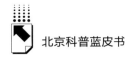
学、创新型企业，持续产出高水平、原创性的重大科技成果，还要具备将科技创新成果转化为现实生产力和经济发展新动能的有效机制和良好环境。也就是说，科技创新成果只有被广大人民群众所接纳、掌握和使用，才能发挥科学技术是第一生产力和推动经济社会发展的巨大作用。

通过对科技成果的普及推广和科学宣传，使公众了解科技发展的前沿、热点，体验新技术新产品，培育创新市场，促进科技成果实现应用转化和产业化。

（二）培育科学意识和提升创新能力

科普作为一种生动有趣、形式灵活、内容丰富的非学科教育和素质教育，是学校教育的有效补充，能够增强人们的创新意识与创新实践能力，培养创新人才。科普以易于理解、接受和参与的方式，向大众介绍科学知识、倡导科学方法、传播科学思想、弘扬科学精神、推广科技成果应用。早期的科学研究较容易被公众所理解，例如，万有引力定律、浮力定律等，以科学实验证明科学事实的正确答案，无需更多深层次的科普互动。随着科学研究的日益深入，专业化、复杂化的科学原理难以被普通人所理解，这时科学普及在科学研究和公众之间双向沟通就发挥了重要作用。

提升全民科学素质是建设创新型城市的基础。围绕北京国际科技创新中心的高水平创新成果，开展科普展示和互动交流，能够帮助公众正确理解、掌握和运用最新科技，激发广大人民群众，特别是青少年对科学研究的兴趣与科技创新热情，促进全民科学素质和创新能力整体提升。

二 北京国际科技创新中心建设高水平新成果展示的特征与现状

（一）特征分析

北京建设具有全球影响力的科技创新中心，可以追溯到 2009 年，国务院明确要求将中关村科技园区建设成为具有全球影响力的科技创新中心。2014 年，北京明确了"科技创新中心"的城市战略定位。2016 年，北京市政府发布了《北京市"十三五"时期加强全国科技创新中心建设规划》，指出到 2020 年北京成为具有全球影响力的科技创新中心，支撑我国进入创新型国家行列。

近代以来，全球科技创新中心经历了 5 次转移，先后在意大利、英国、法国、德国、美国等 5 个国家形成全球科技创新中心。基于对全球科技创新中心的理解，结合对旧金山、波士顿、东京、伦敦等全球主要科技创新中心城市的认识，进一步明确全球科技创新中心包括三个内涵。

首先，全球科技创新中心是科学研究活动纵深发展和地理扩散形成的科学中心。集聚科学研究资源，持续产出高水平科学研究成果，辐射和影响周边地区乃至全球的科学发展。

其次，全球科技创新中心是创新经济发展的高地。集聚世界一流创新型企业、先进制造业和生产性服务业，为全球市场提供技术供给和持续推动力。

第三，全球科技创新中心拥有全球一流的创新生态。通过多元创新主体的协作和相互支持，形成治理良好、动态演化的创新生态系统。各类人才、技术、资本和数据等创新要素自由流动，促进区域科学研究和创新经济发展。

北京科技基础雄厚、创新资源集聚、创新主体活跃，拥有高校 90 多所、科研院所 1000 多所和国家级高新企业近 3 万家，两院院士占全国将近一半。北京创新资源和人才资源密集，为国际科技创新中心建设提供了丰沃土壤。这一资源优势，不但在国内遥遥领先，在全球城市中也毫不逊色。

近年来，北京的科技创新综合实力显著提升，高精尖产业和新经济模式加速发展，每年产生大量科技成果。涌现出一批世界级重大原创成果，打造一批世界一流新型研发机构，布局一批重大科技基础设施，建设国家新一代人工智能创新发展示范区和一批国家临床医学研究中心。北京科普工作紧紧围绕国际科技创新中心建设的要求，推动科技创新与科学普及双翼齐飞、协

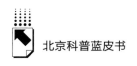

同发展，立足北京地区科技资源优势开展科学技术普及，推动高校院所、科技型企业向社会开放，展示重大科技创新成果，以展品、实物、虚实结合等方式，对最新高科技成果进行知识和原理解读，展示科技创新对经济社会发展的支撑作用，推动创新基因植入北京城市文化。

（二）发展现状

北京国际科技创新中心建设高水平新成果展示，是基于科技成果自身科学原理和功能，将科技成果转化为科普内容，包括科研设施、科研装置、科研成果，开发科普产品，结合重大科学事件、社会热点等开展科普活动、科学传播，在科学与公众之间搭建起一座双向互动的桥梁。

1. 科普产品开发

北京地区的高校、科研院所、高新企业参与推动科技成果科普化，科学家、科普工作者依托北京国际科技创新中心建设取得的新成果，创造服务于科普工作的展品、图书、视频等产品展示，让科技创新可感可触。

科普展品以前沿、高精尖领域重大原创科研成果为主要内容，将其开发为可移动式、趣味性强、互动性强的科普展品，展现科学知识、技术、原理，例如将中国天眼"FAST"、高温超导磁悬浮列车、智能驾驶、语音识别等高端科技资源和高精尖科技成果开发转化为生动、形象的科普互动展品；科普图书重点围绕物理、化学、生物学、天文学、地球科学等基础学科以及医疗卫生、智慧城市、居家养老、节能环保、公共安全等民生领域的最新科技应用，以社会公众为对象，比较系统、完整地传播科技知识和科学方法，有利于人们形成一定的科学认知和科学观点，起到变革人们思维方式的作用；科普微视频内容围绕空天科技、深地深海、人工智能、量子通信、高温超导等近年来科技热点以及前沿科学发现，便于公众认识和理解科学发展。

2. 科普设施建设

近年来，北京市加强科普基础设施建设，在全市十六个区的社区（村）或周边建设了一批展示推广科技创新成果的社区科普体验厅，将科技前沿且贴近民生的优质科普资源引入社区，丰富社区科普宣传、教育和体验，为百姓提供有特色、实用性的科普服务。如建设新能源汽车、人工智能、虚拟现实、轨道交通等领域社区科普体验厅，实现科技成果向社区基层延伸扩散，让居民在家门口了解和体验科技进步，有利于帮助百姓理解、掌握和运用最新科技成果，提升生活质量。

3. 科普展览举办

通过展览展会与科普结合起来，促进了科技成果转化和新技术新产品的应用普及。例如，北京科技周是由北京市政府牵头举办的全市性大型科普活动，已经举办 26 届，公众参与度高，社会影响力大。在展示内容上，突出新颖，将最新科技成果在科技周上展出；在展示形式上，强调互动、体验、好玩，不断引入新形式。2020 年北京科技周首次采用"云上"形式举办，以北京国际科技创新中心建设取得的重大成就为主要展示内容，以"科创号云上列车"为参观牵引，设置"科技主题专线"和"三城一区专线"两条参观专线，展示了 200 余个科技成果展项。"科技主题专线"涵盖"科技战疫、创新发展、脱贫攻坚、美好生活"四大展区，展示了疫情防控科技成果、高精尖产业领域成果、民生科技成果以及科技扶贫成果等内容；"三城一区专线"展现中关村科学城、怀柔科学城、未来科学城、北京经济技术开发区"三城一区"主平台建设的新进展、新科技成果。

4. 科技媒体传播

北京作为科技创新中心的另一个标志，是北京拥有良好的科技成果宣传推广平台，以"两微一端"为代表的新媒体和数字化平台等对科技成果展示发挥了重要的影响力，让科技资源快速、精准地送达科普受众。

北京市科委主办的"科普北京"微信公众号聚焦高精尖科技领域，关注国内外特别是北京地区前沿科学以及重大科技创新进展，并以科普化视角和解读方式，为社会公众提供权威、科学、准确的科普信息内容和资讯，促进科技成果推广应用，成为有料、有趣的科普新媒体。"科技创新中心网络服务平台"立足于北京国际科技创新中心建设，实现信息宣传发布、政策分析解读、资源对接共享、成果展示推介等功能，访客覆盖全国各省级行政区，得到 26 个国家用户关注。

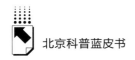
科学家和科研人员创办的科普媒体，是推动科学知识传播和科技成果展示的重要力量。北京大学讲席教授饶毅、清华大学教授鲁白以及普林斯顿大学教授谢宇，共同创立了移动新媒体平台"知识分子"，自创立以来"知识分子"深入报道了一系列重大主题，从韩春雨事件跟踪报道到对大型对撞机建设的广泛讨论，一定程度上已经成为科学界的公共平台。"科学大院"是中科院官方科普微信平台，开通以来，倡导权威、热点、前沿的科学普及理念，内容主要由一线科研人员创作，原创度高、权威性强，突出前沿科研成果的科普延伸，向公众传递科学家的声音，回应社会关切，在提升公众科学素质中发挥了积极作用。

三　北京国际科技创新中心建设高水平
新成果展示的建议

科技成果通过科普化展示，使之更易于被公众理解和接受。这既是提高公众科学素质的需要，也使科技成果获得更多进入市场的机会，缩短技术转化周期，推动技术成果向现实生产力转化，从而实现其社会经济价值。

虽然北京地区的高校、科研院所、科技企业等参与科普的积极性不断提高。但是，科普主体类型需要拓展，科普人员结构需要优化；科普内容和科普形式也要与时俱进、不断创新，以适应北京国际科技创新中心建设的战略需要，同时更好地满足公众对科学文化日益多元化和复杂化的需求。

（一）创新科普发展理念

北京建设国际科技创新中心，实现创新式发展，必须转变发展的观念，均衡科技创新工作和科普工作，理性看待科学普及和科技创新的内在关系。科学家如何做好科普，最为重要的是把科学研究和科学普及两项工作有机结合起来，对于提高科学研究本身的社会影响力，带动社会公众理解科学、应用科学，具有不可替代的意义。科研人员在科学普及中应该居于主导位置，这就要求科研机构、大学、创新型企业面向社会开展科学普及要成为常态，各类科研设施、国家实验室、大科学装置要定期向公众开放，丰富科普展示资源，设立探究性研究课题、研发科普产品等。

只有公民科学素质日益提高，科技创新中心才能得到坚固持久的支撑，只有夯实科普的基石，科技创新才能如同高楼大厦般坚固矗立。科技工作者应把科学普及和传播作为社会责任，推动科技成果的科普化展示与推广。

（二）创新科普展示内容

北京建设国际科技创新中心，每年产出大量的高水平创新成果，科普内容也要跟上科技创新前沿，以适应科技发展战略和科技成果转化的需要。当前，无论科普图书、科普微视频、科普展教具等，优质科普内容开发仍是薄弱环节。有些科普内容专业性较强，没有进行通俗易懂、鲜活生动的转化；科普内容与北京国际科技创新中心建设的重点任务、项目和成果的结合度挖掘得不够。

北京建设国际科技创新中心，科普工作要提升前沿性和先进性。一方面，科普内容开发围绕科技创新中心建设、"三城一区"等范畴，将高校、院所、企业、科技创新平台的最新科技成果及时转化为新颖的科普内容、科普产品；另一方面，通过组织开放日、科学日等科普活动，展示科技创新中心建设的新面貌、新成效，为公众提供更为开阔的科学视野与全新的科学知识。

（三）创新科学传播方式

除了多元化的科普主体、高质量的科普内容，还需要创新科学传播方式，让"高大上"的科技成果更有趣味性、互动性、体验性。面对不同的社会群体，其科普需求和接受特点也不同。随着新媒体、融媒体的兴起，单向、说教、文字为主的传统科普方式，已经不适合于人们碎片化、快餐式的阅读习惯。科普工作者要善于利用移动互联网和新媒体，通过手机、移动端等媒介和微信、抖音、B 站等平台，充分运用动图、微视频、手绘漫画、有声读物、互动游戏等形式，将优质科普内容通过时尚的外衣、生动的形式、

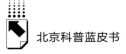
新颖的渠道传递给受众，增强科普的吸引力和感染力。科学传播工作必须主动适应大众传媒发展潮流、公众阅读习惯的变化，加快构建网络化、数字化、智能化的科学传播新格局，这是科普工作当前和未来的发展方向。

参考文献

［1］ 中共北京市委组织部：《全国科技创新中心建设认识与实践》，北京出版社，2019。

［2］ 张士运等：《创新生态视角下的科学普及》，科学出版社，2019。

［3］ 北京市科学技术委员会：《北京科技 70 年（1949～2019）》，北京科学技术出版社，2020。

［4］ 施普林格·自然和清华大学产业发展与环境治理研究中心联合研究团队：《全球科技创新中心指数 2020》（Global Innovation Hubs Index，GIHI），2020。

B.12
北京地区博物馆品牌打造现状、经验及提升策略

摘　要： 北京地区博物馆已成为人文北京建设和世界文化之都建设的重要组成部分。博物馆品牌化是博物馆实现业务工作标准化与规范化，完善社会服务功能，提升社会影响力的重要途径之一。本报告通过梳理2020年度北京地区博物馆科普品牌建设现状，针对北京地区博物馆品牌化发展过程中存在的问题进行了分析，从创新传播方式、开放体制机制、借助定位增强差异化、创新传统展陈形式、强化人才队伍建设、增强社会化媒体良性互动等方面提出有针对性的品牌培育策略。

关键词： 博物馆　品牌化　科普品牌打造　北京

一　引言

北京地区博物馆历经百年发展，已成为人文北京建设和世界文化之都建设的重要组成部分。当前，立足于把北京建设成为中国特色社会主义先进文

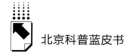

化之都的发展目标，如何加强高质量文化供给，积极参与公共文化服务体系建设，凸显对全国文化建设的示范引领作用，成为北京地区博物馆亟待解决的重要问题。

长期以来，北京地区博物馆注重改革意识、服务意识和精品意识，不断创新具有北京特色的博物馆管理模式。博物馆品牌化是博物馆实现业务工作标准化与规范化，完善社会服务功能，提升社会影响力的重要途径之一。博物馆只有具有了品牌，才有成为引领者的基础，并产生辐射、示范和带动作用。

北京地区博物馆在活动举办、文创产品的开发等方面强调品牌塑造与传播。这既能够让博物馆文化更贴近国民的生活，符合当下博物馆文化传播的需求，也能够在一定程度上达到缓解博物馆产业资金不足问题，推动博物馆产业可持续发展的目的，更可以代表国家形象在世界各地传达我国的文化历史与文明成就。本报告通过梳理2020年度北京地区博物馆科普品牌建设现状，针对北京地区博物馆品牌化发展过程中存在的问题进行分析与讨论，并就此提出相应的策略建议。

二 北京提出打造"博物馆之城"

北京市在2020年5月18日的国际博物馆日首次指出"博物馆之城"的概念，为创建全面支持博物馆教育文化事业的社会环境，北京市鼓励民众走进博物馆，旨在将北京建设成为我国民族文化的研究中心。

（一）北京为什么要提出打造"博物馆之城"

1. 促进差异化博物馆有机结合

截至2020年底，在北京注册备案的博物馆规模达到197家，类型多样并且资源独特。博物馆的数目、规模、等级、知名度在国际经济大城市发展中都名列前茅。北京致力于建设博物馆之城，这既是作为北京文化事业蓬勃发展的全新目标，也是北京作为首都推动我国文化中心建设的关键内核与载体。

北京建设"博物馆之城"需要在借助博物馆自身资源的基础上，与其他差异化类型的博物馆相互沟通和科学融合。北京博物馆学会针对社区博物馆的创建与管理、中国博物馆日中心定位以及博物馆之城的规划等事项，举办了初探论坛同时开展三场对话式研讨。论坛参与者从理论研究、政策出台与实际应用等多个层面首度进行探讨，初步得出创建"博物馆之城"的前期布局与规划结论。

2. 让观众足不出户享受"云展览"

如今，互联网技术高速发展使得中国线上博物馆事业日趋完善，诸如"云展览"和"云直播"等种类繁多的展览方式逐渐兴起，民众得以借助多种方式便捷高效地参观展览。

近年来，北京地区文化博物馆基于自身丰硕的资源，探索并尝试了多种途径来供应博物馆云端服务。在 2020 博物馆日期间，许多博物馆打造了丰富精彩的网上展览，包括在众多官方媒体平台策划全景展示、数字文化展厅等"云展览"50 项等。2020 年 5 月 18 日国际文化博物馆日专题网页展现出了北京地区国家博物馆事业蓬勃发展的良好态势。

3. 为群众提供个性化文化服务

博物馆属整个社会乃至人类的集体所有。各种年龄、不同教育背景、各种社会角色人群的自我归属与文化身份都能够在博物馆中找到。立足于多样性与包容性主题，为强化展览的个性化属性，北京博物馆创新性地探索馆藏与不同群体链接的多样性，诠释博物馆的同等化。

文博和个人的联结促使观众自我归属感增强。首都国际博物馆在"5·18 博物馆日"策划的"我和博物馆"项目收集并展示了社会公众自我创作的影音和绘画等作品，同时邀请获奖作者分享博物馆为群体供应差异化文化产品的感想并提供博物馆公众化服务的优化建议。

文博和校园的联结提高学生对历史探索的主观能动性。北京文化博物馆始终致力于培养学生对博物馆的热爱以及自主研究城市文明与历史文化的能力。在由北京博物馆学会、东城区教育研究院等联合开展的"北京文博·

文昌运盛看北京"云讲堂系列讲座中，著名专家以及文艺工作者向新冠肺炎疫情期间居家学习的学生们深入浅出地讲授了北京历史，其中包括"中轴线"、"三山五园"、"长城"、"大运河"等国家文化中心建设重点课题。涵盖30多家行业博物馆内57个精品案例的《行业展风采　文博展作为——行业博物馆科普课程集锦》一书旨在提倡北京乃至我国各地区内的博物馆挖掘独特资源从而探索推出优质的文博科普课程，为校园增添浓郁的博物馆科普文化氛围。

文博和徒步爱好者的联结促进北京文博文化在行走之中得以传承。众多徒步参与者的博物馆故事随着北京市文物局与北京市徒步运动协会联合推出的"行读北京，讲述你和博物馆的故事"线上信息征集社会活动的推出而被发现，北京博物馆在徒步爱好者社团中的影响力正在逐步增强。

（二）国际博物馆日期间北京地区博物馆推出94项主题活动

2020年"5·18国际博物馆日"期间，北京地区推出了94项形式各异的观展服务，民众在博物馆活动中的参与度进一步提高。

国际博物馆日期间，北京地区的博物馆开展的丰富多彩的活动见表1。

表1　国际博物馆日期间北京博物馆活动

序号	时间	填报单位	地点	主题
1	全年	故宫博物院	官网	全景故宫
2				故宫数字文物库
3				贺岁迎祥——紫禁城里过大年
4				淳化阁帖版本展
5	全年	中国国家博物馆	官网	伟大的变革——庆祝改革开放40周年大型展览
6				复兴之路——新时代部分
7				屹立东方——馆藏经典美术作品展
8				永远的东方红——纪念"东方红一号"卫星成功发射五十周年云展览
9				瑞彩平安——2020新春展

续表

序号	时间	填报单位	地点	主题
10	全年	周口店北京人遗址博物馆	官网	周口店北京人遗址博物馆全景
11				周口店北京人遗址博物馆文物展示
12	全年	香山革命纪念馆	官网	为新中国奠基——中共中央在香山
13	全年	中国古动物馆	微信公众号"中国古动物馆"	全景导览
14	5~6月	中国妇女儿童博物馆	官网/微信公众号"中国妇女儿童博物馆"	"童心抗疫——儿童美术作品展"网上展览
15	4~6月			"文物撷英·云欣赏"
16	5月中旬	中国农业博物馆	官网	"中国桑蚕丝绸文化展"网上展厅
17	全年	民航博物馆	官网/微信公众号"民航博物馆"	"昂首　展翅　高飞——新中国民航70年发展历程展"网上展览
18	全年	中国园林博物馆	官网/微信公众号"微园林"及"中国园林博物馆"	720°全景虚拟游览系统"云园林"
19	全年	中国印刷博物馆	官网	网上展览
20	全年	中国邮政邮票博物馆	官网	全景展厅
21	全年	中国铁道博物馆正阳门展馆	微信公众号"中国铁道博物馆正阳门展馆"/新时代摄影网	云观展:京张铁路书画摄影采风展
22	全年			云观展:全国铁路发展成就摄影展
23	5月18日	中国铁道博物馆东郊展馆	中国铁道博物馆东郊展馆	中国铁路机车车辆发展历程展
24	5月18日			大秦铁路纪实摄影展
25	5月18日			中国高速铁路科普展
26	5月	中国第四纪冰川遗迹陈列馆	微信公众号"中国第四纪冰川遗迹陈列馆"	"冰川启示录"2020博物馆日线上展览展示活动
27	5月11~17日	"8+"名人故居纪念馆联盟	宋庆龄故居官网、老舍纪念馆官网、徐悲鸿纪念馆官网、梅兰芳纪念馆官网、李四光纪念馆官网及相关微信公众号	"8+"2020年度主题巡展"平等·多元·包容——文化名人的艺术世界"
28	5月中旬	郭沫若纪念馆	微信公众号"郭沫若纪念馆"	云端展:童心看世界
29	全年	梅兰芳纪念馆	官网/微信公众号"梅兰芳纪念馆"	手舞艺术——梅派兰花指摄影展

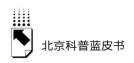
续表

序号	时间	填报单位	地点	主题
30	全年	清华大学艺术博物馆	官网/微信公众号"清华大学艺术博物馆"	数字展厅
31	全年	北京大学赛克勒考古与艺术博物馆	微信公众号"北京大学赛克勒考古与艺术博物馆"	语音导览
32	全年	北京汽车博物馆	官网/微信公众号"北京汽车博物馆欢迎你"	"指尖上的汽车博物馆"自助导览
33	全年	首都博物馆	微信公众号"首都博物馆"	穿越——浙江历史文化展
34				锦绣中华——古代丝织品文化展
35				望郡吉安
36				山宗·水源·路之冲——一带一路中的青海
37			官网	首都博物馆网上体验馆
38	全年	北京古代建筑博物馆	官网/微信公众号"北京古代建筑博物馆"	网上博物馆
39	全年		北京古代建筑博物馆太岁殿院落	中国古代建筑展
40	全年		北京古代建筑博物馆神厨院落	先农坛历史文化展
41	全年		北京古代建筑博物馆具服殿	一亩三分壁画天下——北京先农坛的耤田故事
42	全年		北京古代建筑博物馆太岁殿院落	京津冀古代建筑文化展
43	5月	北京艺术博物馆	微信公众号"北京艺术博物馆"	线上看展览——中国鼻烟壶文化展
44	全年	大钟寺古钟博物馆	微信公众号"大钟寺古钟博物馆"	大钟寺古钟博物馆360全景在线
45	5月16~30日	徐悲鸿纪念馆	关注官网及微信公众号"徐悲鸿纪念馆"	徐悲鸿的艺术人生
46	全年	北京市古代钱币展览馆	微信公众号"北京市古代钱币展览馆"	虚拟展厅"龙行天下——钱币上的中国龙"
47	全年			虚拟展厅"古道遗珍——丝路沿线古国钱币展"
48	全年			虚拟展厅"戎刀燕币——尖首刀币起源的故事"
49	全年			虚拟展厅"钱币的故事"展览

续表

序号	时间	填报单位	地点	主题
50	2019 年 10 月 ~ 2020 年 9 月	北京文博交流馆	大智殿展厅	博物馆门票收藏展
51	全年		"文博交流馆"App	闭馆不闭展丨北京文博交流馆 App 继续带您"看古建,听古乐"
52	5 月中上旬	北京市白塔寺管理处	微信公众号"北京白塔寺"	线上展览"阿尼哥的故事"
53	全年	北京市大葆台西汉墓博物馆	微信公众号"北京市大葆台西汉墓博物馆"	3D 在线展厅
54	5 月 18 日起	北京市团城演武厅管理处	微博"团城演武厅"/微信公众号"团城演武厅"	"古代兵器工坊"系列线上巡展
55	全年	历代帝王庙博物馆	官网/微信公众号"北京历代帝王庙博物馆"	全景展示
56	全年	北京民俗博物馆	官网	网上畅游东岳庙
57	全年		微信公众号"北京民俗博物馆"	手机云观展
58	全年	北京百年世界老电话博物馆	微信公众号"老电话博物馆"	云展览
59	5 月 18 日	北京和苑博物馆	和苑博物馆	和平主题展
60	5 月 16 日	北京天文馆	微博"北京天文馆"/微信公众号"北京天文馆"/快手"北京天文馆"/抖音"北京天文馆"	公众科学讲座
61	5 月 18 日	北京市古代钱币展览馆	微博"古钱币博物馆"	线上直播讲座"北京历史文化带的保护利用"
62	5 月 18 日 9:30 ~ 10:00	北京辽金城垣博物馆	企业微信"北京辽金城垣博物馆"	线上直播龙的故事讲座
63	5 月下旬	北京奥运博物馆	人民日报客户端旅游频道、微信公众号"人民文旅年票"	人民文旅讲堂:双奥梦飞扬——北京奥运精神的传承与创新

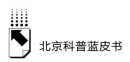

续表

序号	时间	填报单位	地点	主题
64	5月18日	圆明园管理处	圆明园官方抖音账号/微信公众号"圆明园遗址公园"/微博"圆明园遗址公园"	文物云观赏
65	5月18日		微信公众号"圆明园遗址公园"/微博"圆明园遗址公园"	文物直播
66	5月中旬	中国农业博物馆	官网	"农博课堂"系列线上课程
67	5月18日	中国印刷博物馆	微信公众号"中国印刷博物馆"	公益游戏"我的印刷工坊"
68	5月17日 11:00	中国电影博物馆	新华网	直播活动
69	5月18日		央视电影频道客户端/快手/抖音/1905电影网	直播活动
70	5月18日		官网/微信公众号"中国电影博物馆"	藏品故事线上开讲
71	5月18日			线上电影课堂
72	5月18日			"影博之友"发布活动
73	5月19日	中国华侨历史博物馆	关注官网/微信公众号"中国华侨历史博物馆"/今日头条号(@中国华侨历史博物馆)	直播间里云游侨博——华侨华人与中国发展
74	5月18日	中国钱币博物馆	微博"中国钱币博物馆"	钱币鉴赏
75	5月18日			云游博物馆
76	4月1日~5月20日	北京税务博物馆	法制网/微信公众号"北京税务博物馆""北京朝阳税务"	税收普法小视频
77	5月中旬	北京天文馆	微博"北京天文馆"/微信公众号"北京天文馆"	天文观测线上主题直播活动
78	5月18日	北京郭守敬纪念馆	微博"北京郭守敬纪念馆"	志愿者线上直播讲解
79	5月18日	首都博物馆	首都博物馆礼仪大厅	"我和博物馆"系列展教活动
80	5月18日	孔庙和国子监博物馆	微博/一直播"孔庙和国子监博物馆"	一直播活动"走进辟雍"

续表

序号	时间	填报单位	地点	主题
81	5月18日 10:00~11:30	北京古代建筑博物馆	北京古代建筑博物馆	2020年北京先农坛农耕系列文化活动之"万物复苏山水醒·又是一年春耕时"
82	5月18日 14:00~15:00			5·18国际博物馆日鲁班锁拼装专场
83	5月18日 15:00	大钟寺古钟博物馆	一直播"古钟博物馆"/酷狗音乐App/酷狗直播App	最美城市名片——5·18国际博物馆日特别企划"云观展 乐古钟"直播活动
84	5月18日	北京石刻艺术博物馆	微博/一直播"北京石刻艺术博物馆"	直播"探秘真觉寺金刚宝座"
85	5月18日	北京市正阳门管理处	微博/一直播"正阳门"	网络直播"从血缘共同体到命运共同体——京津冀协同发展的前世今生"
86	5月18日	北京西山大觉寺管理处	北京西山大觉寺管理处	前200名(以到场时间为准)观众免票进入大觉寺参观(参观前请提前预约,需要提供身份证件与参观当天"北京健康宝"查询结果,测量体温)
87	5月19日 14:00	北京文博交流馆	酷狗音乐App/酷狗直播App	最美城市名片——5·18国际博物馆日特别企划"云观展 赏古乐"直播活动
88	5月19日	北京市西周燕都遗址博物馆	拱辰二社区广场	博物馆进社区
89	5月20日		微信公众号"北京市房山区文化活动中心"	童沐书香——讲给孩子的历史故事(退避三舍)
90	4月20日~5月18日	北京奥运博物馆	微信公众号"北京奥运博物馆"	北京奥运博物馆"我是小小讲解员"征选活动
91	5月15日		微博"北京奥运博物馆"	"助残脱贫 决胜小康——亚运村残疾人冬奥主题灯展"线上直播
92	5月18日 9:30~11:30	北京民俗博物馆	央视新闻、新华网、新浪微博、今日头条、爱奇艺等十余家平台	云上观展,专家带您畅游东岳庙
93	5月18日 9:00~21:00	北京励志堂科举匾额博物馆	北京励志堂科举匾额博物馆	"魁星点斗"故事新说;拓片制作与讲座活动
94	5月18日~22日	上宅文化陈列馆	上宅文化陈列馆	上宅文化宣教活动

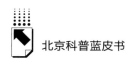
（三）北京地区博物馆2020年取得新的发展

1. 北京市博物馆规模已达197家

北京市文物局数据显示，截至 2020 年底，北京正式注册的博物馆已达197 家，2020 年累计增加 14 家。

2020 年北京新增 14 家种类各异的博物馆，国有博物馆占 5 家，民办博物馆占 9 家。北京的悠久历史与文化底蕴在代表性地展示北京特色的诸如劲飞京作红木博物馆等中被充分体现。燕京八绝文化博物馆收藏着珍贵的 339公斤的天河石和稀有的"狗头金"自然金；北京中药炮制技术博物馆陈列着京帮高案刀以及京派传统的中药熬制情景再现；大规模的御窑金砖开始在帝都御窑砖厂博物馆展列。

北京建设"博物馆之城"的相关筹划正在陆续研判，规划不仅需要提高北京博物馆体系属性的多样化，还需要增强博物馆文化体验的优质化。利用信息时代多类型的传播方式为民众提供精品展览，进一步提高北京博物馆的用户黏性。

2. 北京国家一级博物馆新增4家

2020 年度国家博物馆评级结果显示，北京新增 4 家国家一级博物馆，分别是中国电影博物馆、中国印刷博物馆、北京汽车博物馆和清华大学艺术博物馆。截至 2020 年，我国一级博物馆规模达到 204 家，北京地区 74 家，占比高达 36%，体现出北京地区博物馆优质的文化内容保障。

三 2020年北京地区博物馆典型科普品牌活动

（一）北京自然博物馆

1. 北京自然博物馆："线上科普" 传递抗疫力量

2020 年，突如其来的新冠肺炎疫情对井然有序的社会生活造成了冲击。北京自然博物馆采取紧急措施积极抗击疫情。于 2020 年 1 月 24 日宣布暂时闭馆，并通过微信公众号和新浪官方微博平台，以网络科普的方式开展特色化专题活动，用科学传播力量。

北京自然博物馆在2020年春节期间策划了"自然馆春节线上课堂"活动。线上课堂主要讲授"春联解读与动物分类学"等内容。在春节线上课堂活动结束后推出"新冠肺炎"漫画作品，旨在倡导人与自认和谐相处，保护野生动物的重要性。自然博物馆的讲解员面向幼儿群体个性化地通过录制音频的方式讲解漫画内涵。观众对于自然知识学习的需求在北京自然博物馆在疫情期间多样化的线上课程中得到满足，北京自然博物馆线上活动的举办不仅对自然文化进行了科普，更为社会传播了乐观情绪。

2. 中国科学院科技创新年度巡展2020

2020年10月31日，北京自然博物馆推出"创新驱动发展科技引领未来——中国社会科学院科技企业创新年度巡展2020"项目，此次展览综合运用高端技术、优质内容以及多种传播方式为群众打造了一场具备深度内涵的文化体验，为公众认识中国科技的全新研究领域和学术动态搭建了桥梁，激发了人们对于科技研究的兴趣，创造了创新科学研究的社会环境。

3. "庆祝九三学社创建75周年——2020北京自然博物馆科普大篷车成都高新校园行"活动

2020年9月22日，"庆祝九三学社创建75周年——2020北京自然博物馆科普大篷车成都高新校园行"活动在成都市石室天府中学附属小学启动。

2020年9月11日，习近平主席在科学家座谈会上的讲话中强调："好奇心是人的天性，对科学兴趣的引导和培养要从娃娃抓起，使他们更多了解科学知识，掌握科学方法，形成一大批具备科学家潜质的青少年群体。"九三学社汇聚科技人才和丰富资源的优势在此次科普大篷车成都高新校园行活动中被充分体现。中小学生自然科学素养和兴趣在自然科普作品展陈和文化宣讲过程中得到提高。

4. 自然博物馆获批首都科普主题研学基地建设项目

"适应性——生物结构与功能相统一"主题研学方案是由北京自然博物

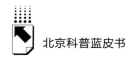

馆设计的并且获批为首都科普主题研学基地建设项目，北京自然博物馆斩获首批 5 个入选项目之一。

基于传达理论与应用相结合的目的，自然博物馆研学项目有针对性地为学生设计兼具启发科学探究意识，培养关注自然的兴趣和创新思维能力的科普展览项目，使自然博物馆与校园学习有机融合。

（二）中国园林博物馆

1. "云游·园林科普嘉年华"

主题为"科技战役、创新强国"的第 26 届北京科技周 2020 年 8 月在首都举办。在此期间，游客在中国园林博物馆体验到丰富的园林文化，园林博物馆运用线上虚拟技术面向游客讲解园林文化，形式与内容新颖多样。

板块主题一：馆中说园。内容囊括北京中轴线背后蕴含的中国传统思想、礼制文化和园林营造技艺、北京城的水系规划与城市发展、皇家园林的布局设计理念、宋代市井的热闹百象等。

板块主题二：我要讲园。了解苏州畅园亭廊环绕的无限意境、余荫山房独具匠心的岭南技艺、片石有致寸石生情的片石山房、七夕乞巧文化背后的现代匠人精神等。

板块主题三：仲夏赏园。科普夏日园林中千姿百态的耐阴植物、学习园林设计营造园林景观、认识芳香植物、了解药用功效、学习制作掌上微景观等。

板块主题四：空中听苑。讲述寺观园林独特的文化内涵、私家园林背后的园林美学、魏晋时期文人山水意境对后世园林产生的影响、佛教传入中国后对园林建造的影响等。

2. "畅享园林科学　共建理想家园——2020 中国园林博物馆科普嘉年华"

中国园林博物馆于 2020 年 9 月 19～20 日举办的"畅享园林科学　共建理想家园——2020 中国园林博物馆科普嘉年华"主题活动，集文化、科学、展品和建筑于一身，形成了文化创新传播氛围。园林博物馆公共区域展出的 40 多件针绣作品包括节日民俗、静花、园林和当代宝应刺绣作品，这些作品展现了人民的幸福生活。

（三）北京中医药大学中医药博物馆

"疫情防控，健康科普——中医博物馆文化周"是北京中医药大学中医药博物馆回应北京朝阳区科技协会的号召而筹划的特色文化周活动。观众在本次活动中学习到中医对于疫情的抵制作用，了解到"三方三药"的独特性质。同时，网络展览使得数万观众了解到中国传统医学文化及理论知识，猜谜和寻宝活动的有机结合激发了观众对于探索中医文化的兴趣。

（四）北京市公园管理中心

2020 年 6 月 5 日，北京市公园管理中心开展了"云赏园林科普，共享智慧公园"主题活动。互联网与科普有机融合的模式在此次项目中得以首度探索，来自颐和园等市属 11 家公园及北京市园林科学研究院等单位的"看·神奇园林"等五个主题近百项网络科普互动活动在云端集体上线，各市属公园及单位在此次展览中全面展陈了"一园一品"科普品牌和优秀科普资源的线上转化成果。

此次主题项目对北京文化普及意义深远：一是游客与公园在空间上的距离由于信息化技术的运用得以消除；二是群众对绿色生态文化的理解得以强化；三是群众参与度由于首次云活动项目的提出而增强；四是互联网技术的运用使得北京文化科普品牌走向全国。

四　北京地区博物馆科普品牌提升的挑战和建议

（一）面临的挑战

1. 疫情防控常态化，博物馆科普品牌传播受阻

突如其来的新冠肺炎疫情使北京地区博物馆长时间闭馆，博物馆行业遭受到严重的冲击。如今，我国新冠肺炎疫情虽然得以控制，进入常态化防控，但仍对北京地区博物馆科普品牌传播造成影响。

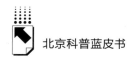

线下推广受关注程度偏低。新冠肺炎疫情使得博物馆经历了闭馆到逐渐限额参观的过程，展览规模受到限制，运营压力不断增加。以故宫博物院为例，每日的游客数量被限制在 5000 人以内，与以往超十万的日客流量相去甚远。新冠肺炎疫情让博物馆发展受限的同时，更降低了民众对于线下观展的关注，使文博品牌的推广受阻。

当前中国国内疫情已得到有效控制，但国际疫情还在持续蔓延，使博物馆观众在选择出行时对安全卫生与接触人员密集程度等问题仍存在较多顾虑，未来北京地区博物馆参观活动仍然充满了前所未有的不确定性。在全民防疫的情况下，博物馆参观游客数量的减少削弱了博物馆品牌线下营销推广效果，民众对北京地区博物馆的关注度也将有所下降。

云端活动内容与传播质量良莠不齐。疫情之下，博物馆公共服务暂时无法依托实体空间，使北京地区多家博物馆的"云展览"、线上直播等活动大规模进入民众视野，但云端活动大量上线的背后也暴露出博物馆云端活动内容质量和传播质量良莠不齐等问题。

部分博物馆在线上展览时只是将馆藏品的影音像与馆藏说明简单地显示在网页中，浏览时网址卡顿现象频发，并且部分网展提供的图片清晰度不足，文字说明信息简略，观众对于展览的感受便仅限于此，缺乏与博物馆更为深度的互动，类似于浏览一般图片网页。然而随着 VR 和全景展示等数字化技术的发展，博物馆运用此类应用能给民众带来更具沉浸式的观展体验。

线上展览的传播效应呈现两极分化的特征，体现在著名博物馆云展览的用户数据庞大，然而大多小型博物馆流量甚微无人问津。出现此类现象的原因在于，第一，著名博物馆基于社会知名度、历史传播度等因素，受关注度程度较高。在民众倾向于自发关注博物馆活动的基础之上，即便是力度轻微的展览宣传，也能够获得较高的数据支持。第二，小型博物馆受限于自身资金和资源的限制，媒体对于展览的全面宣传和报道量随之减少，从而造成云展览技术应用的浪费与博物馆传播力的下降。线上展览方式一般包括官方网站、官方微博、微信公众号、博物馆手机客户端应用等，如果想解决中小型博物馆受关注度偏低的问题，则急需博物馆在挖掘自身馆藏资源的同时，精准运用互联网和人工智能等科技以创新性地提高云展览的传播方式及质量。

2. 品牌化进程缺乏科学指导和培养机制

北京地区博物馆缺乏完整的博物馆品牌化体系的指导。当前，我国城市博物馆的品牌发展尚处于探索阶段，虽然存在故宫博物院打造文创产品进行品牌化的经验，但是故宫博物院作为中国最大的古代文化博物馆，自身历史因素与资源规模对其品牌化的重要作用不可忽视。因此我国博物馆缺乏能提供适用于品牌化的普适范例。并且，研究学者对于中国博物馆品牌化的学术理论研究尚处于起步阶段，因而急需一套完整科学的理论体系为北京地区博物馆科普品牌化提供科学指引。

除科学指导之外，成功的博物馆品牌化进程还需要体制机制的支持。区别于民办博物馆独特的资源性质以及个性化的发展特点，我国博物馆中国有博物馆数量众多，此类博物馆容易受到我国传统思想文化和现行法律法规的约束和限制。因此，适度宽松的行业政策、包容的行业环境以及开放的创新思维引导社会氛围对于国有博物馆品牌化进程具有促进意义。

3. 博物馆间差异化亟待提高

博物馆品牌代表的是博物馆本质特征，具象化地反映本馆的内在思想。总览我国博物馆的建设情况，往往存在模仿以往著名博物馆形象设计、展览形式以及传播方式的现象，造成大量博物馆千篇一律。博物馆本应创新性地凸显自身的内涵，但是建设过程中独特性的缺失使其产生无法塑造个性化形象和独特标签等问题，这就给博物馆品牌打造与传播造成了基础性的困难。由此可见，博物馆建设如果没有细致发掘自身存在的个性很容易产生同质化，进而极大地降低品牌效应。

4. 专业人才队伍缺乏

缺乏专业人才团队同样限制着北京地区博物馆科普品牌化建设。首先是缺少优秀的团队领导。理想的博物馆馆长应具备较高的管理经营水平和业务素质能力，但是从客观上看，优秀领导集体必然需要长期且多岗位任职的经验。但是从高速发展的我国博物馆态势来看，优质的馆长培养步伐相对缓慢。其次则是优秀人员流动速度加快。当前普遍存在博物馆优秀人才流失的

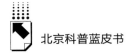

现象，原因在于，一是博物馆的有限编制造成无编人才责任感缺失与稳定性降低；二是博物馆资金水平的局限造成优秀人才薪资过低，难以留住人才。最后是专业人员的匮乏。部分博物馆内兼具媒体传播与人工智能技术等学科知识的复合型人员数量过少，造成博物馆难以适应信息化时代对于"云展览"和数字博物馆的技术需求，在完善展览内容和提高展览方式的浪潮中落伍。

5. 运营资金不足

资金问题是困扰大部分博物馆品牌形象传播的关键要素。造成资金缺乏的因素一方面在于国家对于博物馆资金扶持力度有待提高，另一方面则是我国博物馆自身创收能力明显不足。由于博物馆的社会公益属性日益显著，国有博物馆往往需要承担面向社会免费开放和科普的责任，各类服务项目因此造成了资金流失。在自有资金本就匮乏的局面下，成本的增加就容易造成博物馆收支不平衡。然而，博物馆提升本馆的品牌效应不仅需要在经济市场中投入宣传，而且需要提高本馆的建设环境、技术和人员等质量，这些都离不开资金的投入。因此，如何权衡公益性博物馆服务与经营之间的关系是博物馆在市场经济中面临的关键问题之一。

6. 交互功能发展滞后

针对北京地区博物馆进行的实际调研发现，许多博物馆与观众的交互途径设置极为有限。留言箱、意见簿、现场咨询等传统方式仍然是个别博物馆与群众的主要交互方式。虽然存在通过微博平台与群众交流热络的博物馆，但是数量较少。一些博物馆虽开通线上服务，但是缺乏群众反馈建议的专门渠道，线上功能大多为博物馆概要、预约门票等服务。因此，纵观全局，众多有限的博物馆与群众交互方式难以满足各类观众对馆藏建设的差异化要求。

（二）提升北京地区博物馆科普品牌的建议

1. 创新传播方式，打造高质量线上公共文化

博物馆提升科普品牌需要顺应数字化时代的发展需要，掌握高端的科学

技术水平，并且充分利用全新的媒体传播途径来实现博物馆特色资源的深度挖掘与传播。博物馆展览通过数字博物馆与现场活动项目的有机结合，促进北京地区博物馆科普品牌高效发展。这一方面需要博物馆自身打造精品云展，从展品呈现、技术应用和知识拓展等多个角度提升用户的观展体验，实现博物馆品牌化的精准提升；另一方面需要博物馆研判行业发展规律与前沿动态，学习高效传播方式的同时，探索本馆与行业前景的深度契合点，创新性地建设独具特色且品质高端的博物馆文化。总之，北京博物馆应全力提升数字博物馆的建设质量，实现云端和线下服务的有机融合，打造高质量的公共文化。

2. 开放体制机制，为品牌化提供科学指引

当前，提升博物馆品牌形象传播需要更加灵活开放的体制机制，实施途径包括：第一，鼓励跨界交流。差异化的博物馆之间、博物馆与企业之间以及博物馆与学校的交流和合作，不仅能够为博物馆跨入更多社会领域搭建桥梁，还能为企业和学校输送博物馆文化，实现二者双赢。创新博物馆的文化产品类型，提高博物馆品牌知名度。第二，统筹协调博物馆间发展。各类博物馆在等级、性质和定位等方面均存在差异，博物馆上级部门应避免出现向个别博物馆资源倾斜的现象，保证政府资金支持在各类博物馆中的公平性，提倡典型博物馆带领小规模博物馆发展，倡导博物馆在建设过程中打造个性化标签，实现博物馆行业均衡发展。第三，搭建对外交互平台。对外交互平台的搭建在政策法规的制定上体现为国家应针对发展受阻的中小型博物馆出台帮扶机制政策，拓宽市场规模较小的博物馆发展道路，提高小规模博物馆的市场品牌效应。

3. 借助定位增强差异化，提升品牌建设质量

增强北京地区博物馆的示范作用，不仅要注重自身的潜力与特点的挖掘，还需注重品牌在群众中生成个性化标签。这都离不开博物馆在行业中的精准定位。参观者利益导向即关注群众对博物馆的核心期望是进行定位决策时的关键，博物馆需遵循此方向策划博物馆的品牌理念及品牌目标。定位依据可为属性，即博物馆自身的特色，例如"日均人流量最高的博物馆"；依

据可为利益，即参观者可从博物馆受益的内容，例如"主动参与的博物馆"；依据可为使用者，即博物馆参观者年龄、兴趣等属性，例如"徒步者博物馆"。北京地区博物馆可以通过定位增强差异化建设品牌，借助向受众提供专门化的展览服务，吸引新游客建立长久的关系。网络平台的运营内容应适度结合当下热点以满足个性化群体的需求。

4. 丰富展览类型，夯实品牌基础

馆藏文物是博物馆的根基所在，也是博物馆品牌形象传播的根本所在，因此无论新媒体技术如何发展，其与传统展陈应是互补的关系。针对传统展陈在原先模式上存在的形式单一、内容乏味、方式死板等问题，在未来发展中，传统展陈必须有针对性地进行创新。北京地区博物馆需要注重展陈形式更加新颖、展陈理念更加创新，展陈技术更加先进，各类新技术应用应不断加强。展陈策划能力需要进一步提升，让展陈内容更加贴近现代生活，体现强烈的时代精神，使文物活起来，走近观众，应是传统展陈的发展方向。

5. 强化人才队伍建设，为品牌提升提供智力支撑

传播理念只有凭借专业团队才能推陈出新，先进技术只有通过专业人才才能为文创成果贡献力量，品牌传播只有通过人才策划才能有效落地。总之，博物馆专业人才是博物馆品牌形象提升的关键保障。强化博物馆人才团队，第一要吸纳数字文化专业人才，博物馆信息建设水平由此得以提高。信息技术人才对于建设高质量数字博物馆尤为重要，初期博物馆的数字化建设、中后期的品牌新媒体推广以及日常的网络平台维护都需要数字专业团队的工作。所以广招技术人才，建立博物馆数字化专业团队是非常必要的。第二需要解决人员编制问题。许多博物馆现有人员编制数量难以满足品牌形象宣传需要，特别是各类新媒体技术和社交媒体广泛应用以来，由于技术含量高，必须安排数名工作人员专门负责相关媒体的日常运作，以确保传播内容的质量。一方面应立足现有力量，加强在编人员业务素质培训，另外在编制外也可适当招聘相关专业人员，保证相关活动能够保质保量地完成。第三要精准地进行内部分工。资源分配、技术应用、展陈设计以及宣传推广的高度契合形成了博物馆品牌建设体系，科学精准的内部分工对于稳健的品牌建设

模式至关重要。因此部门内部应细化分工，由分管领导负责，按需组建传播团队，做好人员的抽调、分工和管理工作。

6. 优化媒体互动，强化品牌宣传

数字信息时代背景下各种信息在社会中高速传播，媒体之间信息流通的局面已不同以往，呈现高度共享的模式。博物馆应充分利用新媒体之间交互影响的关系，优化博物馆信息在媒体之间的互动，有机融合多样化的传播方式以展示品牌理念与目标，增强品牌宣传力度。

北京地区博物馆可以借助多种传播方式对其文化产品和活动进行宣传。不同媒体的传播效应各不相同，能够多层面、多领域地实现博物馆品牌强化。在单独产品达到一定的宣传效果的同时，更是对博物馆这个统一品牌的集中宣传，品牌经过塑造又对相应的产品起到推广作用，形成生态循环。此外，同一个系列的活动在不同的平台进行宣传，能够加深品牌之间的关系，实现用户黏度的增强和对自身品牌宣传的不断强化。

参考文献

［1］张晋：《博物馆品牌化运用——以故宫博物院为例》，《文物鉴定与鉴赏》2018年第12期。

［2］梅海涛、段勇：《质与量——新冠肺炎疫情背景下博物馆"云展览"观察》，《中国博物馆》2020年第3期。

［3］于湛瑶、付娟、苏天旺：《新冠肺炎疫情下博物馆的对策与实践》，《中国文物报》2020年第5期。

［4］韩万方：《新冠肺炎疫情下博物馆建设发展刍议》，《赤峰学院学报（自然科学版）》2020年第10期。

［5］刘文涛：《从分众传播的角度思考博物馆展览——以南京博物院的展览实践为例》，《中国博物馆》2019年第4期。

［6］熊珂：《博物馆品牌形象传播的现状及发展研究》，南昌大学硕士学位论文，2020。

［7］胡苏儿：《我国博物馆品牌建设浅析》，吉林大学硕士学位论文，2020。

［8］曹高雅：《新媒体环境下城市博物馆品牌塑造与传播探究》，南昌大学硕士学位

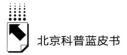

论文，2020。

［9］张瑶：《社会化媒体时代博物馆品牌传播策略分析》，《视听》2019 年第 7 坍。

［10］陈芸：《基于文本挖掘的城市博物馆品牌形象感知研究——以苏州博物馆为例》，《武汉商学院学报》2019 年第 5 期。

［11］杨静坤：《浅谈博物馆的传播功能》，《新闻研究导刊》2014 年第 15 期。

［12］刘超英：《北京地区博物馆百年回顾与前景展望》，《中国博物馆》2012 年第 4 期。

B.13
高端科普品牌培育方式和典型案例

王 英 王闰强*

摘 要: 2016年习近平总书记关于"科技创新、科学普及是实现创新发展的两翼"的重要讲话给科普事业带来新的春天,在这个重要的历史阶段,厘清科普的真正含义,找到过去科普工作的误区,推动科普向纵深发展,具有重要意义。本文基于中国科学院在高端科普品牌培育方面的典型案例,分析高端科普品牌打造的规律和模式,为今后我国高端科普品牌的发展提供参考和借鉴。

关键词: 科普 高端科普品牌 中国科学院

引 言

科普是科学技术普及的简称,但是它的含义绝不仅限于科学知识的传播和推广这么简单。早在20世纪90年代,我国先后出台的《关于加强科学技术普及工作的若干意见》《关于加强科普宣传工作的通知》文件中就明确提出,在科学普及的内容方面,"要从科学知识、科学方法和科学思想的教育普及三个方面推进科普工作"。在2007年版的《科普学》中,作者周孟璞对科普作出明确定义:"科普是科学技术普及的简称。是指以通俗化、大众

---

* 王英,中国科学院计算机网络信息中心副高级工程师,主要研究方向为传播学;王闰强,中国科学院计算机网络信息中心正高级工程师,主要研究方向为情报学。

化和公众乐于参与的方式，普及科学技术知识和技能、倡导科学方法、传播科学思想、弘扬科学精神、树立科学道德，以提高全民族的科学文化素质和思想道德素质。"在这里，明确用"五科"来对"科普"进行了限定，并指出"科学技术知识是基础，科学方法是钥匙，科学思想是灵魂，科学精神是动力，而科学道德是规范和准绳"。

从近年科普工作开展的现实情况看，无论是公众对科普的理解还是目前国内科普工作的实践，大部分仍然止步于"科学技术知识和技能的传播"这个"基础"层面。主要体现在两方面：一方面，对知识的传播仍然停留在基础科学知识的普及，缺少对最新前沿科学知识和成果的普及；另一方面，由于科学家参与程度不够，对科学方法、科学思想、科学精神和科学道德的传播不够充分。

因此，如果按照科普工作开展的深度来对目前的科普工作进行分类，基本上可以把科普工作分为两类：一类是重在传播基础科学知识的"基础科普"；一类是囊括"五科"，重在传播前沿科学知识、科学方法、科学思想、科学精神和科学道德的"高端科普"。从传播对象、传播目的、传播形式方面来看，"高端科普"有以下特点：

"高端科普"以前沿科技的探索过程、趋势、成果为主要传播内容。科学精神的实质是刨根问底，只有科学家带领公众不断挑战旧的知识体系，提出新问题，并寻找解决问题的方法，才能真正让公众感受科学的魅力。因此，在内容上，前沿科技的探索过程及其研究成果是"高端科普"的主要传播内容。

"高端科普"以传播科学方法、科学思想、科学精神和科学道德为主要目的。"授人以鱼，不如授人以渔"，对科普工作来说尤其如此。公众可以通过学校的科学教育、书籍等来获得科学知识，但是科学的方法、思想、精神、道德的获得必须通过与科学家的深入交流与互动、深度参与科学活动才能获得，而这些要素才是激发公众关注科学甚至投身于科学研究事业的关键。因此，向公众清晰而有力地传播这些内容，是"高端科普"的主要目的。

"高端科普"以科学家和公众的"高度参与"为主要形式。基础科学知识，可以通过图文、视频、讲座来进行原理展示；但科学方法、科学思想、科学精神和科学道德是"形而上"的，很难通过具体的原理、公式、成果来体现，要做好后者的传播，需要两方面的高度参与：一方面是科学家的高度参与，需要他们分享自己对科学前沿的探索、对科学问题的思考和质疑、对科研生活的感悟，让公众理解其中的方法、思想、精神乃至科学道德；另一方面，还需要公众的高度参与，让公众走进科研现场，去观察和接触最前沿的科学研究、去参观和了解最新的科研设备，甚至亲自去参与科学探索的过程，通过这些过程，让他们了解和把握科学方法、思想和精神。

中国科学院在"高端科普"品牌培育方面有着长期的实践与尝试。中国科学院作为中国自然科学领域的最高研究机构，一直把科普作为与科研同等重要的工作来抓。尤其是2013年成立科学传播局后，大力推动高端科技资源科普化工作，依托中科院100多个研究所，几万名工作在基础科学前沿的科学家，上百个国家重点实验室，以及天眼FAST、北京正负电子对撞机、托卡马克EAST等大科学装置，植物园、动物博物馆、野外台站等科研科普场馆设施，着力培育"高端科普"品牌，打造出"中国科普博览"、"公众科学日"、"中国科学院科学节"、"老科学家演讲团"、"格致论道"、"科学大院"、"理性派对"、"科普中国融合创作"、"院士专家巡讲团"、"中科院率先行动成果展"、"中科院科技创新年度巡展"等不同类型的"高端科普"品牌。本文将以中国科学院的上述品牌为典型案例，对"高端科普"品牌的培育方式进行探究。

一 中科院高端科普品牌的典型案例

根据传播方式的不同，中国科学院"高端科普"品牌，可以分为线上高端科普品牌、线下高端科普品牌、线上与线下相结合的高端科普品牌三种主要模式。

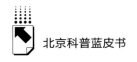
（一）线上高端科普品牌

线上高端科普品牌以互联网为主要传播渠道和载体，以互联网网民为主要受众，以前沿科技探索和成果的解读和传播为主要内容，结合网络传播规律来开展科普工作，主要品牌有中国科普博览、科学大院、科普中国融合创作、理性派对等。

中国科普博览是 1999 年由中国科学院计算机网络信息中心依托科学数据库资源建立起来的全国最早的大型综合性科普网站之一，是中国科学院官方科普云平台。自 1999 年创建至今，以网站为根本，构建了由中国科普博览官网、自媒体号、合作媒体渠道等组成的矩阵式科学传播体系，为科学家和科普团队提供从选题创作、活动组织、在线直播到渠道传播的一体化的信息化环境，为媒体、科普机构、中小学校和社会公众提供优质科学内容。全平台粉丝达 1200 万 + ；年均原创科普作品 3000 多个，汇聚和发布科普内容 10000 多条，全网传播量达到 17 亿 + ，是中宣部、人民日报社面向公众推荐的重点科普网站，获得联合国世界信息峰会、全国优秀科普网站等在内的各类奖项 100 多项，是国家科普领域的排头兵。

"科学大院"是中国科学院的官方科普微信号，秉持"最新成果深度解读、热点事件科学发声"的定位，以一线科研人员为主创开展科普图文作品的创作，致力于传递科学家声音，打造深度、权威的科普内容。2016 年推出后，由于其前沿、深度、原创的特色，迅速获得了社会各界的认可，多篇文章在知乎、网易、腾讯等平台上阅读量超百万，赢得了稳定的受众支持和科学界的好评，先后荣获"典赞·科普中国"十大科普自媒体、"反击谣言先锋奖"、中国科技新闻学会"科技传播奖"等荣誉。

"科普中国融合创作"是由中国科协和中国科学院共同打造的科普品牌，坚持"新闻导入，科学解读，率先发声"原则，将科学家团队与创作团队、媒体渠道紧密融合，力求在突发事件发生的 24 小时内完成科普创作、审核与发布，第一时间为公众带来权威、易懂的科普解读。2020 年带领科学家参与科普创作，推出 500 多个适合互联网传播的科普作品，其中 50 多个作品首周浏览量过百万，10 多个作品过千万，总浏览量超过 3 亿，在带领一线科学家参与应急科普方面，起到了榜样和模范作用。

"理性派对"是中国科学院与中国科协联手打造的另外一个线上高端科普品牌。这是一款网络科学综艺节目，通过圆桌对谈的方式，让科学家面对面讨论最前沿、最具争议的热点科学问题，输出科学观点，让观众从理性思考中获益，致力于向公众传递科学观点、科学精神与科学方法，力图成为科学界的"锵锵三人行"。2020 年，该节目关于弦理论的视频单集传播量超过 1000 万。

（二）线下高端科普品牌

依托中国科学院数量庞大、独具特色的科研设施和科普场馆，以及众多工作在科研一线的科学家，中国科学院从 20 世纪 90 年代就开始有目的地培育线下高端科普品牌。

"中国科学院老科学家科普演讲团"是中国科学院最早推出的线下高端科普品牌之一。组建于 1997 年，精选了一批活跃在科研、科普领域的退休和未退休专家、教授组成科普队伍，每年在全国范围内开展科普巡讲，成员主要来自中国科学院，部分来自各部委、院、校。演讲团旨在向公众普及现代科学、介绍前沿领域技术，内容不仅突出知识性，更重视科学思想和科学方法的分享。演讲团成立以来，在全国 31 个省、自治区、直辖市的几百个市、县演讲上万场。演讲团的活动受到社会广泛关注和高度评价，2002 年国务院副总理李岚清亲切接见了演讲团的领导和代表，2003 年演讲团被评为全国科普先进团体，2007 年荣获全国科普教学银杏奖，2011 年被评为首都市民热爱的品牌科普团。

"科学与中国"院士专家巡讲团是由中国科学院牵头发起，并与中共中央宣传部、教育部、科技部、中国工程院和中国科学技术协会等五家单位共同打造的线下高端科普品牌，其宗旨是普及科学知识、倡导科学方法、传播科学思想、弘扬科学精神。自 2002 年 12 月正式启动后，近 20 年来，一直围绕科技发展历史回顾、科技前沿热点探讨、科学伦理道德建设、科技促进

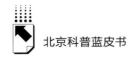

经济发展、科技推动社会进步等主题，每年举办"科学与中国"院士专家巡讲活动，累计上千场，足迹遍及全国 31 个省、自治区、直辖市，现场观众超过 50 万人，并出版《"科学与中国"院士专家巡讲团报告集》第 1～7 辑，发行近五万册，产生了良好的社会反响。

"中国科学院公众科学日"是中国科学院举办的大型公益性科普活动，自 2004 年起，每年 5 月中国科学院各个科研院所都如约面向社会公众开放，是中国科学院最具代表性的线下高端科普品牌活动。通过"中国科学院公众科学日"活动，大批中国科学院的植物园、标本馆、博物馆、国家和院所重点实验室、大型科学仪器（如正负电子对撞机）等面向普通公众开放，一些最新的科研成果也会以科普展览、科普展品、科普设施等形式供参观者亲身接触、体验。院士、资深科学家、百人计划科研带头人、教授亲自参与现场解说，数千名专兼职科普工作者和硕士、博士研究生科普志愿者也会投入到活动中。至 2020 年，该活动已连续举办十六届，成为公众了解最新科技进展、探索科学的重要渠道。

"中国科学院科技创新年度巡展"是中国科学院首个以巡展形式来开展科普工作的高端科普品牌。它将中国科学院科技创新发展的前沿趋势和最新动态通过图文、模型、音视频、互动装置、线上展厅等展示手段进行包装，形成一件件形式精美、互动性极强的展品，让公众从不同的角度和途径来了解和领会科学精神，拓宽科学视野。自 2012 年开始，创新巡展的足迹已遍布全国 27 个省、自治区、直辖市和特别行政区，吸引了 800 余万名观众现场体验，并先后受邀前往乌克兰、泰国等地，让共建"一带一路"国家的人民更多地了解中国，了解中国科技创新的前沿趋势及成果。

"中国科学院'率先行动'计划创新成果展"是中国科学院另外一个具有代表性的科普展览品牌。它精选中国科学院自党的十八大以来所取得的最具代表性、最有影响力的重要成果，通过互动展品的形式向公众进行展示和开放。自 2017 年开放后，获得社会各界的认可和好评。国务院副总理刘延东于 2017 年 10 月 31 日参观"率先行动成果展"后，给予高度评价；2018 年 3 月 26 日，朝鲜劳动党委员长、国务委员长金正恩参观成果展，他对中国在科技发展和创新方面取得的成就表示钦佩，并在参观结束后题词留念。三年以来，成果展共接待中宣部、国办、国家发改委、财政部、科技部等国家部委机关、院属单位及相关大中小学校等 1348 个团组，参观总人数累计近八万人。

"中国科学院科学节"是继中国科学院公众开放日之后另一个全国性的大型科普公益活动，是近年来中国科学院重点打造的线下高端科普品牌，不同于公众开放日让公众走进科研现场的思路，科学节尝试通过科学与文化艺术的融合，拉近公众与科学家、与前沿科学的距离，旨在打造全社会均能参与的科学嘉年华。自 2018 年开始，该活动已经连续举办三届。以 2020 年中科院第三届科学节为例，遴选和展演了具有中科院特色的 42 个院属机构的 75 个精彩节目和展项，吸引了 8000 多名社会公众现场参与；通过"云上科学节"，累计参与用户超过 5000 万人次，人民日报社、新华社、中央电视台等 15 家核心媒体和近 100 家地方主流媒体进行了深度报道。

"中国科学院'科学快车'"是中国科学院为增强科普活动的机动性、灵活性，于 2019 年推出的线下高端科普品牌。它精选深空、深海、深地、深蓝、生命科学、农业生态、大科学装置等领域的前沿科技成果和故事，通过车厢内互动展厅、户外可移动展区、球幕充气影院等形式进行多角度展示，使最新科研成果和科学家科技强国、锐意进取精神能通过快车送进校园，惠及偏远地区的人群。截至 2019 年 9 月，"科学快车"已行驶 2.2 万余公里，驶进了北京、济南、武汉、唐山、兴安盟突泉县、库伦旗、长春、大庆等地区的学校、社区和少数民族集聚地，共举办 83 场展览，受众达 96.9 万人次。

（三）线上与线下相结合的高端科普品牌

随着互联网和信息技术向日常生活的渗透，网络已经成为线下活动的重要传播平台，为线下活动提供了活动宣传、观众招募、成果展示等

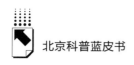
方面的诸多便利，由此演化出线上与线下相结合的活动组织形式，这种活动形式保留了线下活动互动性强、公众参与度高，线上活动覆盖面广、影响力大的优点，具有良好的传播效果。在此基础上，科普领域涌现出一些具有影响力的线上与线下相结合的高端科普品牌，其特点是线上部分不再局限于信息发布等辅助功能，而是发挥着与线下活动同等重要的作用。

中国科学院"格致论道"讲坛是众多线上与线下相结合的科普活动中具有突出代表性的品牌。2010年左右，美国TED演讲视频通过互联网在世界100多个国家和地区广泛传播，并掀起了各地举办TED演讲活动的热潮。借鉴TED线下演讲与线上视频传播相结合的模式，2014年中国科学院推出了"格致论道"科学文化讲坛，致力于传播非凡的科学思想和科学精神，在北京、上海、广州、深圳、香港、成都、天津等十多个城市和区县组织开展剧院式科学演讲活动，邀请一线科学家登上舞台，通过演讲、辩论、圆桌对话等多种方式分享新观点、新思想和新成果，成为线下科学文化活动的重要组成部分；与此同时，讲坛将科学家的演讲内容拍摄制作成视频，并通过互联网各大媒体平台进行广泛传播，让更多公众通过网络视频聆听科学家的科研故事，由此了解前沿科技的发展趋势和脉络，感受科学家的科学探索方法、思想和精神内涵。截至2020年12月，"格致论道"讲坛已举办了63期，现场观众累计超过5万人，网络视频播放量超过10亿，成为国内重要的科学文化传播品牌。

二　高端科普品牌的培育方式

1948年，美国政治学家、传播学四大奠基人之一哈罗德·拉斯韦尔在《社会传播的结构与功能》一文中，提出了著名的关于信息传播的"5W模式"。他指出，信息传播过程的五个基本构成要素是：谁（who）、说什么（say what）、通过什么渠道（in which channel）、对谁（to whom）说、取得什么效果（with what effect）。该模式后来被奉为传播学领域的圭臬，指导着后来的传播工作。科普即科学传播，它是信息传播的一种，同样也应遵循"5W 模式"。纵观中国科学院二十多年来推出的高端科普品牌，不难发现，虽然它们各具特色，但如果按照"5W 模式"去分析，就能找到较为清晰的规律和模式。

（一）高度重视，提供整体部署和资源保障

传播主体（who）对传播活动进行总体部署和资源配置，是决定传播活动成败的关键。中国科学院在高端科普品牌方面，有着长期的规划和部署。首先，中国科学院科学传播局作为全院科普的总体部署和实施机构，统领和指导全院 6 个科普联盟、10 多个科研科普基地、院属 100 多个研究机构的科普处室、院内专业的科普组织和团队等共同开展科普工作，为高端科普品牌的打造提供了组织结构和人力方面的保障。其次，全院每年设立科普专项，推动各种科普活动的组织开展，为高端科普品牌的打造提供了基本经费保障。最重要的是，中国科学院的机构组织方式决定了它是一个具有高度凝聚力和向心力的机构，在举办和实施大型科普活动时，能够迅速上传下达和协调资源，为打造高端科普品牌提供强有力的行政保障。

（二）依托前沿科技优势资源，找准品牌定位和特点

同样从传播主体（who）出发，在具体品牌的打造过程中，中国科学院作为科研和科普的国家队，始终从自身优势出发，找到自己在同类科普品牌中的定位和特点。以中国科学院官方科普公众号"科学大院"的异军突起为例。"科学大院"创办于 2016 年，其时国内科普领域已经拥有一批较为知名的科普微信公众号，包括果壳网、知识分子、赛先生，以及众多传统科普机构的微信公众号，要在众多科普号中脱颖而出，必须要有自己独特的定位。果壳网以趣味知名，知识分子和赛先生则重在批判性解读，科学大院在这两方面并没有突出优势，但"科学大院"背靠中国科学院庞大的科学家群体，一线科学家资源极其丰富，他们在前沿科学领域的探索

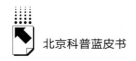

和研究始终走在全国乃至世界前列，把握住这一点，"科学大院"从刻立至今始终坚持以"一线科学家科普发声"为自身定位，持续推出科学家对热点科学问题的原创性解读，迅速获得社会各界的认可，目前已经成为科普领域独树一帜的微信公众号。

（三）内容为王，打造兼具吸引力和思想性的科普内容

内容为王是传媒界最为人熟知的从业理念之一，它指出内容是一切传播的基础，只有具有吸引力的内容才能抓住公众的注意力和眼球，这一理念在科普领域同样适用。从传播内容看（say what）来看，中国科学院在培育高端科普品牌方面，对内容的吸引力和思想性进行了有机的融合，即在打造有吸引力的内容的同时，打破以传播科学知识为主的模式，重在传播科学思想和科学精神。以中国科学院"格致论道"讲坛为例，作为一个演讲形式的科普品牌，如何将冗长生涩的科普报告变得生动有趣，是讲坛面临的巨大挑战。为了解决这个问题，讲坛在科学演讲的内容策划过程中，深入挖掘科学主题背后的文化内涵和人文情怀，以增加内容的吸引力和感染力，通过一线科学家讲述前沿科学探索的故事，让公众在潜移默化中感受故事背后的知识、精神、情怀乃至道德，从而实现内容吸引力与思想性的深度融合。

（四）针对不同受众，持续创新科普形式

从传播对象（to whom）的角度来看，中国科学院针对不同的受众群体、不同的传播环境和条件持续推出了新的高端科普品牌形式。举例来说，针对大城市的受众群体，推出"公众开放日"、"科学节"等品牌活动，致力于"带"公众走进科研现场，与科学家面对面接触和交流，这种方式有利于加深公众对科学的认识和理解；针对边远城镇的公众，考虑到他们走进科研现场的条件有限，则推出"院士专家巡讲团"、"老科学家巡讲团"、"科学快车"、"科技创新年度巡展"等科普品牌，通过将科学"送"进学校和社区的方式，让边远地区的公众也能跟大城市的公众一样，第一时间感受到前沿

科学的魅力。随着互联网技术的发展，中国科普博览等品牌充分利用网络广泛覆盖的优势开展多种直播活动，将公众科学日、科学节等优质的品牌内容通过互联网推向更多公众。

（五）紧跟媒体发展趋势，不断拓宽传播渠道

在传播渠道（in which channel）方面，中国科学院高端科普品牌紧跟媒体发展趋势，不断拓展科普内容的传播渠道。以中国科普博览为例，2009年以前，中国科普博览的传播渠道基本以自身网站为主。2009年以后，随着微博、今日头条、微信等自媒体平台陆续崛起，中国科普博览迅速抓住时机，构建了自己的自媒体矩阵。截至2020年底，中国科普博览已构建了包括微博、微信公众号、今日头条、一点资讯、网易号、人民号、央视网矩阵号等近20个自媒体，并与人民日报、新华社、央视新闻、中央电视台、环球时报、紫光阁等100多家合作媒体渠道联动形成的矩阵式科学传播体系。同时，还与北京电视台、中央电视台等电视媒体深入合作，推动内容在电视媒体的传播；与地铁媒体、户外媒体深入合作，推动科普内容在户外媒体的传播。

（六）结合热点主动策划，最大化传播影响力

在传播效果（with what effect）方面，中国科学院高端科普品牌在紧跟社会热点进行深度解读的同时，联合媒体和科学家主动打造科普传播事件，力求最大化科普内容的传播影响力。以"科普中国融合创作"品牌为例，该品牌力求在突发事件发生的24小时内完成深度科普解读的创作和发布。2019年4月10日，人类历史上首张黑洞照片公布，"科普中国融合创作"针对这一重大科学事件，在预热阶段、事件发生时、事件发生后三个阶段与成果单位及专家、媒体联合策划，先后推出一系列科普作品，在人民日报、央视新闻、新浪、网易等各大媒体上广泛传播，累计传播量上亿人次，成为黑洞传播事件背后的重要推手。

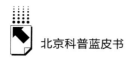

结　语

　　"高端科普"不同于以传播科学知识为主的"基础科普",它以前沿科技的探索过程和成果为主要内容,以传播科学思想、科学精神乃至科学道德为主要目的,是科学家和公众高度参与的科普形式。中国科学院在过去几十年中,长期致力于高端科普品牌的培育和打造,推出了一系列具有影响力的高端科普品牌,在资源保障、品牌定位、内容策划、科普形式、传播渠道、影响力塑造方面均发挥了"国家队"的示范带头和榜样作用。借鉴中国科学院在高端科普品牌培育方面的经验,对今后各领域开展高端科普品牌的培育提出以下三点建议。

　　第一,加强政策引导和资源保障,促进科普专业化。在政策方面,制定切实可行的激励机制和措施,使参与科普工作成为科研机构和科研人员工作绩效的"加分项"而不是"减分项",鼓励他们积极参与科普工作。在资源保障方面,加强经费投入和人才培养,包括:设立科普专项,给予科普品牌培育基本的经费保障;培育专职科普团队,吸引自然科学、文化、艺术等各学科人才参与科普工作,培养兼具科学素养、文化素养和审美能力的专职科普队伍,确保科普工作向专业化方向发展。

　　第二,加强科学家的科普主体地位,提升"高端科普"价值内涵。在进行高端科普过程中,科学家是内容生产的灵魂和主体,是所有前沿科技知识、科学方法、思想和精神乃至道德的来源。简单来说,科学家的内容输出是未经打磨的"原石",经过专职科普人员的设计、美化、包装和传播,最终成为在公众面前闪闪发光的"钻石"。因此,在内容策划和创作过程中,须确保科学家的主体地位,拓展内容的广度和深度,将科普不断从"基础科普"向"高端科普"推进。

　　第三,开展全媒体平台的传播,打造品牌影响力。充分利用现代传播技术和传播渠道,通过互联网、电视、纸质媒体、户外媒体等多种媒体形态,以图文、视频、音频、实地展演等多种媒介形式,实现在任意时间、任何地点、任意终端向公众传播科普内容，从而不断提升高端科普品牌的知名度和影响力。

参考文献

［1］ 周荣庭、徐永妍：《全媒体时代在线科普展览应用模式研究》，《自然科学博物馆研究》2020 年第 6 期。

［2］ 周孟璞、松鹰：《科普学》，四川科学技术出版社，2007。

［3］ 陈清华、吴晨生、刘彦君：《2014 中国网络科普发展现状调查》，《科普研究》2015 年第 1 期。

［4］ 刘华杰：《科学传播的三种模型与三个阶段》，《科普研究》2009 年第 2 期。

［5］ 朱建国：《中国科普现状及对策研究》，《2010 湖北省科协工作理论研讨会文集》，2010。

B.14
基于新媒体传播网络的
科普传播策略研究

周一杨*

摘　要：　本文以"社会需求催生策略变更，技术进步扩展传播效能"
　　　　　为切入视角，展开分析新媒体传播网络的科普传播策略，并
　　　　　对部分研究对象进行量化建模与分析。指出基于新媒体传播
　　　　　网络开展科普传播可以在激励机制、马太效应规避和公众号
　　　　　联盟三个方向进行发力，积极引入互联网思维，主动引导科
　　　　　普传播全流程，做好配套的科普服务平台建设工作。科普传
　　　　　播工作全面信息化和互联网化已然成为基本发展趋势。

关键词：　新媒体网络　科普传播　互联网思维　网格管理　价值挖掘

一　新媒体传播网络背景下的科普传播现状分析

"新媒体传播网络"这一概念源自美国 Martha Stewart Living Omnimedia
公司（下文简称 MSLO 公司）的经营实践，该公司将旗下所经营的报纸、
书籍、杂志、电视节目和广播节目等多种服务统称为"全媒体资讯业务"。
这一概念在 20 世纪 90 年代非常超前和精准，勾勒出互联网时代新媒体传播
网络的雏形。经过 20 多年的发展，新媒体传播网络的发展已经远远超出了

---

* 周一杨，北京市科技传播中心新闻部主任，主要研究方向为科技传播与普及。

MSLO 公司提出的框架，成为涵盖移动终端、准静态终端、物联终端、专用终端等多种接入设备，服务范围涵盖广播服务、电视服务、纸质媒体服务、在线信息服务、移动 App 应用服务、数据咨询服务、互联网视听多媒体服务等多种形态，服务范围几乎不受地理限制和时间限制的全时段、全地理范围、全受众范围的"超级传播网络"。

基于新媒体传播网络的科普传播工作和"传统媒体网络"时代有很大不同。

（一）科普传播途径由单向变为互动

在"传统媒体网络时代"科普信息传播路径是沿着"资讯编辑→资讯下发→资讯接收"的单向路径传播给广大受众，资讯接收方几乎没有对应的评估、反馈渠道。新媒体网络赋予资讯接收方自我意见表达和信息扩散的渠道，科普信息单向传播路径被打破，形成"传播者和资讯接收方和资讯围观者"的多方实时互动。

（二）科普信息"传播者"和"接收方"的界限被逐步打破

新媒体传播网络实际上拉近了科普信息"传播者"和"接收方"在资讯传播能力方面的差距，接收方可以通过各种信息平台对传播者发布的科普信息进行评估分析、内容补充和局部展开，并将二次加工的成果作为"更新版"的科普信息进行二次传播。科普信息"传播者"和"接收方"在新媒体传播网络的"底层赋能"支撑之下，角色互换的过程变得更加迅速。

（三）科普传播自带的"权威性"逐步消解

由于科普传播路径从单向变为互动，科普信息"传播者"和"接收方"的界限被逐步打破，科普传播自带的"权威性"在新媒体时代开始逐步消解。接收方可以主动发表对科普信息传播的质疑、分析和二次加工等内容，通过新媒体传播网络放大自己的"声音"，形成新的传播节点。

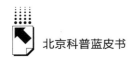
二 基于新媒体传播网络的科普传播策略研究

在"传统媒体时代"我国科普传播的主体为各级政府科技和教育管理部门、出版社、广播电视台和报刊社，这些机构统一服从政府规划安排并按部就班完成"科普传播任务"，这一整套制度体系及配套的传播网络在'传统媒体时代"为我国科普传播事业做出了巨大的贡献，极大地提升了人民群众的科学素养，为我国科学技术的发展播撒无数希望的种子。在"传统媒体时代"科普传播的主要思维方式带有非常明显的"计划驱动、任务驱动、考核驱动"的特征，资讯接收方也习惯性地将科普传播归类于"政府主导的公共服务"范畴。

（一）借助新媒体传播网络，主动引导科普传播全流程

新媒体传播网络在赋予资讯接收方自主表达、二次加工和二次传播能力的同时，也赋予科普内容管理者、制作者和传播者更为强大的跟踪调研能力、数据收集能力和全程控制能力，这些能力在"传统媒体时代"是很难想象的，只有在互联网基础设施遍布社会各个角落、各种应用软件得到大力普及的新媒体时代才可以实现。"传统媒体时代"科普传播以管理部门的统一计划和考核指标为重要驱动力，资讯接收方可以主动参与并反馈观点的渠道和权重都可以忽略不计，只有一些涉及知识硬伤、校对错误和案件纠纷的反馈意见可以得到管理部门的重视和响应。从另一方面看，在传统媒体时代科普管理部门、科普内容制作者和科普内容传播者想要了解受众群体的真实意见，其时间成本、人力资源成本和管理成本也非常之高，而且很难做到"全时段、全范围"进行调研。

在新媒体时代部分科普工作者依然延续着旧有的思维惯性，没有高度重视资讯接收者的二次传播能力，并习惯性地将意见反馈和二次传播排除在科普传播管理体系之外。实际上借助新媒体传播网络的科普传播模型已经在反复迭代之后逐步稳定下来，其基本业务流程模型如下所示：

基于新媒体网络的科普传播模型：

步骤 1　内容制作：由政府机关、企事业单位、学术机构、自媒体机构和个人爱好者完成科普内容选题及制作。

步骤 2　内容审核发布：发布者将科普作品通过新媒体传播提交到信息平台、出版社和各类媒体机构，由政府职能管理部门统筹安排各级力量完成内容审核并借助新媒体传播网络对外发布。

步骤 3　内容二次传播：资讯接收方通过新媒体传播网络获取科普作品并开始浏览阅读，并将内容分析、评价总结、细节补充、批评反驳等"二次创作"内容发布在新媒体传播网络，以个人为"资讯节点"实现科普内容的二次传播。

步骤 4　内容引导与控制：科普传播管理者、内容制作者借助新媒体传播网络实时跟踪科普内容一次传播、二次传播的当前状态和发展趋势，并进行必要的内容引导与控制，确保科普传播在"良性讨论、稳定可控、内容合规"的正常轨道上稳定运行，及时发现并纠正各种负面倾向。

步骤 5　科普效果评价：科普效果评价常用的方式有问卷调查、网络公开调查、私人访谈、隐蔽观察等，效果评估的主要指标包含社会影响力、民众评价、专家评价和可持续性等维度。我国科普评价的基本理念可以概括为"效能、效率、效益"，科普效果投入产出比也作为科普效果评价的重要参考。

表 1　科普评价常见指标

一级指标	参考评价标准
科普内容评价	（1）内容科学性：由科研专家进行评价。 （2）内容吸引力：由受众代表进行评价。 （3）科普形式。
科普影响力评价	（1）传播范围：可以通过信息平台获得统计数据。 （2）话题热度：同上。
科普奖项	（1）部门内获奖：获奖等级、获奖次数。 （2）部门获奖：获奖等级、获奖次数。

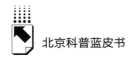

基于模型我们可以得出如下几个基本结论：（1）在"传统媒体时代"科普传播的重点在于内容制作和传播。（2）在新媒体时代强大的新媒体传播网络使科普传播的整个业务流程产生了根本变化，内容二次发布与引导成为科普传播工作的新重点。（3）科普传播内容引导与控制工作不是"选做题"而是"必做题"。引导与控制工作如果不由科普传播管理者、内容剖作者主动承担，就会被其他力量基于利益驱动、政治诉求和精神诉求等多方面因素从外部介入。

如何基于新媒体传播网络实现科普传播的内容引导与控制，是科普工作者必须要解决的重点问题之一。特别需要注意的是，科普传播的内容引导与控制工作要根据实际情况作出必要调整，适度运用"分而治之、多极控制"策略可以收到良好的效果。"分而治之、多极控制"思想源于中国"万物并育而不相害，道并行而不相悖"这一朴素的价值观，主张包容事物发展的多样性和特殊性，站在系统运行的高度去进行合理引导和必要的处理。在科普工作者开展科普传播内容引导与控制工作时，可以基于科普内容管理者观点、科普内容制作者观点、科普内容传播者观点和科普内容接收方观点构建"观点集合"，深入分析观点集合中每一个元素的基本结论、推导过程、逻辑特点和漏洞、主体支持者等属性，并制定相应的内容控制与引导策略，最终实现多个观点的融合与纠正，形成一个相对统一科学的主流结论。

案例：通信运营商（下文简称运营商 A）在开展基站部署工作时，部分小区居民基于"信号塔辐射危害巨大"的基本观点，采用各种手段百般阻挠运营商 A 运维团队开展工作。为了消除小区居民顾虑，运营商 A 技术部门科普工作者配合运维团队进行讲解，但小区居民坚持自己的观点并开始破坏设备，最终运营商 A 一怒之下撤回所有通信设备，导致小区居民几乎无法使用手机。

案例反映了科普传播领域非常经典的"单极逆反"现象，当科普传播一方过度强调自己观点的正确性并使用各种"证据"来进行支撑时，资讯接收方反而会产生强烈的逆反心理并进一步强化对于科学观点的抵触情绪。

从"分而治之、多极控制"的研究视角来看，对于同一事物的看法出现多种观点是科普传播过程的常态，尤其是群众自发形成的各类观点既有其合理性也有各种误区。案例中运营商 A 和小区居民之所以走到激烈对抗的地步，重要的原因就是运营商 A 采用了"单极控制"策略，在科普传播过程中只强调了自己所持观点的权威性和科学性，没有考虑小区居民所坚持的"信号塔辐射危害巨大"这一观点的合理性。

与案例类似的事件曾经在全国各地频频上演甚至成为舆论热点，各大运营商在吸取教训的同时主动采取了"分而治之、多极控制"策略。

1. 坚持宣传科学观点

科普传播工作者通过新媒体传播网络向城镇居民宣传"信号塔辐射不会危害居民健康"这一观点，并对于各类与"信号塔辐射"有关的谣言进行批驳。

2. 尊重反对声音

对于坚持认为"信号塔辐射危害巨大"的群众，科普传播工作者并没有一味进行批判与打压，而是通过新媒体传播网络主动接触持有类似观点的群众，在肯定他们"合理怀疑"的基础上，进一步组织小区群众开展"信号塔辐射危害"调查活动，在调查过程中逐步接近事实真相、破除谣言。

3. 鼓励群众质疑

在"真相大白"之后，科普传播工作者并没有以"居高临下"的傲慢姿态去宣扬自己的"科学与理性"，反而肯定并鼓励群众提出质疑并通过严格缜密的调查去获取真相。

4. 角色切换

在处理"信号塔辐射"事件的过程中，科普传播工作者本身也是小区居民，他们主动融入小区居民信息咨询网络中，积极主动地从小区居民这一角色出发去争取合法合理的权益，包括辐射实时监测、信号塔位置规划、安装流程控制等，成功赢得小区居民信任并妥善解决了扭转固有错误观念的问题。

"分而治之、多极控制"策略在解决案例所代表的典型问题时收到了非

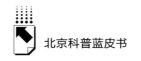
常好的效果，实现经济效益和社会效益的"双丰收"，也充分证明了基于新媒体传播网络开展科普传播工作的必要性。

（二）基于微信平台提升科普传播效能

1. 科普传播微信号传播效能分析

微信平台是新媒体传播网络中非常重要的组成部分，是我国民众进行文字交流、语音交流、视频交流、线上办公、资讯获取和功能调用的重要支撑系统。科普传播可以借助微信平台提升传播效能、扩展科普内容在民众当中的普及度、及时收录反馈信息、合理对接各类媒体资源，形成基于微信平台的科普传播矩阵。目前有大量的科普类型公众号在微信平台上长期运营，科普中国、果壳、科学大院、中国科普博览和好奇博士等是其中的典型代表。本文以这些公众号为研究对象，分析其公众号类型、基本定位、文章风格、传播影响力和传播手段。

表2、3、4给出了典型科普公众号的基本信息、影响力信息和热文清单，也得出了一些具有普遍性的调查结论：

（1）专业壁垒。优秀的科普公众号大部分都是由具有科学知识储备的企业和政府部门运营，这就证明专业素养是提升科普传播效能的重要因素，非专业人士做科普工作容易造成以讹传讹、后劲不足、浅尝辄止等问题，最终被受众和市场所抛弃。

（2）发文数量。必要的发文数量是提升科普传播力的基石，优秀的科普公众号基本都有几百篇甚至几千篇文章"打底"，长时间编写大量科普文章可以有效地提升用户黏性，也有利于科普工作者在反复的"科普实战"中提升自身的业务能力，形成一个"发文→反馈→调整优化"的正向循环。

（3）粉丝数量。微信平台本身就是一个"矩阵式"新媒体传播网络平台，公众号的粉丝实际上决定着每一篇文章"N次转发"的基础能力。如果粉丝数量足够多就可以确保科普文章在第一时间被大量转发，在转发过程中会将部门"路人"转化为"新粉丝"，推高下一次文章阅读的"基础势能"，最终形成一个"滚雪球"式的"马太效应"。观察表3可以发现粉丝数量和每篇文章的平均阅读量基本上呈正比关系，同时决定了微信排名和WCI指数两个衡量传播力的关键指标。

（4）文章标题。通过观察表4我们可以发现，2020年10～12月典型科普公众号热文清单当中基本上以口语化标题为主，并大量使用了反问、疑问、感叹、对比、悬疑等手法。这些标题没有多余的空话、套话和废话，直指问题核心并进行必要的夸张，力求在第一时间抓住受众的"眼球"。

（5）地域问题。科技和教育发达地区一般情况下也是科普工作比较优秀的地区，这也从一个侧面反映了科普工作其实是植根于科技和教育工作这片沃土之上的"花朵"。这个基本事实有助于相关政府部门和企事业单位在科普工作方面合理投放各类资源，实现"1＋1＞2"的效果。

表2　典型科普公众号信息概述

公众号	主管单位	地区	公众号介绍
果壳 Guokr42	北京果壳互动科技传媒有限公司	北京市→朝阳区	科学和技术，是我们和这个世界对话所用的语言。
科普中国 Science_China	中国科学技术协会	北京市→海淀区	公众科普，科学传播
科学大院 kexuedayuan	中国科学院计算机网络信息中心	北京市→海淀区	中国科学院官方科普平台。前沿、权威、有趣、有料。
中国科普博览 kepubolan	中国科学院计算机网络信息中心	北京市→海淀区	中国科学院网络化科学传播平台门户
好奇博士	北京冰峰天下科技有限公司	北京市→通州区	博士一分钟，姿势涨不停

表3　2020年10～12月典型科普公众号影响力概述

公众号	WCI指数	微信排名	活跃粉丝	文章总数	平均阅读量
果壳 Guokr42	1683.46	70	919805	6292	39222
科普中国 Science_China	1793.19	27	914125	1091	78044
科学大院 kexuedayuan	940	6125	64110	1645	10408
中国科普博览 kepubolan	658.81	24184	25035	1536	1524
好奇博士 haoqi238	1542.62	167	1000010	482	79556

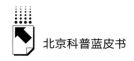

表4　2020年10～12月典型科普公众号热文清单

公众号	Top3 热文清单
果壳 Guokr42	（1）为什么不要投喂流浪猫？我国一年至少121亿野生动物死于猫口 （2）昨天清晨，小行星撞地球，就在青海！ （3）又双叒叕炸了！SpaceX今晨直播炸飞船
科普中国 Science_China	（1）千万别信！12种被吹上天却没什么用的食物，很多人还在买… （2）今日，所有的敬意送给这对父子！ （3）夜读丨香港知名男演员去世，一生未婚，无儿无女，遗产却留给了古天乐…
科学大院 kexuedayuan	（1）青海火球事件——"肇事者"身份调查 （2）水里什么虫子越多说明水质越好？ （3）深海压力那么大，深海鱼为什么没被压死？
中国科普博览 kepubolan	（1）深海压力那么大，深海鱼为什么没被压死？ （2）为什么风力发电机都是白色的？ （3）同样是舔水喝，为什么猫比狗优雅这么多？
好奇博士 haoqi238	（1）2020刷爆朋友圈的18个谣言，一次性辟干净！ （2）死后的24小时，你的尸体在干嘛？ （3）想给你看点好消息，非常好的那种

2. 紧跟社会热点进行"时效性科普"

民众通过个性化搜索、订阅公众号、浏览朋友圈等多种方式来获取资讯信息。发布在微信平台上的资讯信息基本的排序因子为"发表时间"和"阅读量"，基本布局为自上而下的"资讯序列"，每一条资讯在"资讯序列"当中的基本展现形式为"图片＋标题"，当某一条资讯引起浏览者兴趣时，只需要通过点击即可跳转到资讯内容主页面进行浏览。微信平台以"发表时间"和"阅读量"为主要参考因子的资讯排序规则可以让兼具时效性和浏览量的文章迅速成为"社会热点"话题，被广大民众进行二次加工和转发，形成"爆炸式"的传播效果。科普传播工作者可以及时跟进社会热点话题在微信平台上撰写相关的科普文章，对于相关的科普话题展开讨论，借助社会热点所形成的"传播势能"形成"科普爆款"。紧跟社会热点开展时效性科普除了可以搭乘社会热点"顺风车"降低科普推广难度，还可以第一时间解决广大民众所关心的"即时性科普问题"，充分发挥科普传播应有的基本功能，创造良好的社会效益。

发表在微信平台之上的科普文章可以选择开放/关闭后台留言板，浏览科普文章的民众可以将自己的看法和观点提交，管理员根据观点水平、代表意义和其他因素将精品留言公开展示。发布在微信平台上的科普文章可以第一时间获取浏览者各类后台留言，这些留言包含了个人观点、相关内容补充和科普需求等多方面的内容，科普传播工作者可以基于这些内容来获取受众需求，根据留言数目、留言内容可信度、受众需求工作量预估等指标确定受众需求优先层级，再有选择性地选取优先级较高的文章进行发表。

　　3. 调整行文风格并积极与受众互动

　　标题优化。科普传播工作者尽量将文章标题字数控制在 15 字以内，确保内容概述信息在不同的微信字体下都可以得到完整展示。合理借鉴并运用诗词歌赋的行文风格营造朗朗上口的文章标题，通过设置悬念、反问、排比等手法先将用户吸引过来，强化用户对文章内容的"第一印象"，从而提升文章被点开阅读的概率。

　　文风优化。科学传播的对象是关心科学但不熟悉科学的公众，因此在向公众进行科学传播时，其文章风格应尽量通俗易懂，不要过于生硬，应尽量避免使用太过专业的技术术语，并使科学由抽象概念构成的逻辑符号体系转换为形象生动的大众语言，做到有趣、有用、有理和有情。此外，由于故事是一种非常有力的交流工具，它能够巧妙地激发受众对于科学的兴趣，快速地触达受众内心，进而引起强烈共鸣，使普通受众在聆听故事时产生一种精神与思想的碰撞，从而自然而然地将科学思维传递给受众。并且故事的可读性也很强，因此通过一种故事性阐述的方式向受众普及科学知识，传达科学思想，弘扬科学精神，提升公众科学素质，是一种最具影响力和效力的科学传播手段。通过一种有料又有趣的故事性阐述，将复杂的科学概念简单化、通俗化，从而将读者或听众带到一个他们从未经历过的情景当中，并产生一种替代性经验，从而轻松接受科普内容。

　　文章互动性优化。本文通过调查在微信科普类公众号排行榜上名次

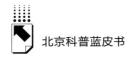
靠前的几个"明星玩家",发现这些公众号在文章布局上有如下几个特点:一是将文字和图片交替放置,避免大量文字或图片"集聚式堆放",这种策略可以确保读者在浏览文章时将图片和文章结合起来,延长阅读时长的同时可以降低疲劳程度。二是关键语句使用彩色字体进行强调,而且每一个关键语句的长度都不会超过四行,确保读者可以在短时间内消化吸收文字内容。这些关键语句还起到了支撑文章逻辑架构的"支点"作用,读者如果没有充足时间和精力阅读全部文字,只是浏览关键语句和配套的图片也可以掌握文章的主要内容,无形中能够满足更多不同类型读者的阅读需要。三是读者评论和文章内容相互配合。"评论有时比文章更精彩"是很多微信公众号"老读者"的经验,经验丰富的微信公众号编辑会将读者评论作为科普文章的重要组成部分,适当选取优秀留言评论并进行科学组合,可以让读者进一步领会文章的精神,同时可以提升文章的趣味性和可读性。

三 总结与展望

本文以"社会需求催生策略变更,技术进步扩展传播效能"为切入视角,展开分析基于新媒体传播网络的科普传播策略,并对部分研究对象进行量化建模与分析。基于文本的研究结论,基于新媒体传播网络开展科普传播可以在激励机制、规避马太效应和构建公众号联盟三个点上进行发力。

(一)激励机制

赋予运营微信科普公众号的团队更多自主选题、内容推广、行文风格规划的权力,允许运营团队基于用户需求撰写兼具时效性、实用性、通俗性的文章。划拨部分广告收入作为运营团队的奖金,激发工作人员的积极性。机构可以为公众号运营部门设立"非绩效"目标(如年底向贫困山区捐献科普书籍和教具),通过对目标的追求来达到促进公众号发展的目的。

（二）规避马太效应

新媒体网络最大的特征就是"基于受众群体的N次转发"，粉丝群体又是确保"转发势能"的关键因素。当一个科普公众号培养起数量庞大的粉丝群体之后，运营团队撰写的文章只要水准能够"过线"，就可以依托巨大的"粉丝势能"实现大规模扩散。入场比较晚的科普公众号如果没有足够过硬的文章和推广团队，很容易陷入"强者恒强、弱者恒弱"的马太效应负面循环当中。可以通过"大号带小号"的方式来规避马太效应，一些能够提供优质内容的"宝藏型"科普公众号可以跟影响力较大的科普公众号合作，借助其"粉丝势能"来实现内容的快速传播和粉丝势能原始积累。

（三）构建公众号联盟

通过"大号带小号"的方式可以有效地规避马太效应，但这需要一个协调组织来进行统筹规划。构建公众号联盟可以将零散的科普力量整合为一个相互促进、共同提升的整体，避免科普公众号之间的恶性竞争。公众号联盟应当以政府科技和教育管理部门为主导，以公众号运营管理团队为核心，共同制定科普工作长期规划并落地执行。

基于新媒体传播网络开展科普传播工作时，要积极引入互联网思维，借助新媒体传播网络主动引导科普传播全流程，做好配套的科普服务平台建设工作。新媒体时代的到来给科普工作带来了巨大的发展机遇和想象空间，随着互联网基础设施和应用技术的不断更新换代，科普传播工作全面信息化和互联网化是一个基本发展趋势。

参考文献

[1] 彭雪：《新媒体时代科普类微博的传播路径探析——以"博物杂志"微博为

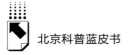

例》,《新闻世界》2016 年第 11 期。

[2] 肖心通、袁艳明:《新媒体时代下的科学传播工作探究》,《新闻传播》2014 年第 12 期。

[3] Shao-Feng L. U, Zhi-Kang Z, Ling-Zi K, et al. Current status of work of science popularization in Nanning City and its development strategies [J]. Journal of Southern Agriculture, 2013.

[4] 宋飞颐:《新媒体时代军事科普内容产品的年轻化传播新策略——以张召忠系列军事科普为例》,《新媒体研究》2019 年第 24 期。

[5] Fuying Z, Dan S, Department J. E Strengthening Popular Science Elements to Promote Wechat Communication Ability of Academic Journals [J]. Journal of Suzhou College of Education, 2019.

[6] 水丹艳:《科普短视频自媒体传播策略分析——以"柴知道"为例》,《新媒体研究》2020 年第 6 期。

[7] Ren R, Zheng N, Xing G, et al. Research on correlation between science popularization and technological progress based on panel data [C] // 中国控制与决策会议. 2014.

[8] 王超、武骁飞、张静:《医疗类新媒体健康科普传播中的群体间互动研究》,《传媒》2019 年第 5 期。

[9] 李涛、李晶:《新媒体时代科普传播特点分析——以果壳网为例》,《今传媒》2018 年第 26 期。

[10] 句艳华:《新媒体时代科普传播之变——以科技日报"科技改变生活"改版为例》,《青年记者》2016 年第 36 期。

[11] 侯雨萌:《新媒体语境下公立医院医学科普模式新探索——以医院自制科普节目〈仁医直播间〉为例》,《江苏卫生事业管理》2020 年第 2 期。

[12] 羊芳明、段飞、李颖琪等:《以微信矩阵为例的新媒体环境下科普传播模式的创新研究》,《科技创新与应用》2019 年第 23 期。

[13] 储昭卫:《发挥新媒体平台功能创新科普传播形式——以〈科学美国人〉为例》,《科协论坛》2017 年第 12 期。

[14] 金会平、鲁满新:《Influencing factors and their measurement of WeChat user stickiness of agricultural popular science journals》,《中国科技期刊研究》2017 年第 28 期。

[15] 赵越:《大数据时代融媒体环境下的科普传播探析》,《传媒论坛》2020 年第 3 期。

[16] Sigurd, Mikkel, Pisinger, et al. Scheduling Transportation of Live Animals to Avoid the Spread of Diseases. [J]. Transportation Science, 2004.

科普专题篇

Popular Science Policy Reports

B.15

北京市朝阳区战"疫"应急科普与策略

冯守华*

摘　要： 朝阳区位于北京市东部，是中心城区面积最大、人口最多的区，朝阳区组织建设战"疫"地图平台，汇集全区"疫情"数据信息，开展人员分布和医疗资源承载力分析，收集梳理科技企业新产品，开展疫情防控新产品、新应用征集推广发布，夯实联防联控、群防群控的基层基础，针对不同受众，抓住应急科普核心内容，不同时期疫情防控重点，制定有针对性的科普内容。通过多途径提升覆盖面，保证应急科普效果。积极探索"科普＋直播""科普＋抖音""科普电子书"等新科普形式。完善疾病预防控制体系，建设平战结合的重大疫情防控救治体系。

关键词： 朝阳区　应急科普　疫情防控

---

* 冯守华，副教授，中关村朝阳园工委常务副书记。

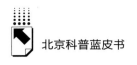

一　引言

2020 年，突如其来的新冠肺炎疫情迅速席卷全球，各国均面临着疫情的沉重打击。新冠肺炎疫情是百年来全球发生的最严重的传染病大流行，是新中国成立以来我国遭遇的传播速度最快、感染范围最广、防控难度最大的重大突发公共卫生事件。病毒突袭而至，疫情来势汹汹，人民生命安全和身体健康面临严重威胁。党中央坚持把人民生命安全和身体健康放在第一位，第一时间实施集中统一领导，统揽全局、果断决策，以非常之举应对非常之事。党中央坚持人民至上、生命至上，以坚定果敢的勇气和坚韧不拔的决心，同时间赛跑、与病魔较量，迅速号召，打响疫情防控的人民战、总体战、阻击战，用 1 个多月的时间初步遏制疫情蔓延势头，用 2 个月左右的时间将本土每日新增病例控制在个位数以内，用 3 个月左右的时间取得武汉保卫战、湖北保卫战的决定性成果，进而又接连打了几场局部地区聚集性疫情歼灭战，取得了全国抗疫斗争重大战略成果。在此基础上，统筹推进疫情防控和经济社会发展工作，抓紧恢复生产生活秩序，取得显著成效。中国的抗疫斗争，充分展现了中国精神、中国力量、中国担当。

二　朝阳区疫情防控基本情况

北京作为首都，是共和国的心脏，是世界看中国的窗口，也是人流物流的集散地，地位举足轻重，各项工作具有"风向标"意义。首都疫情防控工作做得如何，直接关系党和国家工作大局，关系全国疫情防控全局，一点也马虎不得、大意不得。在中共中央政治局会议上和国务院《关于科学防治精准施策分区分级做好新冠肺炎疫情防控工作的指导意见》中，都专门提及北京疫情防控工作，进一步凸显首都疫情防控工作的极端重要性。

朝阳区位于北京市东部，是中心城区面积最大、人口最多的区，总面积470.8平方公里，下辖24个街道、19个乡，有483个社区、144个村，常住人口347.3万人，占全市的16%。朝阳区素有"中国涉外第一区"的美誉，区内有第一、第二、第三使馆区以及正在建设的第四使馆区，集中了除俄罗斯外的全部外国驻华使馆以及90%的外国驻京新闻媒体、80%的国际组织和国际商会、70%的跨国公司地区总部、65%的外资金融机构、50%以上的国际性会议。朝阳区是全国文化资源最集中的区域，区内汇聚了中央电视台、路透社等近400家国内外知名传媒机构，东方演艺集团、中国交响乐团等80余家知名文艺表演团体。作为"双奥之区"，朝阳拥有鸟巢、水立方等14处奥运场馆资源，每年中网公开赛、国际马拉松赛等一系列国际性、高水平体育赛事在奥林匹克公园举办，年均吸引游客5000万人次。朝阳区现代商务氛围浓厚，是全市经济发展的主阵地。主要指标始终位居全市前列，各类市场主体总量占全市的19%，GDP占全市的20%，第三产业比重超过93%，呈现出CBD、奥运、中关村朝阳园等重点产业园区错位融合发展的特色布局。服务业开放程度高，区内有世界三大评级机构、全球十大律师事务所、6家世界十大咨询公司、40家百强品牌人力资源服务机构，外商投资企业占全市的40%，实际利用外资、进出口总额分别占全市的30%、47%，是北京市服务业扩大开放试点示范区。金融机构在全市数量最多、门类最全，集中了亚投行总部以及世界银行、国际货币基金组织等一批国际金融组织驻华机构。国际创新资源汇聚，高等院校、科研院所、重点实验室均占全市1/5以上，集中了阿里巴巴、苹果研发、中国工业互联网研究院、鲲鹏联合创新中心等一批创新型企业和机构，国际专利申请量占全市的40%，是国家知识产权示范城区。

从上述区情可以看出，朝阳区商业场馆多，商务活动密集，国际交往频繁，外来人口多人流量大，在这样的地区开展疫情防控难度可想而知。为此，必须在政府主导下，充分发动群众，及时发布疫情防控信息，充分运用现代科技手段，实行科技防疫，并将科技支撑贯穿于疫情防控的全过程。

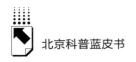
三　精准施策、科学防控，积极构建全区疫情防控科技支撑体系

面对前所未知的新型传染性疾病，朝阳区秉持科学精神、科学态度，把遵循科学规律贯穿到决策指挥、病患治疗、技术攻关、社会治理各方面全过程。对科学精神的尊崇和弘扬，为战胜疫情提供了强大科技支撑。

（一）聚力攻坚，构建科技信息化战"疫"体系

组织建设朝阳区战"疫"地图平台，汇集全区"疫情"数据信息，开展人员分布和医疗资源承载力分析，实时监控疫情变化趋势，科学指导精准防控，实现全区疫情数据资源"一张图"、指挥调度"一盘棋"；建设全区党员干部下社区平台，实现对全区 43 个街乡 619 个社区（村）2700 个小区的全覆盖，累计注册人员 4438 人；深度开发"朝阳区人口大数据服务平台"、"群租房居住密度及市场疏解监测平台"，优化涉疫人群模型，实时监控全区人口总量、人口变化增量，定期对重点区域人员的活动轨迹、驻留时长开展分析，预判疫情传播趋势，向外来人口发送疫情防控提示信息数十万条，为基层疫情防控提供有力数据支撑；搭建"新冠肺炎疫情态势监测大屏"、"疫情分析大屏"、"公众舆情态势感知大屏"，直观掌控全区确诊、新增病例走势，捕捉预警互联网疫情热点事件，为领导决策提供重要参考；在全市率先建立朝阳区"新冠病毒核酸检测查询系统"，与"健康宝"、"京心相助"等市级平台同步，受检者可通过检测日期、地点，精准定位采样机构，快速查询检测结果，大幅提升疫情防控工作效率。

（二）场景示范，积极推广部署疫情防控新技术新产品

开展疫情防控新产品、新应用征集推广发布，共收集梳理 60 家科技企业 99 项新产品，涉及信息服务、医疗保障、智能管理、线上服务等重点领域；推进人脸识别＋体温检测系统等新产品部署，积极推进移动式双光快速

温测智能识别系统在商务楼宇及社区（村）的安装使用。全区有 600 余栋重点商务楼宇部署了非接触式红外测温设备，基本实现 1 万平方米以上商务楼宇红外测温设备全覆盖，商超、学校、重点乡村等场所和地区已广泛安装部署使用；推动人工智能技术在防控一线的应用，通过智能语音对话机器人，对重点人员进行电话外呼，自动形成分析报表，极大提升疫情访查工作效率；协助区疾控中心对发热门诊就医及药房购药人员持续电话外呼，并进行精准定位，开展持续健康状况跟踪服务；在全区 43 个街乡部署安装 5000余套居家隔离智能门磁，做到隔离人员出入户的精准反馈，有效提升社区疫情防控效率。

（三）政策支撑，助力企业复工复产

加大疫情防控项目支持力度，积极落实《朝阳区关于支持企业应对新型冠状病毒感染的肺炎疫情稳定发展的若干措施》，对为中小微企业提供减免租金的科技创新园、众创空间、创业基地、科技企业孵化器等载体提供资金奖励支持，共计 500 余万元。目前，全区 24 家双创载体共为 644 家承租的中小微企业减免房租金额 1715.5850 万元，减租面积 15 万平方米；对接首都科技平台资源，宣讲政策支持，为北京市注册纳税的小微企业成功发放创新券 58.8 万元；中关村朝阳园内 12 家国企楼宇、物业减免租金 2.2 亿元，惠及 3000 家中小微企业；组织园区企业申报中关村"抗疫发展贷"，60 余家企业获得贷款近 3 亿元。加强对企业复工复产的大数据支持，开发朝阳复工防控"疫点通"小程序，实时收集企业、员工信息，已在文旅、商超等十余个行业领域推广使用，实现多行业防疫数据共享，服务企业科学安全复工复产。

（四）应用拓展，发挥5G技术示范效应

创新工作思维，加强应用引导，统筹推进 5G 在智能交通、智慧医疗、智慧安防等方面的应用落地。积极利用 5G 技术构建应用场景，做好抗击疫情和恢复生产保障工作。利用 5G＋CPE 形式，为新国展集散点部署 300M

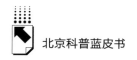

宽带的 WiFi 网络接入；在双桥医院部署 5G + AI 语音电梯助力医院免接触接诊；开放 5G + 云视讯视频会议系统用于朝阳区学校远程教学、远程办公；试点 NB/5G 红外门磁助力街乡实现社区疫情精准防控；搭建新冠肺炎远程会诊云平台在朝阳区多家医院启用；在 CBD 区域实现 5G 无人送餐、无人物流等服务。

三　突出做好应急科普，"智"援全区疫情防控工作

健康素养是指个人获得、理解、处理基本的健康信息和服务，并运用这些信息和服务作出适当的卫生健康决策，以维护和促进自身健康的一种综合能力。提高健康素养被国际公认为是维持全民健康的最经济有效的策略。在国民教育体系中，健康教育课程设置薄弱，导致全民普遍缺乏健康心理、社会交往、生命与死亡等相关教育，普遍缺乏维护和促进健康的基本知识与技能，因此，从某种意义上说，迫切需要大力开展健康知识普及。围绕全区战"疫"工作，科技部门主动对接需求，结合实际，整合资源，制定了《关于开展新型冠状病毒感染的肺炎疫情应急科普宣传的工作方案》，确保"疫情不解除，科普不掉线"，切实把疫情应急科普工作抓好抓实，"智"援疫情防控工作。

（一）结合疫情阶段性特点，突出应急科普内容"针对性"

夯实联防联控、群防群控的基层基础，针对不同受众，抓住应急科普核心内容、不同时期疫情防控重点，制定有针对性的科普内容。疫情初期，主要针对公众进行预防知识科普，在印刷厂、设计公司尚未开工的情况下，紧急联系中国科普出版社编辑印制了内容全面的《新型冠状病毒感染的肺炎公众防护指南》科普挂图，迅速配发全区，快速营造社会面抗"疫"宣传氛围；针对公众居家心理健康，策划各类心理科普内容，帮助公众缓解焦虑；针对复工复产期间特点，策划制作"个性化"《新冠肺炎上班族防护指南》；针对"一米线"行动，主动策划制作"一米线"地贴和图案提示蔷

贴，助力全区战"疫"工作。累计制作各类科普海报、挂图、折页、"一米线"五批次，共计8万余套（册）12万余张（条），不间断织密科普内容"供给网"，营造社会面立体宣传氛围。

（二）结合线上线下多种途径，突出应急科普覆盖"全面性"

科技部门通过多途径提升覆盖面，保证应急科普效果。累计向全区43个街乡、区教委、区融媒体中心等推送科普图文和视频资料800余条次，与融媒体中心合作制发疫情科普短视频，在"朝阳群众"抖音平台上总浏览量超2000万。举办"众志成城战疫情专家伴您守安平"心理健康和疫情防控科普直播，多平台首日累计受众超过362万人次。联合《朝阳报》制作4期防疫科普专版推送科学防控知识。制作科普挂图、战"疫"手册、宣传折页，广泛发放至社区、楼宇、商超以及机关企事业单位，科普覆盖"横向到边、纵向到底"，织密科普传播"覆盖网"。

（三）结合主题教育成果，突出应急科普服务"主动性"

相关政府部门主动担当作为，在工作人员少、工作量超负荷的情况下，全体干部无一退缩，党员主动靠前，全面保障应急科普、下沉社区和楼宇排查三股力量齐头并进，将战"疫"工作作为检验"不忘初心、牢记使命"主题教育成果的"战场"。为了不给基层添加负担，将各类海报、挂图等应急科普资料主动送"货"到门，充分发挥了基层党组织的战斗堡垒作用和党员先锋模范作用。充分发挥各学会协会作用，区预防医学会主动创作了《决胜新冠三字经》《复工返工三字经》《复课返校三字经》等小视频，既形象生动地普及了防疫知识，也反映了朝阳区上下全力抗疫的精神风貌。

（四）结合新媒体信息化建设，突出应急科普"创新性"

积极探索"科普＋直播""科普＋抖音""科普电子书"等新科普形式。2020年上线的"金葵花行动"微信公众号通过有针对性地宣传科学防控知识，专题宣传朝阳区抗"疫"科技工作的事迹，在疫情期间关注人数

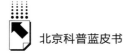

大幅增长，亚运村卫生服务中心张鼎、朝阳医院刘晓娟、中日友好医院段军、垂杨柳医院夏文斌等4位医务科技工作者的抗疫事迹，还被"学习强国"北京平台收录，总阅读量超过77万人次。朝阳区抗疫工作得到了更广泛的宣传报道，形成应急科普与日常工作相结合、相促进的良性互动。

抗击新冠肺炎疫情是一场没有硝烟的持久战争，全国数百万名医务人员奋战在抗疫一线，给病毒肆虐的漫漫黑夜带来了光明，生死救援情景感天动地。在疫情防控取得阶段性胜利的今天，回顾这一前所未有的新冠肺炎疫情，我们更加深刻地感受到必须构筑强大的公共卫生体系，完善疾病预防控制体系，建设平战结合的重大疫情防控救治体系。与此同时，必须强化科技支撑，让科技贯穿于健康知识、疾病预防、病毒检测、健康筛查、信息获取和发布以及病人救治的全过程。疫情防控也是对科技水平和能力的一次特殊考验。

B.16
公共卫生视角的食品安全科普宣传

邵　兵　孟璐璐　张　炎　张　睿*

摘　要：　本文从我国的食品安全现状及主要问题出发，剖析了食品安全科普知识宣传的必要性，并从健康教育与健康促进的公共卫生视角提出：食品安全科普宣传需要加强食品安全科普知识宣传的基本原则，变革信息时代下的食品安全科普知识宣传方式，将食品安全科普教育能力建设纳入基层健康教育工作范畴等手段及措施，为各级政府加强食品安全宣传教育提供参考。

关键词：　食品安全　科普知识　公共卫生

　　食品是人类赖以生存的物质基础，有营养和安全是人类对食品最基本的要求。"民以食为天，食以安为先。"食品安全不仅关系人民身体健康，还影响着社会的稳定与和谐，是最大的民生问题，也是经济和政治问题。为此，党和政府历来高度重视食品安全工作。党的十八大以来，以习近平同志为核心的党中央更是从"五位一体"总体布局和"四个全面"战略布局出发，不断提升食品安全的战略高度，要让人民吃得安心、吃得放心。《关于深化改革加强食品安全工作的意见》提出了做好

---

* 邵兵，北京市疾病预防控制中心研究员，博士研究生导师，主要研究方向为食品污染与健康效应；孟璐璐，北京市疾病预防控制中心主管医师，主要研究方向为流行病与卫生统计；张炎，北京市疾病预防控制中心副主任医师，主要研究方向为营养与食品安全；张睿，北京市朝阳区疾病预防控制中心副主任医师，主要研究方向为健康教育与健康促进。

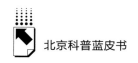

食品安全工作应坚持共治共享的原则，要求政府部门依法加强监管，生产经营者自觉履行主体责任，公众积极参与社会监督，形成与食品安全相关的任何一方都应各尽其责、齐抓共管、合力共治的工作格局，并要求持续加强食品安全法律法规、国家标准、科学知识的宣传教育，提升公众食品安全健康素养。本文拟分析当前国内外食品安全问题，理清食品安全现状，并从健康教育与健康促进的公共卫生视角探讨食品安全科普宣传的必要性、手段及措施，为各级政府加强食品安全宣传教育提供参考。

一 我国食品安全现状及主要问题

近年来，在党和政府的高度关注和努力下，我国食品安全总体水平逐年向好，食品全过程监管体系基本建立，重大食品安全风险得到有效控制。2020年7~9月蔬菜、水果、畜禽产品和水产品等的抽检结果显示，抽检总体合格率为97.7%，比2019年同期上升0.4个百分点。2019年国家食品安全监督抽检24.4万批次，检出合格产品23.8万批次，不合格产品5773批次；监督抽检的总体合格率为97.6%，与上年持平，较2014年上升2.9个百分点；监督抽检的总体不合格率为2.4%。但是，随着环境污染的恶化、食品新技术/新工艺的应用、食品商业模式的更新、饮食习惯的转变、食品供应链的全球化以及食品蓄意污染行为的出现，大量风险因子不断涌入食物链，使得我国食品安全工作仍然面临不少困难和挑战，安全与发展矛盾凸显的阶段性特征较为突出。

当前，由微生物、化学污染物、生物毒素等多方面因素引发的食源性疾病是我国乃至世界食品安全的首要问题。根据世界卫生组织（WHO）的定义，食源性疾病是由进食的物品中含有的致病因子引起的、具有感染或中毒性质的疾病。此类疾病通常称为食物中毒，可引起一些短期症状，如呕吐、恶心、腹泻等，也可造成慢性疾病，常见的有肾或肝衰竭、脑和神经疾病、癌症。免疫力不全及较低人群症状更为严重。由于部分严重程度较高的食源性疾病可能延缓儿童身体和智力发育，因此其生活质量会受到永久影响。WHO《全球食源性疾病负担的估算报告》（2015 年）估算了31 种致病因子，包括细菌、病毒、寄生虫、毒素和化学品等造成的全球食源性疾病负担。该研究结果显示，每年全世界有将近 6 亿人患食源性疾病，其中 42 万人死亡，包括五岁以下儿童 12.5 万人。除了食源性疾病的发病率和死亡人数，该报告还以残疾调整生命年（DALYs）（因患病和死亡而失去的健康生命年数）来量化疾病负担，估计全球食源性疾病负担为3300 万残疾调整生命年，其中五岁以下儿童占此负担的 40%。

我国科学家以食源性疾病发病最为普遍的临床表现——急性胃肠炎为衡量指标进行了研究，发现我国急性胃肠炎年发病率为 0.28 次/人·年，全国每年急性胃肠炎患者共计 3.73 亿人次，相当于每年全国每 10 人中 3 人发生急性胃肠炎。其中，58.22% 的病例被认为是进食受污染的食品引发的，即全国每年因"吃"导致的急性胃肠炎患者达 2 亿多人次。这给我国带来的医疗资源消耗和社会资源损失是巨大的，估计每年因急性胃肠炎治疗造成的直接经济损失为 382.39 亿元，加上误工、探视和陪护等，产生的总经济损失为 1708.17 亿元。此外，我国多次重大食源性疾病暴发事件给国家社会经济以及人民健康带来的损失和影响更是难以估量。1988 年，上海居民生食毛蚶导致甲肝疫情暴发，感染人数多达 30 余万。2000 年，江苏和安徽发生致病性大肠杆菌污染食品事件，导致 2 万人发生食物中毒。2008 年，我国奶粉三聚氰胺污染事件造成近4 万名婴幼儿罹患泌尿系统疾病，著名奶制品企业倒闭，国产奶制品信誉和销量遭到重创。

由于在全球造成的发病和死亡人数之多，对社会经济和民众健康的危害之大，以食源性疾病为代表的食品安全问题已被公认为世界各国在公共卫生领域面临的最严峻挑战之一。进一步加强我国食品安全工作，有效降低食源性疾病发病率，对维护我国社会和经济稳定、实现"健康中国 2030"目标具有重要意义。

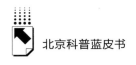
二 从食源性疾病预防看食品安全
科普知识宣传的必要性

虽然引发食源性疾病的因素很多，但基本可以归纳为以下三类。

（一）食品原材料污染

如发芽的土豆、未遵守休药期的动植物食品、非法添加等，食入人体内都可能引起中毒。2020 年 11 月山西某地就出现一家三口食用发芽土豆导致中毒，1 人死亡的后果。

（二）食品生产加工过程中存在污染

2020 年 10 月，黑龙江鸡东县兴农镇居民王某某及其亲属 9 人在家中食用自制"酸汤子"导致食物中毒，造成 9 人全部死亡。酸汤子是用玉米水磨发酵后制作的一种粗面条样的酵米面食品，制作时易污染椰毒假单胞菌，可产生米酵菌酸，该物质具有致死性且耐高温，无特效救治药物，病死率大于 50%。

（三）食品流通与管理缺陷造成污染

如食品的存储和运输没有达到相关标准，使食物在流通过程中发生腐败或其他污染。2020 年 6 月开始，美国 43 个州相继暴发沙门氏菌疫情，至少有 640 人感染。调查发现，此次疫情与食用被沙门氏菌污染的洋葱有关，这些洋葱可能在流通中受到了污染。

从上述因素和典型案例不难看出，食源性疾病的发生通常与民众或食品生产经营者的食品安全知识匮乏或者安全意识淡薄有关，在食品的日常烹饪或者生产加工和流通过程中存在不当操作，甚至使用不符合食用标准的原料。如果能够提高相关人员的食品安全素养，针对食源性疾病的主要致病因子采取适当的预防措施，是可以减少或避免食源性疾病的发生的。WHO 的研究显示，伤寒及由致病性大肠杆菌等引起的某些疾病虽为全球性公共卫生问题，但在低收入国家的风险最为严重，这不仅与当地食品安全立法或法律执法不严有关，也与较低的识字水平和教育、卫生条件差和食品生产及储存条件不够、用不安全的水制备食物等有关。为此，WHO 在《全球食源性疾病负担的估算报告》中指出，食品安全属于共同责任，做好食品安全工作和预防食源性疾病发生，需要各国政府、食品行业及公众个人采取更多的保障措施，并加强对食品生产商、供应商、处理者和公众的食品安全教育和培训力度。

综上所述可以看出，加强食品安全科普知识的宣传，提高食品生产经营者的责任意识，促进公众形成科学的食品安全观念和预防应对风险的能力，对推进食品安全社会共治，有效降低食品安全风险具有重要意义。

三　从健康教育与健康促进的公共卫生视角谈如何加强食品安全科普知识的宣传

健康教育和健康促进是研究如何促使人们建立更加健康的行为模式的科学，是从分析个体、群体的健康相关行为入手，依据其健康问题，应用心理行为学、公共卫生学、社会学、传播学、教育学、管理学和社会市场学等多领域的理论和方法，探索出行之有效的行为干预策略和方法，并对个体进行有针对性的干预，从而达到建立健康行为模式、促进群体健康、提高生活质量的目的。健康促进是研究如何促使人们的行为向着更有利于健康的方向改变的科学，它提出行为干预的策略与方法，并通过行之有效的干预活动，改善个体、群体的健康相关行为，进而实现最终目的。根据相关理论，健康促进主要包括五个领域的活动：（1）制定促进健康的公共政策；（2）创造支持性环境；（3）加强社区的行动；（4）发展个人技能；（5）调整卫生服务方向等。倡导、赋权、协调和社会动员是根据健康促进的概念和活动领域提出的健康促进的基本策略。作为提高健康素养的重要手段之一，健康教育从公共卫生视角，可以提升公众的防病能力，从而促进对预防保健服务的合理

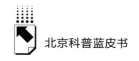

利用率。上述理论被广泛应用于公共卫生政策和措施的制定、实施和宣传。基于健康教育与健康促进理论，结合我国当前主要的食品安全问题及其影响因素，就如何加强食品安全科普知识宣传提出以下建议。

（一）加强食品安全科普知识宣传的基本原则

1. 食品安全科普宣传应以食品安全法制宣传为基础

食品安全法是保证食品安全、保障公众身体健康和生命安全的法制依据。建议依照食品安全法的内容，加大对政府、部门、单位和个体公民在食品安全保障中主要职责及违法责任的宣传，明确食品安全属于社会每个单元每一分子的共同责任，依法履行食品安全责任是保障食品安全的不可逾越的底线。

2. 食品安全科普宣传应贯穿食品的全生命周期

食品安全科普知识宣传应实行全周期化，全链条化，宣传对象应涵盖食品全生命周期的每一个利益相关人，不仅仅包括末端的消费者，还应包括食品生产环节，运输环节、流通环节和消费环节的相关从业人员，让从农田到餐桌的所有食品安全科普信息全部融入与其对应的食品产业链中。

3. 细化食品安全科普宣传方式，提高科普创意水平

随着现代社会的快速发展，不同人群的食品安全行为、语言表达和科学素养的差异日渐增大，食品安全科普应加强个性化宣传，提升创意水平，从而提高科普的效率。如针对城市外卖行为较多的问题，加强对订餐点的科普法制宣传；对科学素质较高的人群可以推送专业性较强的食品安全咨询；而在农村，可以考虑将食源性疾病的案例用农民能记住能听懂的生活语言编成评书、故事或新闻段子。

4. 加强食品安全科普宣传平台和激励机制的建设

当前，我国民众对科普信息需求的急迫性和专业机构信息发布迟缓、发布平台单一的矛盾日渐突出。同时，专业机构内部缺乏科普创作和宣传的激励机制，科普作品和人才缺乏。传统的科普宣传平台和渠道已经难以满足广大人民群众对健康知识普及的需要。建议进一步整合各方社会资源，积极利

用互联网等新媒体优势，加强食品安全科普专业平台的建设；建立完善科普宣传奖励、激励机制，形成科普专家资源库，鼓励更多的专业人才加入食品安全科普工作中。

（二）信息时代下的食品安全科普知识宣传方式

基于健康促进理论，传统的科普宣传常常通过社区层面开展，知识的传播和普及效率较为有限。随着5G技术的到来以及物联网、大数据等信息技术的兴起，食品安全科普的多维度、高效率和高精准发展成为可能。

1. 通过热点媒体加大权威食品安全资讯的发布范围和频率

通过微博、微信、抖音等热点媒体将权威的食品安全资讯以科普文章、视频等形式向社会发布，让民众可以及时获得最新的食品安全科普知识和科技成果信息，了解我国在食品安全保障方面取得的成就，创建全社会关注食品安全的良好氛围。

基于热点媒体平台建立权威的食品安全科普宣传公众号，定期筛选民众关注度高的食品安全事件或典型案例进行评述，提高消费者对谣言和伪科学的识别能力，力争打造食品安全科普界的"网红"。除科普文章、视频等形式外，还可邀请优秀的科普专家以网络直播的方式进行知识的宣传。

2. 基于现有监督执法部门的管理信息体系，建立面向公众的食品生产、流通、经营全过程溯源数据平台

我国食品安全监管机构已经初步建立了从农田到餐桌全过程的管理信息追溯体系，信息可以涵盖农副产品的养殖、宰杀，生产原料的来源、生产加工全过程，食品产品的贮存、转运、售卖经营等各个主要环节的信息，可以做到对食品产品生产、流通、经营的全过程信息溯源。建议监管机构针对消费者开放食品产品的溯源信息，从而有助于消费者在选购食品产品时有更为全面的信息作为选择依据，提高消费者识别假冒伪劣产品和问题食品的能力。

3. 利用大数据技术促进食品科普知识信息的针对性推送

电商时代的到来，改变了人们的购买方式，人们已经从传统的市场、超

市中脱离，所食用的食物也不仅仅局限于本地购买，老百姓的餐桌上已经出现了来自世界各地的食品。食品流通的全球化也进一步增加了食源性疾病风险，因不知或不能熟练掌握食物处理方法引起的食物中毒屡见不鲜。基于电商购物平台的大数据处理技术，可在评估人们购买意愿的同时推送相关食物的安全知识，或在购物页面详细信息部分增加对于食品成分、食用方法及注意事项的内容。同时，基于大数据和人工智能技术，还可对个体的购物模式、饮食习惯、阅读偏好、文化素养等进行综合分析和研判，形成精准化的科普宣传策略，在此基础上以适宜的形式和内容进行科普知识的针对性推送，可极大地提升食品安全科普的效果和效率。

（三）将食品安全科普教育能力建设纳入基层健康教育工作范畴

1. 制作食品安全科普指南

鉴于食品安全的专业性较强，基层专业人员对这个领域相对接触较少，对于基层健康教育人员开展食品安全科普工作的挑战较大，需要专业人员提供技术支持，食品安全科普指南包括针对一般人群、特定人群和家庭，聚焦食堂、餐厅等场所的食品安全行为指导等内容，确保基层科普人员完成食品安全科普工作核心信息准确无误。

2. 制作食品安全科普教育 PPT

由于食品安全的专业性强，专业词汇较多，组织食品安全专业人员和专业媒体人员针对不同人群特征、地域特点、不同食品安全问题，为基层科普人员制作食品安全科普教育系列 PPT，保障他们能在下社区、学校、厂矿企业、农村等场所进行科普宣传的信息完整内容准确，为基层科普工作提供方便的技术模板，保障科普宣传效果。

3. 将食品安全科普宣传能力纳入基层技术考核

科普能力体现的是人的综合能力，包括基层人员（校医，社区卫生服务中心、家政服务管理机构工作人员等）的食品安全专业素养、沟通能力、语言表达能力及人文素养等，因此将基层人员的食品安全科普能力培训纳入其日常工作，成为其技术考核的一部分，如每年参加培训的数量，并考核其培训能力等。建议举办年度食品安全科普能力大赛，评选出不同等级的优秀选手，推动基层食品安全科普能力建设工作进入良性循环。

4. 发布食品安全信息专报

以月报或季报的方式，面向基层健康教育或者科学普及工作人员发布食品安全信息专报：将食品安全信息定期发送给科普工作人员，能够增强其对食品安全知识的敏感度和专业性，提升知识储备，使得科普工作的开展更具科学性、前沿性，更具说服力。

（四）将食品安全科普健康教育工作融入场所健康促进工作中

1. 社会动员

要让公众高度重视食品安全问题，并使之成为其生活中必须考虑的一个要素，政府需要营造全社会高度关注食品安全的社会氛围，使食品安全科普宣传做到听得见摸得着。世界食品安全宣传日为每年的 6 月 7 日，建议各大官方媒体、网络等制作投放大量食品安全的公益广告，选出代表不同年龄段流量明星作为食品安全大使，让他们为国家食品安全代言发声；建议将食品安全宣传周设置在寒暑假，使更多的中小学生能够与家人一起在现场和专业人员交流，体验了解食品安全的小窍门和技能；目前国家和各省区市的科技馆较多，在节假日参观博物馆和科技馆日渐成为孩子和家庭的一项重要活动，建议在科技馆中将食品安全科学问题作为对全社会进行食品安全科普教育的一个长期重要窗口，可以从科学和历史的角度，用比较的方法，展示和呈现食品安全最新科技进展，以提高公众食品安全相关的健康和科技素养。建议国家农业卫生科技市场宣传等部门针对老百姓的核心食品安全问题和盲点制作系列《食品安全科普教育节目》，用于社会场所如医院、车站、机场、商场、娱乐中心及功能单位等公众场所宣传，同时《食品安全科普教育节目》同步在各大官方媒体和视频网络播出，形成大屏小屏线上线下同步的全社会共同关注食品安全问题的社会舆论环境；大力开展社会动员，鼓励各级电台电视台和其他媒体开办优质食品安全主题健康科普节目，形成全社会参与食品安全科普教育的氛围。

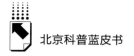
2. 社区环境

社区在公共卫生体系中发挥着重要的支撑作用，是公众健康的第一守护人，社区卫生服务中心保健人员是社区功能单位中开展居民食品安全科普宣传的中坚力量，其承担六位一体的预防保健任务，同时社区推行签约家庭医生制度，社区卫生服务中心是老年人的主要就医场所，有一部分老年人仍然承担家庭的日常烹饪工作，建议家庭医生做好公众食品安全科普宣传教育工作，利用家庭医生对老年公众的高度可及性、家庭医生对老年公众长期相处形成的信任感和权威性，特别是面对面的信息传播方式都将极大提高食品安全科普宣传效果；建议社区卫生服务中心张贴食品安全知识海报，播放食品安全宣传片，普及食品安全知识，提高食品安全技能。

3. 学校环境

学校是孩子获得知识、学习技能效率最高的场所，建议以学校为核心，将食品安全科普教育融入学生日常的学习和生活，并建立家校融合的宣传模式，把食品安全科普宣传的效果最大化。学龄阶段的学生学习能力差异较大，按照不同学段学生的特点，利用应试教育特色，学校可以将食品安全知识融入学生的课程教学如健康教育课程、社会实践课程、科学课程、生物课程，将食品安全主题融入学生作业、学生阅读资料、作文主题等，使学生自主地学习食品安全知识并真正理解掌握；建议学校利用学校的主题班会、食品安全日或者科技周等相关主题开展食品安全主题演讲比赛、海报征集比赛、短视频制作大赛等学生参与性强展示性强的活动，激发学生学习食品安全知识的兴趣；学生是家校连接的桥梁，鼓励学生把食品安全的知识带回家，从而扩大学校食品安全教育的半径，提高宣传效率。

参考文献

［1］习近平：《在全国抗击新冠肺炎疫情表彰大会上的讲话》（2020 年 9 月 8 日），
人民出版社，2020。

［2］雷钟哲：《标准为打赢精准脱贫攻坚战提供助力》，《标准生活》2020 年第 5 期。

［3］金岩：《经济工作：2020 怎么看　2021 怎么干》，《党课参考》2021 年第 2 期。

［4］薛亮：《公共卫生安全视域下的大国战"疫"：效果、价值观与反思》，《攀枝花学院学报》2021 年第 1 期。

B.17
传播健康知识与提升北京公众健康素养的应对措施

周雍明*

摘　要：　社会的发展以及生物医学模式的转变促使人们愈来愈关注自身健康，在这一背景下，如何整体性提高民众健康水平、助推"健康中国"战略实施成为健康促进新的研究方向。健康素养是健康信息行为研究、公民健康自我管理的集中体现，目前被认定是提高社会全民健康的重要策略之一。大量研究表明，健康素养的个体水平与其健康状态明确相关，并影响健康结局的发生。因此，普及相关健康素养的培训，提高国民日常生活健康意识和改进生活方式，是显著提升国民健康素养水平的重要方式之一，也是全面推进"健康中国"战略实施的关键一环。本报告将系统梳理健康素养，明确其概念、内涵及评估方式，并回顾我国与北京市的国民健康素养状况，针对特定因素，建设性提出应对策略与措施，冀以挂动并提高社会公众的健康水平。

关键词：　健康知识　健康素养　北京

　　随着人们生活水平的进一步提升，社会公共健康领域的研究日益增多，

＊　周雍明，中西医结合肿瘤学博士，中国中医科学院广安门医院肿瘤科主任医师，主要研究方向为中西医结合肿瘤防治研究。

卫生保健系统愈加关注对健康素养的研究。世界卫生组织（WHO）将"健康素养"定义为，人们为了促进和维持良好健康状态，在其生命历程中，根据自己所处的不同健康环境条件的要求，所拥有的获取、理解、甄别和传播健康信息能力的程度（The degree to which people are able to access, understand, appraise and communicate information to engage with the demands of different health contexts in order to promote and maintain good health across the life-course.）。这种程度取决于人们的认知能力和社会技能的发挥，与社会集体和信息互动密切相关。因此，健康素养作为一种社会养成教育活动的结果，目的是促进个体健康，其水平高低与全体国民个体化差异显著相关，进一步来说，健康素养可衡量整个国家的健康水准。目前大多数西方国家已将此作为评价国家健康的指标之一。在我国卫生事业发展规划中，同样也将国民健康素养作为综合反映国家卫生事业发展的评价指标之一，包括三方面：基本知识和理念、健康生活方式与行为、基本技能。健康素养以全面、真实、客观地反映我国居民健康水平和健康事业发展的情况，将为政府及行政机构决策提供参考依据。人民健康是民族昌盛和国家富强的重要标志，维护人民健康不仅是政府的职责，也是社会和个人的责任。各个单位、社区、家庭和个人都要积极行动起来，实现健康行动全民共建共享。

一 健康素养的概念、内涵与作用

所谓"健康素养"，指个人获取和理解基本健康信息和服务，并运用这些信息和服务做出正确决断，以维护和促进自身健康的能力，其基础源于健康知识和健康技能，目前被认定是提高社会全民健康的重要策略之一。

健康素养包括功能健康素养、互动性健康素养和批判性健康素养。功能健康素养是指能独立完成部分基础医疗流程，如明白检查预约单、独立完成理化检查等；互动性健康素养是指通过交互式活动方法，获得他人或升华个人的健康信息，为他人或个人提供借鉴，从而认知个体健康状况并作出改变日常行为的决定，如社区、校园、企业等相关健康性教育活动；而批判性健

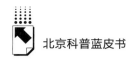

康素养是基于前两者的提升，是更深层次的形式之一，不再停留于浅表的健康知识而掌握着健康技能，有着对社会健康的个人认知并主观化地以批判性思维分析某种既定的健康信息的高级能力，能根据当前已有的健康信息与所处的客观条件，运用健康技能合理化地将健康知识应用于日常生活中，此种形式对健康素养的核心内容需要掌握颇深。

随着健康素养理论的提出，国内外学者对其概念研究不断深入，其内涵与外延逐步明晰，广泛涉及政治、教育、经济、文化等因素，且强调科学、文化、公民素养等，依托于健康教育及医疗保健活动，是经济社会发展水平的综合反映。依据《中国公民健康素养——基本知识与技能（试行）》，将健康素养划分为 3 个方面，即基本健康知识和理念素养、健康生活方式与行为素养、基本技能素养。以公共卫生问题为导向，将健康素养划分为 6 类，即科学健康观素养、传染病防治素养、慢性病防治素养、安全与急救素养、基本医疗素养和健康信息素养。

健康素养的高低决定个体生活方式的健康水平，拥有高健康素养的个体，在日常生活中能合理化地应用健康知识和健康技能，统筹兼顾个人的生活方式，保持良好的心态与健康的体态。根据已掌握的健康知识，可以对疾病早做预防，如"三早"——早发现、早诊断和早治疗，防患于未然。同时，当疾病发生后，根据个人健康素养的状况，可以及早地防止疾病进一步发展；若是根据个人掌握的健康知识不足以应对疾病，当就医时，也能与医生进行高效的沟通，有助于医疗行为活动的有效开展，身体康复的速度会大幅提高，实现"未病先防，既病防变"。在公共卫生领域，公民健康素养已引起各国政府和研究者的广泛关注，已成为促进人类健康和提高生存质量的重要因素。

综上所述，健康素养是作为综合反映国家卫生事业发展的评价指标之一，对国家民众的健康知识与技能的掌握程度具有较好的预测功能，能间接反映人民的真实健康水平。因此，掌握完备的健康知识与熟练运用健康技能，有助于提高民众的健康意识、指导健康的生活方式与行为，并将其内化为对个人健康的考量，将进一步推动整体国民健康水平的提升。

二 健康素养的评估

健康素养是一项评价国民卫生健康和国家健康水平的综合性指标。研究证实，高健康素养水平的个体，自我健康管理的意识明显增强，个体健康状况较好，门诊与住院的次数将明显减少，各类型疾病的发生率与死亡率明显降低。目前，关于健康素养的评估主要分为临床评估和公共卫生评估。

健康素养的临床评估在国外应用颇多，即医务工作者在卫生健康服务过程中利用成熟的评估工具对就诊患者或义诊活动中个人的健康素养进行评价。目前国外常用的健康素养评估量表主要有 REALM（Rapid Estimate of Adult Literacy in Medicine）、TOFHLA（Test of Functional Health Literacy in Adult）、HLC（Health Literacy Compent）等，测评重点主要是关注被测评者对健康知识如疾病、药品的认知程度，即对医疗知识的阅读与理解能力。其中，REALM 和 TOFHLA 适应范围相对较窄，仅适用于以英语为母语的人群。经过众多研究者的改良，目前已开发出适用于多语种人群的量表，更是适用于不同医学专业或不同疾病中，明显扩大了应用范围。然而，国外的临床评估模式，大多数是在医院内，所测评的对象大多数正处于患病状态，缺乏对测评对象日常生活能力的评估，且未考虑到测评对象所处生活环境、经济、文化、社会等的影响，评估价值稍有欠缺，应用范围相对局限，应用背景多在医院等医疗环境中。

在国内，对健康素养的评估起步较晚，多借鉴国外的临床评估，但从我国基本国情出发，主要是从公共卫生角度评估民众对健康知识和健康技能的掌握与应用能力。常用的有《全国居民健康素养监测调查问卷》《国民健康知能（素养）量表》《台湾健康知能（素养）量表》《中文健康识能（素养）评估表》等。然而测评时间较长，不适合进行快速评估，且多缺乏医疗环境中对健康内容的临床评估，缺少对健康信息的理解和计算能力测试。

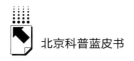
三　我国民众健康素养存在的问题

2008 年，我国开展了首次健康素养普查，结果显示我国居民健康素养的水平为 6.48%，远低于全球平均水平，处于极低水平。自 2012 年起，由中国健康教育中心牵头，以《中国公民健康素养——基本知识与技能》为依据，每年在全国 31 个省区市 336 个县区，对 15~69 岁常住人口进行调研。通过分析《中国居民健康素养监测报告》数据，我国居民健康素养呈现出以下特点。

（一）居民健康素养总体水平仍偏低

随着每年的调研普查结果被公示，国家高度重视健康教育相关工作，先后出台了一系列促进公众健康的利好政策，如加大对卫生计生事业的持续投入，实施国家基本公共卫生服务、中央转移地方支付健康素养促进行动、健康中国行动等一系列重大项目，面向城乡居民大力开展健康知识普及。随着措施的不断实施与改进，我国居民健康意识不断提升、健康需求日益增加，健康素养水平呈现稳步上升态势。

2012 年，居民健康素养监测结果显示我国居民健康素养水平为 8.80%。2016 年发布的《"健康中国 2030"规划纲要》中将提高国民健康素养作为战略目标之一。2017 年，我国居民健康素养水平为 14.18%。2019 年，《健康中国行动（2019~2030 年)》出台，提升公众健康素养既是健康中国行动的重要工作内容，也是主要考核指标之一。2020 年我国居民健康素养水平达到 23.15%，比 2019 年提升 3.98 个百分点，增长幅度为历年最大。在《国务院关于实施健康中国行动的意见》中，我国将实施健康知识普及行动，目标是到 2030 年，全国居民健康素养水平不低于 30%，随着 2020 年普查结果的公示，更是增强了居民自信心。

（二）居民健康素养差异较大

一是地区间差异大。城市高于农村、东部高于中部和西部，且城乡之间、东中西部之间差距有增大趋势。城市居民健康素养水平逐年上升，农村不升反降。东部地区上升平稳且幅度最大，中部地区出现负增长，西部地区2015年上升明显。在2020年的监测报告中，我国城市居民健康素养水平为28.08%，农村居民为20.02%，城市居民高于农村居民。东部地区居民健康素养水平为29.06%，中部地区为21.01%，西部地区为16.72%，东部地区高于中部地区，中部地区高于西部地区。

二是不同人群间差异大。从文化程度分布来看，文化程度高者健康素养水平明显高于文化程度低者，初中及以下文化程度人群健康素养水平低于全国平均水平，而高中及以上文化程度人群则高于全国平均水平。不同年龄段人群健康素养水平存在较大差异。总的来说，15周岁以上的人群中，随着年龄的增长，居民健康素养水平呈下降趋势。

三是各类健康素养水平差异大。在知—信—行三类素养中，健康知识的掌握情况最好，健康生活方式与行为最低。同样在2020年报告中，基本知识和理念素养水平为37.15%，健康生活方式与行为素养水平为26.44%，而基本技能素养水平只有23.12%。在六类健康问题中，安全与急救水平最好为55.23%，随后为科学健康观素养50.48%、健康信息素养35.93%、传染病防治素养26.77%、慢性病防治素养26.73%和基本医疗素养23.44%，较前均有提升。此外，传染病防治素养增幅最大，较2019年提升7.56个百分点，这与国家迅速建立各级疫情信息发布机制，及时解读防控政策，大力开展健康科普密不可分。

（三）北京市居民健康素养基本状况

2012年6月18日，北京市卫生局发布《2012年北京市卫生与人群健康状况报告》，在该报告中，首次新增居民健康素养，并每3年监测一次。报告显示，北京市居民健康素养水平为24.7%（2008年，全国城乡居民健康素养水平为6.48%，北京市为10.7%），其中女性高于男性，且年轻人（20～39岁年龄段人群）居多。在健康素养中，居民对于健康的理念、知识和技能水平较高，但是关于生活方式的健康素养较低，对于安全急救、传染病

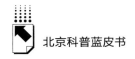
防治的素养较高，但慢性病预防和日常保健的素养较低。

2015 年北京市卫计委发布《2015 年北京市卫生与人群健康状况报告》，报告显示：居民健康素养水平为 28.0%，比 2012 年（24.7%）提高 13.4%。居民七类健康问题素养水平从高到低依次是：科学健康观素养 69.2%、安全与急救素养 68.0%、传染病预防素养 46.4%、基本医疗素养 34.5%、慢性病预防素养 32.9%、健康信息素养 31.8% 和日常保健行为素养 11.7%。说明改变不良生活方式，养成良好的健康行为仍需要加倍努力。

2018 年北京市居民健康素养水平持续提高，为 32.3%，较 2015 年增长 15.4%，较 2012 年增长 30.8%，较 2008 年增长 202%，经十年健康指导，居民健康素养居于全国领先水平。

四 健康素养的关键影响因素

（一）居民文化程度

研究证实，文化程度影响个人对信息的接受和判断能力。文化程度低者健康素养水平较低，无法有效利用相关健康权利以获得医疗保健服务。如不能准确描述症状，无法正确理解医生指令，会影响诊断、处理，以至病情加重，延误治疗。而文化程度高者虽然阅读、分析等能力较强，但在获取、理解健康信息时，仍可能遇到困难，因而文化程度高者并非具备较高的健康素养水平。

医学专业术语繁杂，没有相关背景者面对庞杂的医疗卫生信息，往往感到困惑、难以理解。如：大学教师可能不明白医生的处方或诊断结果；外科医生有时并不清楚医疗保险的某些条款，而这些都与缺乏功能性健康素养（理解健康领域某些内容）有关。

（二）信息传播方式

除文化程度和判断力外，居民对信息的接受能力也与信息的难易度、传播方式有关。我国互联网、多媒体等现代信息传播技术发展迅速，在提高公众健康素养方面起着重要作用。尽管视听传播技术可直观、生动地展示信息，但人们仍会借助设计良好、易于理解的文字获取信息，因此，目前健康相关信息仍以书面形式传递为主。健康促进和卫生保健相关阅读材料可读性评估也受到医学和公共卫生领域广泛关注，如针对某种疾病（癌症、糖尿病等）的知识材料进行可读性评估，对某种具体类型的材料（患者手册、出院指南、知情同意书等）进行可读性评价，评估健康材料等。

研究发现，健康信息材料与读者的实际水平有明显差异，导致读者无法准确理解相关健康信息，而符合阅读能力较低者的书面材料较少。因此，应不断对患者相关信息材料进行评价，保证其适合目标患者的文化程度。低文化素养人群对于生动活泼、简单易懂的健康信息书面材料更易理解，因此，应针对低文化素养人群改进健康教育材料的可读性，同时兼顾普及高文化素养人群。

（三）社会发展程度

健康素养与教育、公众卫生相关，亦受政治、社会、经济等影响。虽然目前健康素养的评测主要取决于受试者阅读能力，但政治、经济、文化等因素也可直接影响医疗卫生水平和公民的健康素养。尤其是在经济欠发达地区，因为缺乏公众教育，居民健康素养普遍低下。同样，即便是在发达国家，贫穷、少数民族、缺乏教育等弱势群体的健康素养水平也较低。

此外，年龄也是影响健康素养的重要因素之一。随着年龄增长而智力有所下降，健康素养亦呈现下降趋势，我国即将进入老龄化社会，年龄与健康素养的关系更应引起重视。

五 健康素养提升途径与策略

针对目前我国民众健康素养的发展现状，结合影响健康素养的关键因素，提出促进北京健康知识与公众健康素养的几点建议。

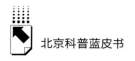

（一）提高重视程度

健康素养已成为社会公共卫生问题，联合国千年发展卫生相关目标中明确提出了提高全球民众的健康素养是当前各国社会经济发展的迫切需要，各国政府和研究者都十分重视。基于我国老龄化的发展，当前正面临着许多复杂的健康问题，而提高对健康教育的重视程度，是解决这些问题的首选策略。党和政府应给予足够重视与支持，加大健康教育力度，积极策划和开展健康教育和健康促进活动，广泛在社区、学校、工厂等团体机构中开展相关活动。

早在 2007 年，我国已在《国家人口发展战略研究报告》中将提高全民健康素养作为提高人口素质的三个基本点之一。2008 年国务院办公厅进一步下发《中国公民健康素养促进行动工作方案》，要求全社会广泛参与，建立公民健康素养监测评价体系，培训从事健康素养促进的专业人员，开展形式多样的健康素养促进行动。2019 年 7 月颁布的《健康中国行动（2019～2030 年）》中明确指出要本着"人人享有健康环境"理念，开展健康社区、健康单位（企业）、健康学校等健康细胞工程建设，做好无烟环境和基本公共体育服务体系建设等工作。就创造支持性环境而言，国家层面已经给出十年规划和要求，当前迫切需要各级地方政府采取具体举措贯彻和落实该"行动"。

政府要充分发挥新媒体功能，营造良好的社会文化氛围，通过出台政策和建立制度来推动、规范和评价各项建设任务。无论是文化软环境还是物理硬环境都是人民群众健康的重要保障，是提升健康素养的必备要素。

健康素养涉及个人、文化、社会、环境、卫生政策等多种因素，党和政府应将健康素养纳入社会发展规划，加强政策导向及组织领导，建立长期有效的机制，加大对健康素养研究与干预的投入，对健康素养调查结果进行深入研究，提倡资源共享，分工协作，解决健康素养面临的突出问题，促进健康素养提升，提高公民健康素质。

（二）加强公众健康素养监测，完善评价体系

健康素养监测与评估体系研究是健康素养的核心内容。各国社会、经济

等差异导致健康不平等，产生出更多类别的细分群体，健康素养研究对象宜向细分群体延伸：加强对社区、学校等特定人群健康素养研究；针对不同患病群体（糖尿病、心脏病等慢性疾病及艾滋病患者）进行健康素养研究。

目前，我国公众健康素养研究层次较浅，关于健康素养的评价体系、效果监测及方法策略明显不足，应进行多层次、具体化研究，建立科学的公民健康素养监测、评价体系刻不容缓。同时应结合我国实际情况，充分考虑社会、经济、人群及生活背景等，加强临床医学环境与公共健康环境下健康素养研究成果的评价与应用；应有针对性地进行健康教育，制定评价工作指南，监测健康素养水平；采取相应的干预措施，比较干预前、后的健康素养状况，寻找、总结有效的健康教育方法，为制定相关教育和医疗卫生服务政策提供科学依据。借鉴国外快速评估思路，有效整合社会财力和人力资源，研发适合我国国情、科学有效的快速评估工具，完善评估体系。

（三）拓宽健康知识获取途径，探索多样化形式

良好的健康素养需长期、科学、系统的培养，而健康教育是提高健康素养的有效途径。应充分利用各种途径进行健康教育，使公众掌握维持健康及疾病预防的相关知识，养成良好的生活方式，减少相关疾病的发生。

随着人们追求健康意识的不断增强，获取健康相关信息的途径不断增多。传统媒体的健康教育模式已不能满足公众的需求，人们希望通过更方便、快捷、轻松的方式获取更多健康指导。目前伴随科技进步而诞生的新媒体，正以迅雷不及掩耳之势实现着一种新的传播途径，正改善着人们的生活，变革着公众的阅读方式，有效地满足了公众对健康教育的新需求，因此健康教育专业机构积极利用新媒体传播阵地对提升公众健康素养具有十分重大的意义。

新媒体是一个宽泛的概念，是继报刊、广播、电视等传统媒体之后发展起来的新的媒体形态，利用数字技术、网络技术，通过互联网、宽带局域网、无线通信网、卫星等渠道，以及电脑、手机、数字电视机等终端，向用户提供信息和娱乐服务的传播形态。

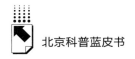

研究指出，较之传统的平面媒体和电视、广播等平台，新媒体在网络传播等方面更具优势，主要表现为：①实时性；②便捷性、灵活性；③信息的可储存性和传播的再延续性；④新媒体普及的广泛性；⑤双向性和交互性；⑥个性化及对隐私的保护性；⑦用户群年轻化、知识性。这正是传统健康教育很难做到的，从而更能有效提高公众整体健康素养。

而传统媒体有其赖以生存的"资本"——权威性与公信力。长期以来，我国各级健康教育所作为疾病预防控制中的健康教育专业机构，自身拥有众多医学专家资源、医学信息资料库。健康教育专业机构依托这些传统媒体拥有强大的内容生产力，利用新媒体有效提高健康教育知识知晓率。

传统媒体与新媒体融合可有效细分受众群，传统媒体的公信力、权威性和新媒体的多元化、互动性可互相依托吸引受众注意，新媒体的技术与传统媒体的内容相结合可达到信息共享。可以说，健康教育专业机构更具有健康类新媒体的发展优势。比如，微信公众号文章通常采用具有引导性、更引人瞩目的方式撰写，更能把握受众心理。要活学活用互联网语言，可以组织专业人员联合公众号写手推出具有趣味性且普通民众易于理解的科普文章。

（四）着眼不同人群，丰富教育手段

1. 老年群体

中国首次居民健康素养调查显示老年人群健康素养水平较低，在基本知识和理念、健康生活方式与行为及基本技能等三方面均较低，且65～69岁年龄组的健康素养最低，仅为3.81%；55～64岁年龄组次之，为4.69%。此结果考虑与老年人对慢性疾病的自我管理能力较差、依从性较差和不可避免的老年疾病发生率增高有关。

因此，不同年龄、文化程度及心理状况的老年群体，其健康素养水平参差不齐，故而在对老年群体进行健康教育时，首先应从健康知识和健康技能上进行测评，再依据测评结果，选用不同难度、不同可读性、不同内容的健康教育材料，并广泛考虑教育材料的文化特色。

同时，随着年龄增长，老年人容易出现认知功能障碍，智力、理解能力下降，记忆力变差，视力和听力下降。在健康教育中，应该注意内容和形式上的知识性、科学性、趣味性和通俗性。视听方式的健康教育在老年群体中较阅读方式更受欢迎。因此电视节目可作为老年人健康素养教育传播的主要手段，多以实际案例作为切入点，加强对慢性病防治的宣传，强调生活方式的干预，注意自身血压、血糖、血脂的变化，养成健康的生活习惯，降低慢性病发生的危险。

针对老年人的健康教育，需要言语清楚，简明扼要，用老年人熟悉的词语。对于敏感的问题，要尊重老年人的习俗、信仰及价值观。随着网络的不断发展，网络信息的广度和深度都有所改善，网络上不仅有丰富的健康知识，还可以连接健康专家和健康服务，要鼓励老年人运用网络，可以获得更多的健康知识，从整体上提高老年人的健康素养。

2. 农村和城市务工人员

基于已有报告结果，城镇健康素养水平高于农村，且两者间水平差距较大。受经济条件和旧思想、旧观念限制，可以在农村进行的教育方式相当有限，并且大部分民众的健康意识较差，只有疾病发生时才会关注自己的健康状况。因此，在选择健康教育的方式时，宜结合当地的民俗风气，选择恰当的切入点，定期开展健康教育宣讲、义诊，开放视听说学习室，以浅显易懂的方式促进农村居民主动学习健康知识，从而改善现状。

同样，针对城市务工人员，也应采用合适的教育方式。如在相应工作环境中宣讲对应的健康内容，如何加强防护与提高认识，也应大力改善工作和生活环境，不应只停留于理论水平，也应体现在实际的改善基础设施条件中，提供便利的条件与健康知识指导。

3. 年轻群体

微博、微信、豆瓣、抖音等网络平台是年轻人获取时事信息的重要渠道，目前国际、时政、社会、人文、法律、健康等多个领域均有专业博主，定期更新博文、推送健康知识、及时纠正谣言等。新媒体的运营，将促进年轻群体获取健康知识能力的提升，并进一步改善与提高健康素养水平。

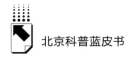
4. 中小学生群体

中小学生可塑性强，学习和吸收新知识的能力都非常强，学校可以定期举办健康素养宣讲活动，提升健康素养从娃娃抓起。除了健康知识的教育，也应积极关注心理健康教育，尤其在青春期特殊阶段和面临升学考试等压力时，需教会如何排解压力，正确与人交流、正确处理人际关系、保持积极向上的态度等，从而保证学生的身心健康。

（五）重点关注慢性病相关科普工作

慢性病是我国人口老龄化所展现的最严重的健康问题之一。临床上常见的慢性病主要包括恶性肿瘤、高血压、心脑血管疾病、糖尿病和慢性阻塞性肺疾病（COPD）等。随着我国人口老龄化的加剧，慢性病呈现出人群基数大、发展快的特点，目前慢性病已经逐渐取代流行性传染病，成为我国人口死亡首要因素。慢性病已不再只是社会公共卫生问题，而是影响国家经济和社会发展的严重问题之一，因此加强慢性病管理变得至关重要。同时，由于患慢性病的人员构成主要是老年人，老年人的个体差异较大，多混有不同慢性病相杂而生，用药也颇多，药量大小不一，在进行健康宣教时也应予以区分，需严格遵守医嘱，按时按量服药，定期体检。

此外，应以社区或家庭为单位，加强小团体之间的健康管理，将内部联系更加紧密化，也有助于针对老年人的慢性病健康管理。鼓励家属进行监管，如控制油、盐摄入量，定期监测血压、血脂和血糖，指导老年人进行适度的运动，均衡饮食结构，注重个人卫生等。考虑老年人的知识转化能力不推荐以书本读物进行健康教育，而推荐以影音、现场模拟等方式进行健康宣教，尤其是常见慢性病突发状况的急救和处置，不断培训以提高老年人个人的意识与家属的参与力度，从而加强相关方面的处理能力。

（六）加强急救知识科普和公共急救设施建设

专家指出，卫生应急素养属于健康素养的一个分支，是个体获取、理解和应用突发事件以及卫生应急知识和规律，开展卫生应急相关的预防、避险和减灾的卫生应急行为以及获取针对传染病和不明原因疾病、中毒、辐射等突发事件的防控技能和急救技能。2020年新冠肺炎的流行，对我国的应急治理体系建设提出了严峻挑战。但同时，国家迅速建立各级疫情信息发布机制，及时解读防控政策，大力开展健康科普。社会各界和人民群众主动承担社会责任，学习疫情防控知识和技能，践行少聚集、戴口罩、测体温、保持社交距离等疫情防控措施，有力推动了健康素养水平提升。

在应对新冠肺炎疫情过程中，民众暴露出了在应对突发性传染性疾病时卫生应急素养水平仍然偏低的问题。主要表现在如下方面：①个人防护知识欠缺；②个人防控技能欠缺；③防控知识识别和获取能力欠缺；④疫情防护的常态化意识没有形成。

针对这种情况，专家建议，应该继续提高各级领导部门应急管理素养；设立国家宣传日，定期开展国民卫生应急素养教育；拓展大中小学校健康教育内容等。同时，应急教育应从小抓起，在此可借鉴欧美、日本等应急健康教育较为成熟的国家经验。如日本早已将公民卫生应急素养纳入中小学教育，且针对不同年级使用的教材内容也不同。

我国在2018年发布的《公民卫生应急素养条目》中，针对传染病疫情与群体性不明原因疾病、群体性急性中毒事件、核辐射事件等各类突发事件的紧急医学救援，提炼了12条科学易懂的应急健康素养内容，可将其中列举的急性传染性疾病知识、突发公共卫生事件应对知识作为一项长期教育内容纳入中小学校常规健康教育；除理论课以外，相应增设相关实践课程/课时；教育部门可以联合卫生、消防等其他相关部门，每年针对不同的公共卫生紧急事件，由专业人员开展面对面的应急教育并组织演练。

在实际生活中，突发应急事件时遇到具备高应急健康素养的专业人员概率较小。因此，当遭遇突发紧急情况，在专业医疗人员达到前，若是有人具备较高的卫生应急素养，才能展开正确而有效的自救互救，否则很难从容处理应急事件。例如2020年9月25日，在北京地铁某站内，一名男子突然晕倒，民警和乘客联合对其进行施救，但抢救无效不幸离世。事件

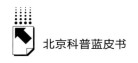
发生后，引发公众热议，呼吁公共场所增加急救设施及增加公众急救知识教育普及。

目前，我国公众不仅缺少急救知识、急救技能，更缺少急救意识、急救设备。"判断—120—按压—除颤"，被称为"心肺复苏四部曲"，但是很多公共场所缺少自动体外除颤仪，并且由于缺乏急救经验与意识，能做到完整心肺复苏术的公民还是很少。从现实需要来看，掌握急救与应急处理的相关技能应该成为每个人基本的生活常识和生存技能。

（七）提高中医相关保健科普工作

当前公众对中医保健服务有相对广泛的接受度，主要是基于中医治疗的一系列优点如伤害性小、治疗方式便捷、医疗花费相对低等优点。实际操作中，公众却仍然期待中医治疗采用与西医治疗雷同的对症治疗方式，希望医生能够迅速有效地完成对自身异常健康症状的排查与解决。民众应树立相对全面化、系统化的中医治疗观念。

中医治疗涵盖了阴阳、表里、虚实、寒热、温凉、气血等诸多因素，强调将人体内部的上述各因素进行平衡协调。在进行中医文化的推广时，应形成相对全面化、系统化的中医治疗观念，这样才能够使中医健康素养更好地为中医保健服务。

专家指出，针对中西医学的差异，可以帮助居民培训中医健康素养的建构思路，如：①对"阴阳二相"的医学观念进行普及；②强化对身体整体系统的感知能力；③引导居民践行"上工不治已病治未病"的养生观，将疾病扼杀于显现之前。

在未病先防方面，可以开展中医饮食、养生健康知识讲座，发放中医食疗、养生健康教育处方，指导居民掌握正确的居家养生方法。社区内的卫生服务中心可定期开展居民健康普及课程，聘请具备较高职称的中医医师、中医营养师前往社区开展中医健康讲座活动。相关医疗人员可结合居民的日常行为习惯，运用相对通俗易懂的语言向居民示范、普及一些相关基础化的中医养生知识、中医技术性操作，同时还可基于日常膳食习惯引领居民尝试以食代药的食疗、注重食物搭配，此外还应着重介绍暴饮、暴食、抽烟、酗酒等不良生活习惯可能带来的疾病风险。

在既病防变方面：①鼓励进行高血压、糖尿病等慢性病防治知识教育；结合辖区居民对健康知识的要求定期开展高血压、糖尿病等慢性病知识讲座与健康咨询，在指导使用药物治疗的同时，可充分发挥中医的优势，有针对性地向居民介绍中医食疗知识、中医针灸按摩知识，以起到对疾病的辅助治疗作用。②家庭急救与护理知识教育。社区可合理进行相关家庭急救知识的普及。不同的季节往往有不同的意外事故，烧伤、烫伤、触电等是日常生活中多发的意外事故，社区负责人可分季节进行相关简易处理包扎方式的范例演示。中医常用急救穴位的辨认与按摩手法等注意事项可成为这一板块的教学重点。上述措施无疑有利于居民更好地掌握相关急救知识，提升其在日常生活中的意外处理能力。

结　语

我国居民健康素养的提升需要一个漫长的过程，这取决于我国的基本国情。随着教育的全面普及与经济的快速发展，我国健康素养水平从2012年的8.80%，经8年的健康教育，2020年达到23.15%，已实现了《国务院关于实施健康中国行动的意见》中2020年的目标——全国居民健康素养水平不低于20%，目前我国居民的健康素养水平正稳健上升。伴随国家健康战略的实施，健康素养仍是作为一个卫生经济学领域的关键指标，起着评判国民健康水平的作用。同时针对当前关于健康素养研究不足的现状，应加强健康素养评价体系的构建，实时跟踪随访居民的健康变化，并进一步规范化提出解决健康问题的对策，党和国家也应加强对惠民政策的制定并推动各级政府落实针对性强的干预措施，以推动全体国民健康素养水平的持续上升。

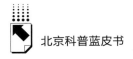
参考文献

［1］ Fincham J. E. The Public Health Importance of Improving Health Literacy ［J］. American Journal of Pharmaceutical Education，2013，77（3）：41.

［2］ 孙浩林、傅华：《健康素养的涵义研究现状》，《中国慢性病预防与控制》2011年第19期。

［3］ 肖珠、陶茂萱：《健康素养研究进展与展望》，《中国健康教育》2008年第5期。

［4］ Baker D. W，Williams M. V，Parker R. M，et al. Development of a brief test to measure functional health literacy ［J］. Patient Educ Couns. 1999，38（1）：33－42.

［5］ Weiss B. D，Mays M. Z，Martz W，et al. Quick assessment of literacy in primary care：the newest vital sign ［J］. Ann Fam Med，2005，3（6）：514－522.

［6］ 王玢、刘昆仑、徐琛：《中国健康素养研究及提升对策》，《齐鲁师范学院学报》2017年第32期。

［7］ 岳姝婷、代晓霞：《大学生健康素养研究进展》，《国外医学（医学地理分册）》2016年第37期。

［8］ 张秀娟、应宇辰、张义喜：《公众健康素养提升策略探讨》，《中国社会医学杂志》2020年第37期。

［9］ Servellen G. V，Brown J. S，Lombardi E，et al. Health literacy in low income latino men and women receiving antiretroviral therapy in community-based treatment centers ［J］. AIDS Patient Care STDs，2003，17（6）.283－298.

［10］ 郭欣、王克安：《健康素养研究进展》，《中国健康教育》2005年第8期。

［11］ 胡晓云、覃世龙、马丽娜等：《国内外居民健康素养研究进展》，《公共卫生与预防医学》2009年第20期。

［12］ 李莉、李英华、聂雪琼等：《2012年中国居民健康素养影响因素分析》，《中国健康教育》2015年第31期。

［13］ 徐杰：《微信公众平台在医院健康教育中的应用》，《中国健康教育》2015年第31期。

［14］ 周瑾、冯竞、陈莉萍：《新媒体对提升公众健康素养的意义》，《预防医学情报杂志》2016年第32期。

［15］ 王萍、毛群安、陶茂萱等：《2008年中国居民健康素养现状调查》，《中国健康教育》2010年第26期。

［16］ 田华、李沭、张相林：《慢病管理模式的国内外现状分析》，《中国药房》2016年第27期。

［17］ 阴佳、李慧、孙强：《提高全民应急素养，助力健康中国建设》，《预防医学

论坛》2020 年第 26 期。

[18] 范淑红：《应用中医养生文化提升社区居民健康素养的策略研究》，《现代养生》2019 年第 2 期。

[19] 周亦茹、叶红：《传播中医养生文化提升居民健康素养》，《中国药物经济学》2012 年第 5 期。

[20] 耿黎明：《从知到行：提升全民健康素养》，《健康中国观察》2020 年第 2 期。

[21] 许春：《提升公众的健康素养非常重要》，《中国农村卫生事业管理》2019 年第 9 期。

[22] 刘春雨、徐龙彪：《居民健康素养促进策略分析》，《现代养生》2016 年第 10 期。

[23] 杨国莉、严谨：《老年人健康素养现状、影响因素及健康教育策略》，《中国老年学杂志》2016 年第 1 期。

B.18
"云上科普"对未来北京科普模式的影响及其政策建议

祖宏迪 *

摘　要： 因受到新冠肺炎疫情影响，各类科普组织和机构纷纷开展云上科普，注重线上线下联动，及时向公众推送科普图文、短视频，开设网络直播和录播等。云上科普载体包括 PC 端、App、微信小程序、网站等，形式有科普讲座、研讨会、大赛、线上展览展示、科普产品推介等。本报告从云上科普的发展现状、云上科普蓬勃发展的原因浅析、对未来北京科普模式的影响三个方面进行分析，并提出五条政策建议。

关键词： 云上科普　网络平台　科普模式

　　党的十九大对建设创新型国家作出全面部署，强调要"倡导创新文化"，"弘扬科学精神，普及科学知识"，为推进科普工作提供了根本遵循。2016 年 5 月 30 日，习近平总书记在全国科技创新大会上指出"科技创新、科学普及是实现创新发展的两翼，要把科学普及放在与科技创新同等重要的位置"，形象生动的"两翼"比喻，深刻揭示了科学普及对于创新发展的重要意义。

　　技术发展和革新颠覆了传统的科学普及方式，改变了人们的阅读习惯和

---

　　* 祖宏迪，首都师范大学在读博士生，北京科技创新研究中心副研究馆员，主要研究方向为科技教育、科普研究、科学传播、科技管理。

特点，刷新了传统信息传播理念，更促进了科普业态转型。互联网技术的发展给科学普及工作带来了新思路和新模式。如今，不同的社会公众有不同的科普需求和接受特点。科学普及工作要及时适应分众化、差异化传播趋势，充分利用互联网、新媒体等手段，不断增强科普内容的吸引力和表现形式的感染力。

一　云上科普的发展现状

云上科普是指以网络为传播平台，应用现代数字信息技术，由专门机构或个人通过各种网络传媒媒介以通俗易懂的表达方式向公众普及科学知识、倡导科学方法、传播科学思想、弘扬科学精神的科普活动，其载体包括 PC端、App、微信小程序、网站等。云上科普形式有科普讲座、研讨、线上展览展示、科普产品推介等。因受到新冠肺炎疫情影响，很多线下科普活动举办受阻。各类科普组织和机构开始转战网络，运用线上线下相结合的方式，及时向公众推送科普图文、短视频，开展网络直播和录播等活动。通过运用启发式、互动性、参与型的传播方法和手段，越来越多的科学知识和新技术新产品在线上呈现在大众眼前，科学普及内容的吸引力和渗透力得到明显提高，受众明显年轻化和多样化。

（一）云上科普对传统科普产生巨大冲击

传统科普是自上而下的单方面传播，并用灌汤式、填鸭式的方法对公众传授科学知识。至于科学知识能否有效指导实践，能不能提升生产力尚无明确结论。随着社会经济的快速发展，国民教育素质整体提升，我国公众，尤其是一、二线城市居民已具备较高的科学素养，对科普的方式、喜好、需求都发生了变化。云上科普的出现，对传统科普手段产生了巨大的冲击，自上而下、单一化的传统科普方式显然不能满足大众的需求。

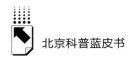

（二）云上科普方兴未艾

北京拥有丰富的科技场馆资源，很多场馆在尝试着将线下场馆转为线上模式。以中国科学技术馆为例，中国数字科技馆面向全体公众，特别是青少年群体，搭建了网络科普园地。公众在该平台上能够体验科学过程，激发创意灵感，了解科技动态，学习科技知识，分享科普资源，参与科学教育课程互动等。北京科学中心也搭建了数字平台，推动优秀科学课程包共享。观众通过页面查阅科技资讯，学习科技课程等。北京市科协每年组织主办约50期首都科学讲堂活动，涉及通信、医学、人工智能、生物安全、量子科技等领域，每场均网络直播，点击量超过12万人（次）/场。2020年北京科技周筹备期间，北京市科委克服疫情影响，首次举办云上科技周，突出政治性、专业性、群众性、融合性，创意新颖，创新性强，设置"科技主题专线"和"三城一区专线"，展示200余个精彩展项，访问量超过100万人次，网络关注量达2000万人次，为后期常态化开展云上科技周奠定了良好基础。同时，北京市科委也首次在"三城一区"设立分会场，线上线下同步聚焦全国科技创新中心建设成效，开展了30余场直播活动。科技周示范引领作用显著。

二　云上科普蓬勃发展的原因浅析

（一）技术的发展和成熟催生出更多的科普形态

互联网凭借其信息多元化和立体化，获取方便快捷、手段多样化等优势，成为普通受众传播和获取信息的重要途径和手段，尤其是诸如智能手机、平板电脑等更为方便快捷的智能上网终端的普及，互联网已极大渗透并影响着人们的生产、学习和工作习惯和方式。技术的发展和成熟为云端科普形态产生和运转提供了现实可能。云端之所以能成为新时代新时期科普传播的沃土，主要是因为云端有着较好的优势，比如时效快、交互性强、视觉效果佳、图文组织更灵活等。如能利用互联网传播优势，建立网络化的传播通道，不断开发科普内容精准推送，提高科普内容传播效率，进而逐步打破科普信息孤岛，实现知识与信息的充分共享，将极大地促进北京公民科学素质进一步提升。

（二）日益增长的科普需求倒逼科普转型升级

传统科普线下载体比如科技馆、博物馆、科学中心、图书馆、社区科普体验厅、街道宣传栏等，主要是通过科普展项的展示、专业人士讲解、组织科普讲座、举办科普知识竞赛等开展科学普及工作。然而，建设一个传统科普载体不仅面临着搭建成本昂贵、运维平台周折等问题，而且很多公众因地域限制无法置身于知名的科技馆或科学中心，无法现场感受到展项互动带来的体验震撼。尤其是新冠肺炎疫情暴发后，大量医疗健康、应急管理等科普需求与日俱增，云上科普应运而生，智能手机成为公众掌握第一手资讯的重要工具。"线上＋线下"双线并行模式，打破了时间和空间的限制，让公众足不出户、随时随地地遨游并沉浸在科学世界，带给观众与线下实体展览参观或现场听取讲座完全不一样的刺激和体验。云上科普突破和超越了传统科普平面化、单一化的表现形式，实现了将文字、图片、音视频等多种表现形态的立体式、整合化传播，实现了由"自上而下"部署到网格式"点对点"互动的转型，较好地激发了人们学习与接受最新科学知识、传播科学思想的兴趣与热情。特别是云端留言、评论、点赞、打卡、激励性措施等互动功能的开发，使得网友交流和点评更直接，这其实是给内容提供商实时反馈网友意见的同时，倒逼云上科普不断迭代完善，更好地满足不同网友需求。

（三）日益繁荣的优质科普内容为云上科普供给提供了条件

我国各类科普机构每年生产出大量的科普影视、广播、电子书、讲座、文章、实验等内容，为云上科普提供了丰富的内容供给。除了知名科普活动品牌的科技周和科普日，北京还有很多的科技竞赛。北京的

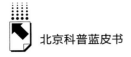

电视台、广播电台等每年播出的科普节目、专题片时间逐步增长。同时微博、微信公众号等新媒体的成熟运行，也进一步扩大和丰富了科普供给。科普内容上云端，让更多人共享分散于不同权属的科普资源，高大上的科技前沿变得接地气，让公众喜欢看，乐意听，促进科普实现真正的喜闻乐见。

三　云上科普对未来北京科普模式的影响

（一）降成本，促均衡

云上科普是对线下科普活动、展览展示、讲座等形态的丰富化、多样化。传统科普载体不仅需要大量的经费预算，而且也受限于区域。一方面，每次科普活动结束、展览闭幕之后，物料将被拆除，难以实现再利用。相比而言，云上科普费用较少。交互性的功能使得用户在使用中逐步加入其感兴趣的话题，结识志同道合的其他用户，逐渐形成有关该网站的线上虚拟人际关系，使得每位参与者作为信息接收者的同时，也成为信息的传播者。云上科普内容在云端长期存在，打破了时间限制，观众可随时登录浏览和体验。另一方面，在一些优质科普资源聚集的区域，线下方式难以实现资源流转或科普产品巡展，造成强者更强、弱者更弱的局面。以北京为例，全市16个区的科普资源总体还处于不平衡不充分发展的阶段。得益于云上科普的模式，东城区、西城区、海淀区将优质科普资源和高端科技资源转化为通俗易懂、易于传播的科普营养包，及时有效地输送到其他区域受众手中，以强补弱，以优补薄，较好地促进了区域之间的资源平衡。

（二）搭平台，促共享

把传统的科普内容搬到云端，其实是搭建了展示创新主体科普服务质量和水平的平台。尤其是对京外的科普从业者而言，省去了劳顿之苦，手机在手即可学习到先进经验和做法。之前，各种科普网站、科普场馆大多数重视自身资源开发利用，轻视相互之间协作共享，互补性和共享性较差，造成人财物等资源的巨大浪费。所以，强大的云端平台可以促进科普资源共建共享，也是传播和催生新知识的网络机制的必然结果。对参观者而言，讲座、竞赛、展览展示等线下科普活动可依托互联网平台线上开展，激发公众参与热情，扩大覆盖面。同时，云上科普为蓬勃兴起的自媒体科普创作新生力量搭建了平台，拓宽了发布渠道，人人都有麦克风的时代已经到来，更多的优秀科研工作者和科普爱好者投入科普传播队伍中。

（三）展技术，秀创意

在文化、展览产业发展繁荣的时代，参观者可选择的范围越来越广。在"千篇一律"的展示内容中，如何吸引参观者在页面停留，甚至是参与线上互动活动，则需要挖掘新奇的创意和应用各类新技术手段。以云上展览为例，构建展厅三维模型，观众足不出户即可通过网络远程参观展厅实景，支持任意角度场景漫游。从展陈设计上看，要提高其内在功能性，满足参观者对展项多角度、多方位的需要，既要重视展示内容的再现、想象或重构，也要重视观众的感官体验。需要挖掘、发现、征集更多运用新技术开展科普创作的展项、作品、平台，整合丰富资源。

（四）聚数据，供决策

数据就是资源。云上科普能实现储存数字化、获取存储数字化，对网络科普资源进行自动化管理。科普服务商可以更好地实现与用户的沟通交流，用户可及时反馈其体验以得到更好的服务。数据是对浏览者情况客观完整的反映，经过数据梳理、分析，能把隐藏在数据背后的信息集中和提炼出来，总结开展线上科普工作的内在规律，从而避免了日常科技管理中主观印象、模糊印象等不利因素，帮助管理者进行有效的判断和决策。

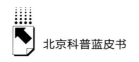

四　政策建议

（一）提高网络安全防护能力

线上科普总体来说是新生事物。政府部门要主动适应信息化要求，不断提高对互联网规律的把握能力、对网络安全的保障能力。通过线上组织科-普资源，规范线上科普传播行为，达到促进公民科学素养提升的目的。贯彻落实网络安全等级保护制度和关键信息基础设施安全保护制度。线上活动在开展过程中，要及时发现网络突发的异常流量，及时进行分析处理，提高网络整体安全防护能力和水平。加强与有关部门协调联动，完善动态监测、检查评估、应急处置、漏洞通报等工作机制，铸造网络"金钟罩"。对用户数量大的 App 个人信息收集使用情况进行全面评估，压实 App 运营企业的网络安全主体责任，维护广大网民合法权益，保障用户个人信息安全。

（二）加强集成网络科普资源

要运用系统思想来进行研究和管理网络科普资源，包括自动化意识和自动控制等方面的新技术，研究如何将其运用到"网络科普"中。要不断探索加强合作的新形式，努力使网络科普与其他形式的科普相结合。如：科普电子博物馆、科普影视中心、电子科普书籍或音频等，通过网络科普与实体科普的配合，更好地发挥科普资源服务公众科学需要的作用。必须加快对发展科普网站和跨地区、跨部门合作问题的探索，促进科普网站的合作与发展。探索以线上教育等方式放大优质资源辐射效应，以 VR 方式开展实操训练，建立适应新时代需求的培育模式，提升公民科学素养。

（三）提高网络舆情应对水平

有效监督科学传播健康发展。网络空间使得舆论更透明化，但是，过度的自由反而使得网络成为"没有守门员的论坛"，大量无用或虚假信息在网络上肆意传播，造成伪科学甚至是谣言传播。有关部门应加强对信息的管理，面对各式各样的舆论，有关部门要积极应对，主动出击，掌握舆论权，提高公信力。坚持正确舆论导向，通过科学、正确、客观的资讯向公众提供科普消息，满足不同社会群体不同层次的科普需求，用权威科学的信息击破谣言。

（四）提升精准推送能力

互联网的出现让科普载体、受众、创作者等都发生了天翻地覆的变化。科普需求也从"你能给什么"转变为"我想要什么"。公众到底需要什么样的科普内容成了最重要的课题。要具备用户思维，针对个性化需求，推动科普信息推送服务精准化。从新媒体平台运维来看，专题性策划、系列性推送、原创性内容、权威性首发能获得较好的阅读量和传播效果。应该对公众进行分众化研究，研究不同群体的科普内容需求，利用信息化手段开展科普工作，真正实现科普全民覆盖。应依托大数据、云计算等技术手段，收集和挖掘公众需求数据和阅读习惯，做好需求跟踪分析，通过手机、电视广播、多媒体视窗等定制传播方式，定向、精准地将科普文章、科普短视频、科普动漫等信息资源送达目标人群，满足不同公众对科普信息的多元需求。

（五）线上线下齐发力

增强新技术赋能科普传播的载体和手段，打造亮点纷呈的科普云平台品牌，创新科普活动展项的呈现形式。后疫情时代的科普线上传播成为常态化手段，从传播的空间和时间上与传统的线下科普相比容量更大、时间更长，因此需要整合更多的科普传播新技术、新手段在科技周、科普日等重大科普活动中应用，需要挖掘、发现、征集更多运用新技术开展科普创作的展项、作品、平台、人才，也需要搭建整合丰富资源的科普云平台。同时，线上科普的受众以年轻群体居多。科普内容提供者除了说明事实讲明道理，内容上也同样需要活泼、激情，用美好的表达方式来犒劳阅读的辛苦。更俏皮、更

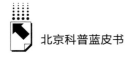
灵活、更有趣、更好玩的方法能达到吸引、打动乃至感染观众的目的。很多线上科普展示还精心设计了寻宝、赢签章、虚拟合影打卡等趣味性活动。线上论坛和讲座可以让在线观众和专家就科普内容、形式、方法展开深入讨论和交流。云上科普受众定位是年轻人，如要真正地发展壮大则需要更为广阔的群众基础。因此在语言表达上、形象设计上、活动策划上需尝试找到不同年龄段的受众，对受众开展分化传播。

五　结语

科学技术不仅是知识和技能，更是一种文化和精神，是国际科技创新中心的特质之一，这种特质需要通过科学普及实现。如果说我们正在加速推进的国际科技创新中心建设是"摩天大厦"，科学普及和公民科学素质则是基础工程，能够为科技创新中心建设提供坚强的思想保证、强大的精神动力、浓厚的环境氛围和坚实的人才支撑。2021 年是我国开启全面建设社会主义现代化国家新征程、向第二个百年奋斗目标进军的第一年，也恰逢中国共产党迎来百年华诞，国际科技创新中心建设也开启了新的征程。为此，应该不遗余力地推动科学普及，充分发挥数字化载体作用，使用线下与线上相结合的方式，运用信息化技术向公众宣传科普知识，提高北京市公民科学文化素养，开拓科学素质合作新空间，为建设国际科技创新中心和世界科技强国，奠定坚实的人才基础。

参考文献

[1] 高畅、孙勇、李群：《北京科普发展报告（2019～2020）》，社会科学文献出版社，2020。

[2] 朱世龙、伍建民：《新形势下北京科普工作发展对策研究》，《科普研究》2016年第 4 期。

[3] 王刚、郑念：《科普能力评价的现状和思考》，《科普研究》2017 年第 1 期。

［4］董全超、李群、王宾：《大数据技术提升科普工作的思考》，《中国科技资源导刊》2016 年 3 月。

［5］习近平：《为建设世界科技强国而奋斗——在全国科技创新大会、两院院士大会、中国科协第九次全国代表大会上的讲话》（2016 年 5 月 30 日）。

［6］《国务院关于印发北京加强全国科技创新中心建设总体方案的通知》（国发〔2016〕52 号），2016 年 9 月。

Abstract

General Secretary Xi Jinping pointed out: "Science and technology innovation and scientific popularization are the two wings of realizing innovation and development, and scientific popularization should be placed as important as scientific and technological innovation." In order to achieve the goal of "Beijing's 2020 work plan for strengthening the construction of a national science and technology innovation center", it is necessary to promote science and technology innovation to play a role together.

As the region with the richest science popularization resources in the country, Beijing has the ability to serve the country and help build an innovative country and the development of science popularization in the global science and technology innovation center, and can play a role in leading the national science popularization construction. To this end, the Beijing Municipal Science and Technology Communication Center and the Chinese Academy of Social Sciences released the fourth *Blue Book of Beijing Science Popularization : Annual Report on Beijing Science Popularization Development (2020 – 2021)*. This book focuses on the core goal of building a scientific and technological innovation center with global influence, focusing on the structural reform of the supply side of science popularization, scientific and technological support to win the battle against the new crown epidemic prevention and control, and the high-quality development of science popularization. Carry out research at different levels and through multiple channels to help improve Beijing's science popularization capabilities.

This book is divided into 5 parts: general report, result reports, high-quality development reports, popular science brands reports and popular science policy reports. On the basis of summarizing the achievements of Beijing's popular science undertaking during the "13th Five-Year Plan" period, the general report estimates that the overall national science popularization development index in 2018 is 46.33, an increase of 2.04% compared with 2017; the development of popular science in Beijing in 2018 The index is 5.11, an increase of 6.22% Compared with 2017, which is the highest level in 10 years; Chaoyang District, Dongcheng District, Haidian District, and Xicheng District are the strong districts of Beijing's science popularization development, and the contribution rate of science popularization index in the core functional areas of the city Increased from 13% to 29%; Finally, during the "14th Five-Year Plan" period, Beijing's science popularization development needs, challenges and opportunities will be explained and recommendations for the next stage of promoting high-quality science popularization development.

In the result reports, we summarize the main achievements and work highlights of Beijing science popularization during the "13th Five-Year Plan" period, the balanced development of Beijing's science popularization supply side and demand side, the progress of science popularization informatization construction, and the addition of scientific communication professional titles, and other important science popularization achievements.

In the high-quality development reports, it conducts theoretical discussion and research analysis on promoting the popularization of scientific research results in Beijing, and scientifically promoting the performance of popular science into communities, and further studies the Beijing-Tianjin-Hebei science popularization efficient and coordinated development mechanism, and Beijing science popularization. The international cooperation and exchange mechanism and the main direction of the high-quality development of Beijing's popular science undertakings during the "14th Five-Year Plan".

In the popular science brands reports, it summarized the high-level new achievements of Beijing International Science and Technology Innovation Center, the experience and practice of Beijing regional museum brand building, the cultivation methods and typical cases of Beijing high-end popular science brand, and the popular science communication strategy based on new media communication network.

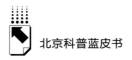
In the popular science policy reports, special research will be conducted on food safety science popularization from the perspective of public health, strategies to fight "epidemic" emergency science popularization, dissemination of health knowledge and promotion of public health literacy in Beijing, and the impact of "cloud popular science" on the future Beijing science popularization model.

This book provides data and theoretical support for Beijing to better carry out science popularization work with rich data and special analysis, and provides a platform for the dissemination of advanced science popularization experience through case analysis, and strives to provide useful references for experts, scholars and government departments in the field of science popularization.

Keywords: Popular Science; Science and Technology Innovation Center; Beijing

Contents

Ⅰ General Report

Abstract: Reviewing and summarizing the science popularization system,
resource integration, and overall development of Beijing science popularization
work since the "13th Five-Year Plan" period, Beijing's science popularization

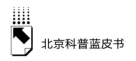
resources organization and coordination capabilities have been further enhanced during the "13th Five-Year Plan" period, science popularization resources have grown in an all-round way, and science popularization international exchanges have reached a new height. Based on Beijing and national science popularization statistics, the Beijing Science Popularization Development Index was calculated. Since 2008, the Beijing Science Popularization Index has continued to increase, reaching the highest level in history in 2018, which was 5. 11. Chaoyang District, Dongcheng District, Haidian District, and Xicheng District are the main areas to promote the development of science popularization in Beijing. , The contribution rate of the popular science development index of the city's core functional areas rose from 13% to 29% . Finally, according to the high-quality goal of the development of popular science in the new era, the challenges and opportunities that science popularization development needs to deal with during the "14th Five-Year Plan" period are explained, and the linkage of science and technology resources is fully mobilized, the construction of popular science talents is emphasized, and the construction of community science popularization facilities is strengthened. Make recommendations.

Keywords: Beijing; Popular Science Cause; High-quality Development; "14th Five-Year Plan"

II Result Reports

B. 2 The Main Achievements and Highlights of Beijing's Science Popularization During the "13th Five-Year Plan" Period

Qiu Chengli / 062

Abstract: During the "13th Five-Year Plan" period, Beijing determined the key tasks of science popularization by formulating science popularization development plans; perfecting the joint science popularization system, introducing popular science development policies, interactively experiencing popular science activities, funding the creation of popular science works, increasing popular science publicity, promoting central science popularization sharing, and strengthening international Popular science exchanges and other methods have played an important role in supporting the construction of Beijing's National Science and Technology Innovation Center. The main highlights are innovating the management system and mechanism of science popularization work, coordinating the development and utilization of central science popularization resources, improving the level of science popularization and publishing capabilities, innovating the content and form of mass scientific and technological activities, and fostering and optimizing the cultural environment for innovation.

Keywords: Science Popularization; Beijing; "13th Five-Year Plan"

B.3 Promote the Balanced Development of the Supply Side and the Demand Side of Beijing's Popular Science

Gao Chang / 078

Abstract: The scientific quality of citizens is an important foundation for promoting scientific and technological progress, building a modern national governance system, and building a prosperous, strong, democratic and civilized society. The "14th Five-Year Plan" proposes that the improvement of national quality should be placed in a prominent position and the population quality dividend should be expanded. At present, there is a new demand for science popularization in Beijing, and the supply of science popularization should be actively adjusted in terms of total amount and supply methods, so as to match the supply and demand of popular science and improve the efficiency of popular science. Based on the in-depth analysis of the latest demand for popular science, this research believes that the current science popularization has problems such as declining total resource input, insufficient content depth, and poor sharing channels. Based on this, it puts forward balanced development suggestions such as

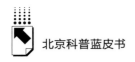
improving the supply of popular science and improving the efficiency of popular science.

Keywords: Science Popularization Resources; Science Popularization Supply; Science Popularization Demand; Beijing

B.4 Progress and Effects of the Informatization Construction of Beijing's Popular Science Undertakings

Miao Runlian, Mao Weina and Li Peng / 090

Abstract: Popular science informatization construction is an important part of Beijing's informatization construction. With the development of information technology, the citizens of Beijing have a growing demand for science, and the development of Beijing's popular science informatization in terms of content and form is facing new challenges. Beijing uses its own geographical and resource advantages to promote the construction of Beijing's popular science informatization by building a cloud science popularization platform and organizing typical science popularization activities, so that the achievements of Beijing's popular science informatization construction are in a leading position in the country. This article analyzes the problems existing in the construction of popular science informatization in Beijing, and proposes corresponding improvements and perfect measures, so as to better play the role and value of popular science informatization.

Keywords: Science Popularization Information; Science Popularization Service System; Information Islands; Technological Innovation

Abstract: Talent construction is the foundation for the growth and development of various undertakings, and the construction of the science popularization talent team is related to the height that the popular science undertaking can reach. This article expounds the definition of popular science talents, analyzes the current situation and development process of popular science talents, and discusses the importance of the construction of popular science talents. The establishment of the professional title series of science communication has a significant role in promoting the development of science popularization in my country. In 2019, Beijing first added the series of professional titles of science communication in the country, and reviewed the senior professional titles of science communication that year, which has important social significance and This measure has played a leading and exemplary role nationwide, drove the evaluation of scientific communication titles in other regions, and made important practical explorations for the development of science popularization.

Keywords: Title System; Scientific Communication; Professional Setting; Talent Training

Ⅲ　High-quality Development Reports

Abstract: Beijing has a wealth of scientific research results from universities and scientific research institutes. The popularization of these scientific research results can enrich the volume of popular science resources in Beijing, which is of great value for stimulating scientific and technological innovation and improving citizens' scientific quality. This article starts with the concept and significance of

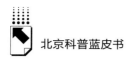
the popularization of scientific research results, sorts out the relevant policies and regulations for the popularization of scientific research results in my country, and focuses on the current status and existing problems of the popularization of scientific research results in Beijing. From value orientation, policy supply, platform construction, and talents Cultivation, industry cultivation and role models lead the six dimensions and put forward suggestions for the future development of Beijing.

Keywords: Scientific Research Achievements; Popularization of Science and Technology Resources; Popular Science Resources

B.7 Construction of the Performance Evaluation Model of Beijing Popular Science Advancement Community

Hao Qin, Deng Aihua and Wang Ruiqi / 140

Abstract: The focus of popular science work is at the grassroots level and in the community. This paper takes Tongzhou, Changping, and Dongcheng districts as samples, establishes the performance evaluation index system of Beijing science popularization community from the two dimensions of science input and output, and determines the index weights through the expert questionnaire method and the key tasks of community science popularization. The performance evaluation model includes two parts: input and output. The input part is based on the total amount of capital input and demand, and the output part is the comprehensive score of community science popularization effects, science popularization content, and science popularization channels. It is recommended that when the evaluation model is applied, performance evaluation and comparative analysis should be carried out according to the community population and the size of funds, so as to improve the scientificity and comparability, and provide decision-making reference for planning community science popularization work and improving the efficiency of science popularization investment.

Keywords: Community Science Popularization; Performance Evaluation Model; Expert Scoring Method

Abstract: The coordinated development of science popularization in the Beijing-Tianjin-Hebei region is a realistic choice for establishing a long-term cooperation and sharing in the Beijing-Tianjin-Hebei region, and a platform for science popularization with multi-level and wide-ranging features. The construction of a coordinated development mechanism is an important part of the coordinated development of science popularization in the Beijing-Tianjin-Hebei region. First, analyze the current situation of the construction of the Beijing-Tianjin-Hebei science popularization collaborative development mechanism, analyze its existing problems and shortcomings, use the principles of institutional economics to put forward principles and ideas for the construction of an efficient and coordinated development mechanism, and finally propose the construction path and the construction path of the Beijing-Tianjin-Hebei science popularization and collaborative development mechanism Corresponding countermeasure suggestions.

Keywords: Science Popularization Mechanism Construction; System Optimization; Beijing-Tianjin-Hebei Coordinated Development

Abstract: Foreign cooperation and exchanges are important ways to promote the development of popular science. Beijing has the foundation and advantages to carry out science popularization foreign cooperation and exchanges, including: hardware foundation to lead foreign exchanges, first-class educational resources, professional and technical personnel and a relatively high proportion of scientifically qualified citizens, excellent conditions for the surgical general exchange platform, and mature Popular science promotion mechanism. Beijing should build an international science popularization community based on the characteristics of international elements, expand the channels for the internationalization of science popularization, expand the road to internationalization of science popularization in the display of Chinese experience, focus on expanding the regional circulation, strengthen the construction of popular science informatization, and implement popular science integration Develop "combined boxing" and explore new mechanisms for external promotion.

Keywords: Science Popularization Internationalization; Popular Science Exchange; Beijing

B.10　The Main Directions and Key Areas of the High-quality Development of Beijing's Popular Science Undertakings During the "14th Five-Year Plan" Period　　*Liu Tao* / 177

Abstract: High-quality development is the theme of Beijing's popular science development during the "14th Five-Year Plan" period. Under the new situation, the high-quality development of science popularization in Beijing is faced with challenges such as the need to further improve the degree of specialization, the way of socialization needs to be further expanded, and the precise service needs to be further strengthened. During the "14th Five-Year Plan" period, it is necessary to promote the high level of science popularization in Beijing. For quality development, we must face Beijing's strategic need to build a global excellent city and the people's needs for a better life in the new era. Focusing on improving scientific quality and cultivating a culture of innovation, and guided by improving the quality and efficiency of science popularization, continue to improve the science popularization work system, accelerate the promotion of the impact and benefit of popular science work, and accelerate the cultivation of high-quality citizen groups.

Keywords: Science Popularization; High-quality Development; "14th Five-Year Plan"

IV Popular Science Brands Reports

B. 11 Exhibition and Prospect of High-level New Achievements in the Construction of Beijing International Science and Technology Innovation Center

Wang Wei, *Liu Lingli*, *Li Yang and Zhang Xi* / 184

Abstract: Beijing has a solid scientific and technological foundation, agglomeration of innovation resources, and an active innovation subject. In recent years, it has continuously increased basic research, improved original innovation, and strengthened key core technology research. The comprehensive strength of scientific and technological innovation has been significantly enhanced, and a large number of scientific and technological achievements have been produced every year. This report takes the science popularization work of the high-level new achievements of the Beijing International Science and Technology Innovation Center as a perspective, analyzes the relationship between the science popularization work and the construction of the Beijing International Science and Technology Innovation Center, and elaborates the characteristics, development status, Significance and future prospects in promoting scientific and technological achievements, cultivating innovative markets, and enhancing innovation capabilities. Beijing should expand the main types of science popularization, optimize the structure of popular science talents, innovate the content and form of popular science, and accelerate the construction of a new networked, digital, and intelligent science communication pattern to meet the strategic needs of the construction of Beijing's international science and technology innovation center.

Keywords: Beijing International Science and Technology Innovation

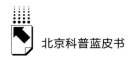
Center; Science and Technology Achievement Display; Popular Science Innovation

B.12 Experiences, Practices and Challenges in Brand Building of Museums in Beijing *Gao Yue* / 193

Abstract: The Beijing Regional Museum has become an important part of the construction of Humanities Beijing and the construction of the world cultural capital. Museum branding is one of the important ways for museums to achieve standardization and standardization of business work, improve social service functions, and enhance social influence. This report analyzes the current situation of the popular science branding of museums in Beijing in 2020, and analyzes the problems existing in the development of the branding of museums in the Beijing region, from innovating communication methods, opening systems and mechanisms, using positioning to enhance differentiation, and innovating traditional exhibition forms. , Strengthen the construction of the talent team, enhance the benign interaction of social media, etc. to propose targeted brand cultivation strategies.

Keywords: Museum; Branding; Popular Science Brand Building; Beijing

B.13 Cultivation Methods and Typical Cases of High-end Popular Science Brands *Wang Ying, Wang Runqiang* / 213

Abstract: In 2016, General Secretary Xi Jinping's important speech on "Science and Technology Innovation and Popularization of Science Are the Two Wings of Realizing Innovation and Development" brought new spring to the popularization of science. At this important historical stage, clarify the true meaning of popularization of science and find the misunderstandings of past science popularization work. It is of great significance to promote the in-depth development of popular science. Based on the typical cases of the Chinese Academy of Sciences in the cultivation of high-end popular science brands, this article analyzes the rules and models of building high-end popular science brands, and provides references and references for the development of high-end popular science brands in my country in the future.

Keywords: Popular Science; High-end Popular Science; Chinese Academy of Sciences

B.14 Research on Science Popularization Strategy Based on New Media Communication Network

Zhou Yiyang / 226

Abstract: From the perspective of "social demand catalyzes changes in strategy, technological advancement expands communication effectiveness", this article analyzes the popular science communication strategies of new media communication networks, and quantitatively model and analyze some research objects. It is pointed out that science popularization based on new media communication network can be used in the three directions of incentive mechanism, Matthew effect avoidance and official account alliance, actively introduce Internet thinking, actively guide the whole process of science popularization, and do a good job in the construction of supporting science popularization service platform. The comprehensive informatization and internetization of popular science communication work has become a basic development trend.

Keywords: New Media Network; Popular Science Communication; Internet Thinking; Grid Management; Value Mining

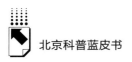

V Popular Science Policy Reports

B.15 "Campaign" Emergency Science Popularization
and Strategy in Chaoyang District, Beijing

Feng Shouhua / 239

Abstract: Chaoyang District is located in the eastern part of Beijing. It is the district with the largest area and the most population in the central city. Chaoyang District organizes the construction of a "epidemic" map platform, collects data and information on the "epidemic" of the entire district, conducts analysis of personnel distribution and medical resource carrying capacity, and collects and sorts out New products of science and technology enterprises carry out the solicitation and promotion of new products and applications for epidemic prevention and control, consolidate the grassroots foundation of joint prevention and control, group prevention and group control, focus on the core content of emergency science for different audiences, and focus on epidemic prevention and control in different periods. Targeted popular science content. Improve coverage through multiple channels to ensure emergency science popularization. Actively explore new forms of popular science such as "science popularization + live broadcast", "science popularization + Douyin", and "science popularization e-books". Improve the disease prevention and control system, and build a major epidemic prevention, control and treatment system that combines peacetime and wartime.

Keywords: Chaoyang District; Emergency Science Popularization; Epidemic Prevention and Control

Contents

B.16   Food Safety Science Popularization from the Perspective
        of Public Health
                    Shao Bing, Meng Lulu, Zhang Yan and Zhang Rui / 247

Abstract: Starting from the current situation and main issues of food safety in my country, this article analyzes the necessity of food safety science popularization knowledge, and puts forward from the public health perspective of health education and health promotion: food safety science popularization needs to strengthen the basic principles of food safety science popularization knowledge. , To change the way of publicizing food safety science knowledge in the information age, and to incorporate food safety science education capacity building into the scope of primary health education work and other means and measures to provide references for governments at all levels to strengthen food safety publicity and education.

Keywords: Food Safety; Popular Science Knowledge; Public Health

B.17   Measures to Disseminate Health Knowledge and Improve
        Beijing Public Health Literacy   *Zhou Yongming* / 258

Abstract: The development of society and the transformation of biomedical models have prompted people to pay more and more attention to their own health. In this context, how to improve the health of the people as a whole and promote the implementation of the healthy China strategy has become a new research direction for health promotion. Health literacy is an important part of health information behavior research and citizen health management practices, and is recognized as the most economical and effective strategy for maintaining the health of the whole people. Many studies have proved that the level of health literacy is directly related to health outcomes. Improving people's health literacy is the basis for training healthy living awareness and improving healthy lifestyles, and it is also one of the important contents of building a "healthy China". This report will

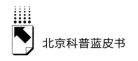
systematically sort out health literacy, clarify its concept, connotation and evaluation method, and review the health literacy status of my country and Beijing, and constructively propose countermeasures and measures for specific factors in order to promote the sustainable development of public health.

Keywords: Health Knowledge; Health Literacy; Beijing

B.18   Impact of "Science Popularization in the Cloud" on the Future Model of Beijing's Popularization of Science and Policy Recommendations   *Zu Hongdi* / 276

Abstract: Due to the impact of the new crown pneumonia epidemic, various science popularization organizations and institutions have begun to carry out cloud science popularization, focusing on online and offline linkage, regularly pushing popular science content to the public, conducting webcast or recording, etc., to stimulate innovation enthusiasm and interest. Popular science carriers on the cloud include PC terminals, APPs, WeChat applets, websites, etc. The forms include popular science lectures, seminars, online exhibitions, popular science product promotion, etc. This report analyzes the impact of cloud science popularization on the future Beijing's science popularization model from three aspects: the development status of cloud science popularization, the reasons for the booming development of cloud science popularization, and the impact on the future Beijing's science popularization model, and puts forward five policy recommendations.

Keywords: Cloud Popular Science; Network Platform; Science Popularization Model

权威报告·一手数据·特色资源

皮书数据库
ANNUAL REPORT(YEARBOOK)
DATABASE

分析解读当下中国发展变迁的高端智库平台

所获荣誉

- 2019年，入围国家新闻出版署数字出版精品遴选推荐计划项目
- 2016年，入选"'十三五'国家重点电子出版物出版规划骨干工程"
- 2015年，荣获"搜索中国正能量 点赞2015""创新中国科技创新奖"
- 2013年，荣获"中国出版政府奖·网络出版物奖"提名奖
- 连续多年荣获中国数字出版博览会"数字出版·优秀品牌"奖

成为会员

通过网址www.pishu.com.cn访问皮书数据库网站或下载皮书数据库APP，进行手机号码验证或邮箱验证即可成为皮书数据库会员。

会员福利

- 已注册用户购书后可免费获赠100元皮书数据库充值卡。刮开充值卡涂层获取充值密码，登录并进入"会员中心"—"在线充值"—"充值卡充值"，充值成功即可购买和查看数据库内容。
- 会员福利最终解释权归社会科学文献出版社所有。

数据库服务热线：400-008-6695
数据库服务QQ：2475522410
数据库服务邮箱：database@ssap.cn
图书销售热线：010-59367070/7028
图书服务QQ：1265056568
图书服务邮箱：duzhe@ssap.cn

社会科学文献出版社 皮书系列
SOCIAL SCIENCES ACADEMIC PRESS (CHINA)

卡号：256923421334
密码：

基本子库
SUB DATABASE

中国社会发展数据库（下设 12 个子库）

整合国内外中国社会发展研究成果，汇聚独家统计数据、深度分析报告，涉及社会、人口、政治、教育、法律等 12 个领域，为了解中国社会发展动态、跟踪社会核心热点、分析社会发展趋势提供一站式资源搜索和数据服务。

中国经济发展数据库（下设 12 个子库）

围绕国内外中国经济发展主题研究报告、学术资讯、基础数据等资料构建，内容涵盖宏观经济、农业经济、工业经济、产业经济等 12 个重点经济领域，为实时掌控经济运行态势、把握经济发展规律、洞察经济形势、进行经济决策提供参考和依据。

中国行业发展数据库（下设 17 个子库）

以中国国民经济行业分类为依据，覆盖金融业、旅游、医疗卫生、交通运输、能源矿产等 100 多个行业，跟踪分析国民经济相关行业市场运行状况和政策导向，汇集行业发展前沿资讯，为投资、从业及各种经济决策提供理论基础和实践指导。

中国区域发展数据库（下设 6 个子库）

对中国特定区域内的经济、社会、文化等领域现状与发展情况进行深度分析和预测，研究层级至县及县以下行政区，涉及省份、区域经济体、城市、农村等不同维度，为地方经济社会宏观态势研究、发展经验研究、案例分析提供数据服务。

中国文化传媒数据库（下设 18 个子库）

汇聚文化传媒领域专家观点、热点资讯，梳理国内外中国文化发展相关学术研究成果、一手统计数据，涵盖文化产业、新闻传播、电影娱乐、文学艺术、群众文化等 18 个重点研究领域。为文化传媒研究提供相关数据、研究报告和综合分析服务。

世界经济与国际关系数据库（下设 6 个子库）

立足"皮书系列"世界经济、国际关系相关学术资源，整合世界经济、国际政治、世界文化与科技、全球性问题、国际组织与国际法、区域研究 6 大领域研究成果，为世界经济与国际关系研究提供全方位数据分析，为决策和形势研判提供参考。

法律声明